U0692282

品成

阅读经典 品味成长

顺应心理，孩子更合作

维尼老师

著

人民邮电出版社

北京

图书在版编目（CIP）数据

顺应心理，孩子更合作 / 维尼老师著. -- 北京：
人民邮电出版社，2024.1
ISBN 978-7-115-63002-5

Ⅰ．①顺… Ⅱ．①维… Ⅲ．①儿童心理学②儿童教育
－家庭教育 Ⅳ．①B844.1②G78

中国国家版本馆CIP数据核字(2023)第197484号

◆ 著　　　　维尼老师
　　责任编辑　马晓娜
　　责任印制　陈　犇
◆ 人民邮电出版社出版发行　　北京市丰台区成寿寺路 11 号
　　邮编 100164　　电子邮件 315@ptpress.com.cn
　　网址 https://www.ptpress.com.cn
　　北京捷迅佳彩印刷有限公司印刷
◆ 开本：880×1230　1/32
　　印张：16.5　　　　　　　　2024 年 1 月第 1 版
　　字数：322 千字　　　　　　2025 年 11 月北京第 2 次印刷

定价：69.80 元

读者服务热线：（010）81055671　印装质量热线：（010）81055316
反盗版热线：（010）81055315

推荐序

之前答应维尼老师给他的书写篇序言，然而欣欣然拿到他寄来的书稿后，却迟迟没有下笔，自认为并不拖延的我却患上了"拖延症"。面对这本沉甸甸的书稿，我一直不敢轻易下笔，唯恐这篇序言会给维尼老师的书"抹黑"。于是便把书稿读了又读，才下定决心写这些话。

几年前，我在北京做一个家庭教育讲座。讲座结束后一位家长找我咨询一些问题，说着说着，她便问："您知道维尼老师吗？"我说："知道啊，怎么了？"她便讲了她是如何从维尼老师的博客中了解到"ABC理论"的，并通过该理论逐步调整自己的认知，从而改善了亲子关系，等等。看得出来，那位家长对维尼老师满怀感激之情。

有一段时间，我跟南方某座城市的广播电台连线做育儿节目，后来跟主持人熟悉了，节目之余便聊到跟他们连线做节目的老师们，那位主持人也提到了维尼老师，夸赞维尼老师的话有点石成金的魔力。

同样的事情还遇到过几次，中国这么大，能三番五次地在不同的城市听到不同的人说起同一个人，我感觉维尼老师是无处不在的。

在维尼老师的书里，他把心理学中的认知疗法、人本主义心理学和行为主义心理学等几种理论都深入浅出地讲了。然而读他的这些篇章你却不觉得枯燥，反而感觉引人入胜，因为他没有长篇累牍地讲理论，而是用一个个实际操作的故事解读理论，而那些故事里的主角正是在他的帮助下解决了问题的家长，这让人明白心理学并不艰深，而是隐藏在日常生活中的每一个当下。

维尼老师因为自己受益于心理学，所以对心理学进行了几十年的学习和研究，有深厚的理论基础。多年来从事相关工作，他接触了大量案例，帮助许多家庭走出教育的困境和亲子关系的泥潭。在本书里，他再现了很多典型案例，并毫无保留地把自己帮助这些家庭的具体流程用文字表达了出来，所以，读来画面感很强，非常易于理解和接受。书中的案例，几乎涵盖了家庭教育中所有的问题，家长在阅读的过程中时不时就会看到自己和自家孩子的影子，问题自然会迎刃而解。作为过来人，我深深觉得跟维尼老师的这本书相见恨晚，如果我能早点读到，会在家庭教育上少走很多弯路。

我最欣赏的是维尼老师给出的那些"维尼小语"，每一条寥寥数语，却道出了教育的真谛。比如那句"很正常，没什么"，听上去就会让人长舒一口气；再如"做好我能做的事情，对结果顺其自然"，一句话就划定了怎么做和怎么想的界限。还有其他许多朗朗上口的"箴言"，虽然简洁，却寓意深刻。

读维尼老师的书，你会感觉维尼老师不仅是个会讲"大道理"

的人，还是个用深厚的理论知识武装自己的实战派，同时他还会在你的育儿路上安装许多指路的明灯，让你清晰而理智地前行。

我知道维尼老师是位爸爸，他的家其实就是他的试验田，他的女儿便是他培育的庄稼，因此你在他的书里可以看到他和女儿的许多小故事。因为维尼老师把自己学习和体悟到的理念和方法首先用在女儿身上，所以他书里的内容是通过自己亲身实践总结出来的经验和教训，他是和我们大家站在同一条战壕里的战友。

把深深的祝福送给维尼老师，也祝福朋友们读了维尼老师的书以后，可以从容淡定地做家长！

家庭教育专家

畅销书《陪孩子走过小学六年》作者

刘称莲

作者自序

《顺应心理，孩子更合作》到现在已经出版9年、重印28次了，很多新读者读到这本书，仍然有耳目一新的感觉，不少理念和方法依然有冲击力，让人眼前一亮。

为什么会有历久弥新的感觉？这是因为本书在目前的育儿类图书中依然是与众不同的。

第一，本书重在调整父母的心态、减少焦虑，帮父母用更平和的态度陪伴孩子成长。比如，很多专家教父母如何培养孩子的良好生活习惯，我则提出可以努力培养好习惯，但如果培养不成也可以顺其自然，习惯没有他们说得那么重要；很多作者在讲如何让孩子更优秀，我则提出降低期望、降低要求，尤其是当孩子进入中学，学习压力较大，他们能够保持正常就不错了，这就是消除焦虑的根源；很多父母过于重视学习，我则提出放下对于成绩的过度执着，努力之后可以顺其自然，适合孩子的学校才是最好的；我总结提出的"三种思维"被很多读者用于调整自己的情绪，其中"很正常，没什么"被誉为降火去躁的"六字箴言"……父母的心态和情绪很重要，所谓静能生慧，心情平静就有智慧了，自然在家庭教育方面更理性。

第二，关注父母的情绪、关注孩子的心理是本书一大特色。由于我曾研究心理学二十余年，在心理咨询方面有着深刻的理解和丰富的经验（曾出版心理成长类畅销书《内心的重建》），我把心理学方法和理念引入家庭教育之中，比如认知疗法、行为主义、人本主义，可以有效解决家庭教育的很多问题。认知疗法就是一种父母可以用于减少自己火气的有效方法。我倡导父母不要只盯着孩子的学习成绩，要关注孩子的感受和心理，这也是很多家长以前没有想到的。同时，我提供了一些实用的调整孩子情绪、脾气、性格的方法。由于本书具有心理学特色，一些家长将本书与美国家庭心理教育名著《孩子，把你的手给我》相媲美。

第三，深深扎根于实践。本书的理念和方法，主要不是来自现有的教育理论和名著，而是来自我教育孩子的实践，更来自上千例长期家庭教育咨询的实践。在解决实际问题的过程中提出理念和方法，再到实践中检验效果，验证其有效性，根据结果进行修正和提升。所以，本书的理念和方法接地气、可操作性强。另外，从写作风格来看，理念简单清晰，占用篇幅不多，大部分内容是真实的案例，读起来轻松，易于理解、掌握。

走过 9 年，《顺应心理，孩子更合作》不但成为畅销书，也成为长销书。目前，我和人民邮电出版社重新签约，重新出发，希望依托他们专业的力量和饱满的热情，把我的教育理念和方法带给更多家庭。在中国，家庭教育尤其不容易，很多家庭尚处于迷茫甚至痛苦之中，希望顺应心理的理念和方法能够让父母回归教育的初心，那就是给孩子带来幸福，让孩子身心健康地成长。同时也希望读者把本书推荐给亲朋好友，给他们的家庭带来幸福，可以说这是最好的礼物和善举。

目录 1

第一章

理念篇：优秀与快乐，可以兼得

　　家庭教育应该注重什么？一个看似简单的话题，却让中国的父母们探索了很多年。20世纪七八十年代，大部分父母认为孩子吃好、穿好就可以了，成长是孩子自己的事情，学习是老师管的事情。后来父母们开始重视孩子的学习，期盼养育出优秀的孩子，这自然是有道理的，但他们往往太过执着于孩子的优秀和未来的幸福，以至于忽视了孩子当下的幸福，忽略了孩子的感受、心理，从而对孩子的性格发展产生负面影响，导致孩子产生情绪、行为问题，甚至出现心理问题或严重心理疾病。这不但阻碍了孩子的优秀和成长，而且影响孩子一生的幸福。

　　另外，如果父母忽视孩子的感受和心理，就容易发生冲突，破坏亲子关系，造成孩子的不合作甚至逆反。即使父母想帮助孩子优秀成长，也会被孩子拒绝，这就是"欲速则不达"。

　　所以，我们需要平衡的家庭教育观，既要重视通常意义上的成长，比如孩子的健康、学习、能力、道德品质、习惯等，又要考虑孩子的感受、心理，重视其当下的幸福以及性格、情绪、行为等心理方面的成长，从而建立良好的亲子关系。这样孩子才能合作，才能可持续、稳健地成长，获得一生的幸福。

第一节　父母要做的，是帮助孩子成长

不少父母虽然很重视家庭教育方面的学习，面对各种理念却往往无所适从。这些理念好像都有道理，但又好像互相矛盾。以孩子的学习为例，有的理念说要严格，有的说要宽松；有的提倡放手，有的则提倡多管；有的认为要督促孩子，有的则认为父母不要做监工；有的建议要相信孩子，而有的则说孩子不那么值得信任……可以说，家庭教育的各个方面都存在着一些互相矛盾的理念。

所以，很多父母很困惑：孩子的路要自己走还是需要我们的帮助？给孩子自由，信任孩子，孩子就能自觉吗？孩子的学习、游戏，到底是管还是不管？孩子的要求是尽量满足还是有所限制？当与孩子有分歧时，应该尊重孩子的意见还是坚持自己的想法？有了规则应该坚决执行还是灵活变通、有弹性？

搞不清这些理念，父母就容易迷茫、不知所措，甚至自相矛盾，也让孩子难以适从。

那么到底应该如何做呢？首先，我们需要了解孩子的心理特点。

不合理的管教不如不教

那些看似矛盾的理念，其实各自都有一些道理。这是因为每个孩子都有两面性。

第一面：每个孩子都有自我成长的力量。

这么多年来，我对孩子担心得太多，以前一直以为孩子的成长要靠规矩、约定和家长约束，以为孩子靠管才能向善、向上，忽视了人性向善、向上的本性。这么多年来，我和孩子较真，对孩子各种担忧，导致孩子逆反、自己焦虑。然而现在发现，只要我做对了，亲子关系好了，孩子自然就显现出上进、积极的一面，也比以前合作多了。

每个孩子都是上进的，都希望有成就、能进步，希望被肯定和认可，这是人的本性，也是孩子成长的根本动力。有的孩子看起来不思进取、自暴自弃，那是因为他被不断打击，又没有能力克服困难。如果父母帮助孩子突破困境，那么孩子的上进心会重新显现。

家庭教育的最高境界就是善于利用孩子自身的能量，激发出孩子向善向上、自立自主、自我实现的潜能，帮助孩子走上自我发展的道路。正所谓，教是为了不教，管是为了放手！

如果只是依靠父母的管教，孩子才能看起来不错，那么一方面父母会很辛苦，另一方面，孩子一旦脱离父母的视线，就容易放纵自己，或者不知道如何走自己的路。

当然，每个孩子的能力特点各不相同，不一定都能成长为世俗意义上的优秀的人。以学习为例，每个孩子的悟性是有差别的，进入中学之后，有的孩子即使很努力，可能也难以取得优秀的成绩。所以，需要根据孩子的特点制定适合的目标，只要孩子在他的能力范围之内取得进步就值得鼓励。放眼孩子一生，不把重点高中、名牌大学作为唯一的目标和评判标准，而是帮助孩子找到适合自己的发展方向，这样更容易激发出孩子自身成长的力量。

第二面：孩子有时需要帮助和管教。

虽然孩子的本性都是向上的，但是，并不是给孩子信任和自由，孩子就一定能自觉、自律；也不是敢于放手，孩子就能获得理想的发展。孩子还有另外一面，他还需要父母适时的帮助，还需要适当的"管"。

孩子更愿意做"喜欢"的事情，对不喜欢的事情积极性不高。所以，有时孩子不喜欢学习或者弹琴，就需要我们适当地坚持和推动，帮助孩子培养兴趣和信心，之后再逐渐放手。

如果放手让孩子玩游戏，少数孩子可能有自觉性，能够玩一会儿就停下来，但大部分孩子难以自觉，有的孩子则会沉迷其中甚至上瘾。因为游戏的诱惑力还是比较大的，很多成人都难以抗拒，何况孩子呢？所以，一般来说，还需要父母去和孩子约定玩的时间，适时督促和提醒。

一位妈妈说："我一直信任女儿，但是她到了初二和一位男生关系很密切，而且言语很暧昧，让人担心她会吃亏。"这位妈妈的担忧是可以理解的，即使孩子本身是自爱的，有时也难以抵御外界的诱惑。

有些困难孩子自己难以克服，比如有的孩子能力不足，难以适应学习进度，就需要父母的辅导或者寻求辅导班、家教的帮助，等孩子能力提高之后再逐渐放手。

虽然孩子也有智慧，但毕竟阅历和经验较少，难免有目光短浅或思想偏颇、错误的时候，此时就需要父母的建议；孩子有自我成长的能力，但有些问题自己难以解决，比如情绪烦躁、易发脾气，那么就需要父母学习情绪管理的方法来帮助孩子应对。

有时需要让孩子自己去试错，去体验行为的结果，但是有些事情则不能。比如孩子用眼习惯不好，父母不去纠正，等到近视了就于事无补了。所以，父母还是需要关注孩子，适时纠偏。

※ 我女儿有一篇作文作业，题目是"朋友"，要写体现友情的一件事。这让她犯了愁，因为生活中确实没有一件饱含友谊的事情足够让她写一篇作文，只有一些零星的，关于友情的片段。我告诉她：文章源于生活但高于生活，可以把你经历的一些友谊的片段组合成一件事写一篇作文。这样一指点，她很快写了一篇不错的作文。如果没有父母的提点，让孩子自己悟出这种写作技巧还是有困难的。

※ 我从小没有安全感，父母对我是真的"不管"。人生当中的几次重大决定都是自己做的，那时候那么小，感觉做决定真的很痛苦无助，也不具备那个能力。现在回头来看，这么多的决定只有成

年后择偶这件事做对了，其他的决定感觉都是错的。父母不管我，对我的成长，坏处不少。

我的父母虽然对我生活上照顾得无微不至，但是在学习习惯养成以及重大决策上都没能起到关键性的作用。我也理解父母，但是现在想起来，还是很希望在当时有一位明智的长者给予我适时的指导，那也许我的人生会不一样。

※ 我妹妹本来成绩不错，但有一段时间不想好好学习，父母也不大管，结果没考上大学。后来妹妹有些怨父母：我那时不懂事，但是你们不知道考大学的重要性吗？为什么不管我呢？

"孩子需要帮助和管教"，这本来是朴素自然的想法，大多数父母也是这样去做的，但是为什么最后却越管越糟糕呢？这是因为管的方式方法出了问题，管得太多太严，不考虑孩子的感受，经常冲孩子发火，引起孩子的逆反，这样的"管"还不如"不管"。

不合理的管教，不如不管教，而合理的管教一般比不管教好。

所以，养育需要秉持中庸之道，既要利用和发挥孩子自我成长的力量，又要适当地帮助和管理。这就像果农培育果树，既要依靠果树自身的力量，又需要适时浇水施肥、剪枝打药。

学习教育理念的三个前提

很多父母学习了看似互相矛盾的教育理念之后，犹如坠入迷雾，无所适从。此时，如果能够掌握以下三种思想武器，就能云开雾散了。

第一，具体情况具体分析（因材施教）。

每个孩子都是独特的，每位父母也是独特的，如果不考虑具体情况而盲目照搬书上的理念，自然可能水土不服。所以需要根据父母和孩子的具体情况选择适合的理念、方法和策略。

如果孩子的学习能力强，那么父母就可以更多地放手，鼓励孩子自主学习；如果孩子的学习能力一般，那么就需要父母适当加以辅导，帮助孩子培养能力、兴趣、信心、习惯，之后逐渐放手；而如果孩子学习能力弱，就需要父母更多地帮助孩子，并且可能要一直保持关注。

如果孩子的学习需要帮助，那么还要考虑父母的具体情况。父母辅导能力强，自然要发挥这一优势；辅导能力弱，就只能寻求家教、辅导班的帮助。另外，辅导时的情绪控制是不容易的，如果父母经常发火，忍不住去批评和训斥，那么会破坏孩子学习的信心和兴趣，甚至引起厌学情绪，孩子逐渐会拒绝辅导，这样还不如让孩子自己学习，可能积极性还要更高一些。

所以，我们选择理念和方法时需要考虑自己和孩子的具体情况，因材施教。

第二，把握好尺度（中庸之道）。

年少时无知，对中庸很不屑，以为是无原则、平庸、滑头、骑墙的意思。而立之年后才知道中庸是最高明的境界，"极高明而道中庸"。所谓的中庸就是不偏不倚，为人做事恰如其分，既不能"不及"也不能"过分"，就像我们常说的要把握好尺度。

家庭教育为什么很复杂？其中一个原因就是各种教育理念看起来相互矛盾、对立，因此，父母需要把握好尺度，把握好中庸之道。

比如严格和宽松的中庸之道：生活习惯可以宽松一些，学习习惯可以严格一些。而学习方面严格也需要有度，过于严格是不好的。

帮助孩子学习，我们需要努力，但是对结果最好顺其自然，不要太执着。

我提倡接纳孩子的问题，但是接纳不等于放任不管，而是接纳孩子的现状，再着眼未来去逐渐改变他。

我们需要信任孩子，但也要知道并不是信任了孩子，孩子就一定时刻值得信任，孩子有时经不住诱惑、管不住自己也是正常的。

我们需要尊重孩子的想法和要求，但是如果能结合父母的经验和智慧会更好。

父母可以坦承自己是孩子某些问题的根源，但也要接纳自己、原谅自己，不必过多自责，应该把精力放在自己的成长和改变上。

宽松不是说没有规则和要求，只是说规则执行起来要灵活、有弹性、可变通。

对孩子的要求，适当满足，也需要适当拒绝：先说好，适当满足；再说不，建立规则。也可以和孩子约定一些规则，执行时灵活处理和适当变通。

鼓励多多益善，但也要实事求是、具体事情具体分析、就事论事。

期待孩子优秀，但如果平凡也顺其自然。

我们需要有所坚持，但适当的时候也要学会放弃、不勉强。

尝试顺应孩子的特点去培养好的生活习惯，但是又不执着于此，对结果顺其自然。

这些理念对新读者来说可能有些陌生，后续会继续深入探讨。

第三，动态调整。

教育方法、策略不是一成不变的。孩子的改变需要一个过程，父母可以根据孩子的情况适时调整教育方法。

比如就学习而言，最终可能是需要严格要求的，但是一开始就严格，可能孩子难以接受。所以，可以先宽松，逐渐严格，孩子更容易适应。

有些教育方式（比如管得太多太严）在孩子小时候看起来效果还可以，但到了青春期可能就彻底行不通了，所以，必须及时调整。一些教育方式其实在孩子小时候就已经暴露出问题，父母只是暂时能压制住孩子而已。

孩子的学习，有时需要先加以辅助，等孩子的兴趣、信心、能力培养好了，父母再逐渐放手。

　　对于逆反期的孩子，父母可能需要先"不管"，等亲子关系改善了，再逐渐去管。此时的"管"与以前有所不同，应该转变为合理的管、有策略的管。

第二节　心理不健康，什么都是泡影

一位在我这里做咨询的高三女孩说："妈妈从来都不考虑我的感受。初中时我已经抑郁了，脸上没有一丝笑容，妈妈都没有注意到，还一心催着我去学习；中考前一天，有个东西没找到，妈妈还怪我，说即使不睡觉也要找到；现在为了让我做什么事情，就编出各种理由来吓唬我，搞得我压力很大，经常感到崩溃……我其实是聪明的，初中时在班级中我数学一直考第一，但是因为心理问题中考失利，高中也厌学，常常处于紧张焦虑之中。"

很多父母一心期盼着孩子未来能幸福，却过多地压抑孩子，忽略了孩子当下的幸福，导致孩子痛苦，父母也煎熬；父母总是执着于让孩子达到预期的目标，实现自己的要求，却往往忽视了孩子的感受，忽视了亲子关系，导致孩子逆反、不合作，拒绝父母的帮助，结果距离目标越来越远。有些父母非常重视孩子是否优秀，却忽略了孩子情绪的管理、性格的培养，结果孩子心理不健康，智商再高也难以幸福，优秀都化作泡影。

所以，孩子的感受和心理，必须引起父母的重视。

放弃压抑的教养方式

父母都是爱孩子的，教育的本意是为了孩子好，但是如果不考虑孩子的感受和心理，过于严格、严厉，就可能是在压抑孩子，给孩子带来痛苦甚至伤害。

下面是一些父母的反思，让人看了心情沉重，有的父母醒悟时孩子已经大了，也有些晚了。

※ 我儿子八岁了，以前我打着爱的旗号，在生活上、思想上包办儿子的一切；处处控制、监督、管制他；不理解不尊重他，只是一味地要求他；给他定的规矩太多，这也不准那也不准；喜欢说教，语气总带有命令和责备；我控制不住自己的情绪，常常河东狮吼……

※ 儿子九岁了，我总拿他的缺点跟其他孩子的优点比，这让儿子有些反感，而我又是个追求完美的人，希望儿子每件事情都能精益求精，希望他优秀，如果儿子达不到要求，我就会发脾气，我们的母子关系慢慢变得紧张起来。我老公说，如果三天听不到你们娘儿俩"战斗"都新鲜。

※ 女儿进入青春逆反期了，我一直按照所谓"不溺爱"的方式去教育孩子，回头看看却发现，我从来没有考虑过顺应孩子的心理。

表面上的尊重，其实是骨子里的专制，用爱的名义做了很多伤害孩子心理的事。欠的债都是要还的，我现在越来越意识到问题的严重性了。

※ 我从前对待儿子就是呼来喝去，用粗暴、强势的方式去爱，从来没有放下高高在上的家长架子，也没有静下心来倾听孩子的话语，不会去反省自己的教育方式方法是否正确，不会考虑孩子的感受，也没有反思自己能给孩子带来什么样的帮助，等等。只是一味地认为我是家长，我所做的都是为了孩子好，孩子就该听我的。所以当青春期来临，孩子各方面发生了巨大的变化与波动时，我无所适从，而且还觉得这是对孩子的要求还不够严格的结果……

※ 以前总是让女儿无条件服从我的意愿，无论做什么我都用命令的口吻，以为这样能让女儿守规矩，做一个乖乖女，但是女儿反而越来越不听话，四年级就已经很逆反了。

※ 维尼老师，我儿子上六年级，在未认识您之前，我认为自己所做的一切都是为了孩子好，是为了让孩子能在以后激烈的社会竞争中立足。为了纠正孩子的坏习惯，帮助孩子在各方面养成良好的习惯，我严格要求孩子，怕太娇惯孩子，怕把孩子宠坏。我还以为自己是民主的家长，认为自己所定的规矩是事先同孩子商量过的，就应该说话算数，必须严格执行，一心想着如何能将孩子的缺点、

坏习惯纠正过来。我凡事太执着，忽略了孩子的心理发展规律，从而把孩子当成了"假想敌"，搞得亲子关系紧张，孩子也更加逆反。

从这些反思中能看到您的影子吗？

以爱的名义、一切都是为了孩子好；为了优秀、好习惯、成绩，执着、不满足、急于求成、追求完美；怕娇惯，盯着缺点，和别人的孩子做比较；家长的架子、控制、严格管束、严格执行规矩；责备、逼迫、打骂、不理；无法控制情绪，总是焦虑、生气、着急、担忧、抓狂，导致的结果——孩子逆反、亲子关系紧张、无法沟通、争吵、厌学……

这些都是压抑的教育模式，孩子痛苦，父母也受煎熬。

压抑的教育模式，容易造成孩子情绪、行为、性格等多方面的问题。有的孩子会发脾气、哭闹、逆反、倔强；有的孩子虽然看起来听话，但是心理、性格被压抑，平静的表面下暗流汹涌，不知什么时候就会爆发出问题。

解铃还须系铃人，为了孩子的幸福，父母首先要改变自己，学习合理的教育理念和方法。

实例：从天使到仇人再到宝贝——一个孩子的改变

在妈妈的暴躁、打骂和压抑之下，一个活泼开朗的女孩变得暴躁叛逆，并且有了抽动症状。在我这里做咨询之后，妈妈改变了，孩子逐渐又变得可爱平和了。救赎，从妈妈的改变开始。

以下是妈妈的第一次来信。

※ 我女儿在上幼儿园时真是一个好宝宝，懂事、不自私、不霸道，每天自己背着小书包，"太阳当空照，花儿对我笑……"一路唱着歌去幼儿园，惹得路人纷纷夸奖，她就更开心了。在我们小区，她是出了名的有礼貌的孩子，特别爱跟人打招呼，一路上会"阿姨好、婆婆好、叔叔好"一直问好。即使在菜市场，那些卖菜的人也都跟她很熟，老夸她聪明、有礼貌。

她热情大方，碰到小朋友时，她最爱说"去我家玩呀"，她也很乐意跟小朋友分享，也讲卫生、爱读书，她说："爱读书的孩子最聪明。"有了书，爱吃的东西都能忘记。她活泼好动，还说："我眼珠一转就能想出一个好主意。"

但是这样一个好孩子，在我的打骂之下逐渐变了。

维尼老师说吃饭、睡觉的习惯没那么重要，但我以前总觉得很重要，所以因为这些事情打骂她。只要她不肯睡觉，我不是把她打一顿，就是把她推到门外，不知有多少次她在门外拍着门哭得声嘶力竭……

以前我一直喂饭给她吃，四岁时我认为不能喂了，就盛好饭限定她三十分钟吃完，到时间没吃完就倒掉。孩子常常没吃完一半我就把饭倒掉了，并且开始恐吓，再不好好吃就打。打完她我也很后悔，但就是控制不住自己。

每次打她，孩子痛哭完后玩一阵儿就好像什么事也没发生，继续叽叽喳喳说个不停。

她主动要求学钢琴，很喜欢，热情高涨。后来因为她把钢琴的谱架弄断了，我火冒三丈，忍不住又打了她……整个下午她一个人跪在窗前的沙发上凄楚地望着窗外一动不动。不久后我就发现她的嘴巴、鼻子老是不停地动，后来医生诊断她得了抽动症。可能因为平时不好好练琴挨了不少打，她从寒假到现在一个多月了，连琴都没摸过。

小学入学第一天，老师就让她当班长，因为老师说她有礼貌、懂事，表现非常优秀。

后来她有了一个小妹妹，妹妹爱哭闹不肯睡，我不能休息，所以脾气更暴躁，她稍一顶嘴我便吼叫："以后不要你，只带妹妹！"她便对人说："妈妈只爱妹妹，不爱我。"

不知从哪一天起，她动不动就发脾气摔东西，一不顺心就在地上滚；一开口就抱怨，怒气冲冲地对谁都吼，还把地板踩得咚咚响；经常为一点儿小事好几天不理我。我有时耐着性子跟她讲道理，她把头一扭，扬起下巴，双手捂住耳朵，嘴里"啊啊——"地叫着，晃着脑袋。除了还爱跟人打招呼，幼儿园时期的好品行现在一样都没了，她变得自私、蛮不讲理、爱发脾气、不讲卫生、不刷牙洗脸、不爱洗澡、不做作业、不看书，除了吃零食和玩，对什么都没兴趣，看见手机和电脑就像猫看见小鱼那样扑上去；放学后玩到天黑才回家，磨蹭到 8 点多才做作业，边做边玩差不多 11 点才睡觉。说她时她那副刀枪不入的表情气得我只想去撞墙。慢慢地，我连理她的心也没有了，自己都能感觉到内心冷冰冰的，没有一点儿热量。由她去吧，放任自流，管她以后是一条虫还是一根草。她上了二年级后成绩下降，跌到班级第二十三名，也没再当班长。

维尼老师，希望您能帮我，我不看重她能考多少名，我只想让她快乐健康地成长。我知道问题肯定出在我身上，但我不知道该怎样去调整。她现在对我像对仇人一样，再这样下去，她就真的会被毁了。

这位妈妈已经认识到自己有问题，只是无法调节好自己的情绪，有些事情不知如何处理。

所以，情绪调节是第一步。我建议她学会理解孩子，改变对事情的认知或看法。我们具体地讨论了在吃饭、睡觉、学钢琴等方面如何去理解孩子，如何放下过度的执着。她恍然大悟："孩子原来不是在故意捣乱，她的行为其实很正常，没什么特别，或者有内在的原因，有的就是做妈妈的我造成的。"妈妈理解了孩子，情绪好多了，发脾气自然越来越少，所以，"不要你，只要妹妹"这样的气话自然不说了。调节好情绪，也就稳定住了局面。

以前这位妈妈担心孩子沾染网瘾，因此对玩电脑控制十分严格，孩子想多玩一会儿游戏她就会强行关机，母女俩经常因此大吵大闹。我建议可以让孩子每天看一小时的电影、动画片或新闻，这样既满足了孩子玩电脑的要求，又不至于玩游戏上瘾，同时执行约定时有些弹性。孩子很高兴，这方面的冲突少多了。

孩子很喜欢在外边玩，妈妈很纠结。我建议顺应孩子的心理，和孩子约定，只要能完成作业、学习不耽搁，玩就玩吧，开心就好。

十天之后妈妈说，这周好了很多，母女俩很少发生冲突了，妈妈也尽量去鼓励孩子。

顺应了心理，适当地满足孩子的要求，不再打骂，孩子发脾气的情况自然越来越少了。即使有时发脾气，由于妈妈能够理解，平静对待，孩子发完脾气很快就好了，抽动的症状也越来越少。逐渐地，孩子开始依恋妈妈，会缠着她撒娇，不再叛逆了。

后来妈妈告诉我，孩子虽然还是很贪玩，但是作业能自觉完成，期中考试在班上已经是第一名了。妈妈改变了，那个聪明、可爱的宝贝又回来了。

维尼小语

从这个例子我们可以看到，性格虽有先天的因素，但是家庭环境也会极大地改变孩子的性格。

实例：孩子很乖反而需要警惕

孩子乖巧，合作，不顶撞父母，一般人都喜欢，但是如果孩子是因为被压抑、害怕父母而显得乖、顺从、不敢顶嘴，那就糟糕了！

我小时候就是父母眼中的乖孩子，但其中的压抑、自卑、痛苦只有自己知道。我从小就是被"压"大的，我的父母、姐姐、哥哥都很强势，很多时候我都是在委曲求全。在成长过程中，白白丢失了好多更好的选择和发展的机会。我心里有想法，但不敢跟大人说。人生过了几十年，才慢慢从"乖孩子"的阴影中走出来，找到自信，做到自强、有主见，敢于做真实的自己。所以，现在我并不希望女儿太乖。

在妈妈施加的压力之下，下面这个孩子很听话、很乖，但是却让人那么揪心。

我的儿子属于那种天生被动型，从出生起就相对安静，饿了也不会大哭，给吃就疯狂大吃一顿，不给吃就接着睡，很好养；长大了也是比较听话的，从来不会调皮捣蛋。尽管如此，我还是会限制他的很多行动，只要是我认为不好的，不该做的，我都会让他不要做，而孩子也是比较配合我的，即使他很想、很喜欢，在听到我说

"不"之后他也不会再去做，但从眼神中还是能够看出他的渴望，可我时常选择了忽视。

孩子慢慢地长大，我基本上还是会坚持我的决定，可孩子开始对我的决定反抗了。出现这种情况，我会先劝说，在劝说无果的情况下，就会果断采取批评或者打几下小屁股的方法，当然最终的"胜利者"肯定还是我。而且我们家有两个孩子，在第二个孩子出生后，我对哥哥的关注度有所降低，经常大声制止他的一些行为。另外，也是觉得他已经长大了，应该懂事了，可我忘了在弟弟出生时哥哥也只有三周岁而已。

孩子逐渐出现了撒谎的苗头，怕我，也从不主动跟我说幼儿园里发生的事情。我批评他，他也不会有太多的表情，只是眼睛一眨不眨地看着我，不说话，更没有什么表示，看得我的火噌噌直往上冒。

幸好此时我看到了维尼老师的文章，并且有机会向维尼老师咨询。维尼老师一针见血，说我压抑孩子太久了，他才会变成这样。是啊，在我的各种限制要求下，孩子一直被压抑，他虽然不满，但是没有像其他孩子那样哭闹、反抗，而是像以前一样不太哭闹、不太发脾气。凡是我做的决定他也不会有太大的意见，他只是很怕我，在做任何事情前都会用眼神先征求我的意见；做错了事情也从不告诉我，能瞒多久就瞒多久，哪怕是他不小心受伤了，也会选择不告诉我。虽然我从来没有拿他跟其他小朋友比较，可是我却一直在拿他跟我的要求进行比较。维尼老师说张狂、撒娇和淘气是不压抑的表现，我们更是一条边也没有沾上。

维尼老师的建议很简单，不要再压抑孩子，多和孩子商量，多让孩子自己做决定，给他适当的自由；不再按自己的标准要求孩子，而是理解他的想法，允许孩子犯错误，不去惩罚他，温和地对待他。

我觉得老师说得很有道理，我开始有意识地改变自己。首先改变的是自己的态度，不再过多限制他，遇事我会跟他商量着来，得到他的认可后才开始行动。我也不再那么追求完美，而是给他足够的关注。练琴的时候我注意去培养他的兴趣，不再指手画脚，也不硬性要求练习时间，只是要求认真点儿，多去鼓励他，这样他不再反感练琴，而且练习得比较认真。孩子很开心，现在他回来会跟我说许多幼儿园发生的事，偶尔遇到他不愿意、不高兴做的事也会大哭，情绪激动，这在以前是没有的，以前他即使哭也不发出声音，只是眼中含着泪。虽然在他刚发脾气时我比较震惊、生气，可就像维尼老师说的，这说明孩子压抑的性格在改变，知道释放出自己内心的情绪了，这是好事。所以我还是很开心他能有这样的转变，我开始接受他的脾气，尽量试着去理解他，站在他的角度去看待问题。前不久他甚至会跟我交流他对于即将要读小学的几点担忧，虽然不是他主动跟我说的，但这还是让我小激动了一把。

看来只要我改变了，孩子就会朝好的方向前进。我很庆幸及早醒悟，真不敢想象如果一直如此压抑孩子，等到孩子青春期时会是如何不可挽回的局面！

　　现在我的孩子不能说非常优秀，但是在我的眼里他满满都是优点，老师也在夸奖他，看来以前是我的要求太高了。虽然现在孩子还是有点儿怕我，有时做事前还是会用眼神无声地征求我的意见，但我想只要我按照维尼老师的理念继续调整，孩子慢慢就不会再压抑了。

维尼小语

　　孩子淘气是让很多父母头疼的事，因为不好管教。但是如果一个孩子不敢淘气，就要考虑孩子是否太压抑了。

　　对被压抑的孩子来说，如果他开始变得淘气了，学会撒娇了，学会指使父母干事了，就说明他不那么惧怕父母了，是心灵得到解放的开始。

　　最近感觉女儿心情不错，开始指使我干这干那，现在也会撒娇："妈妈，又欺负我……"也许以前是不敢吧，孩子真可怜，我要记住，宽容宽容再宽容。

最常见的压抑方式：过于严格或严厉

　　在孩子很小的时候，我就信奉"不打不成器""严师出高徒"的理念，所以对孩子要求严厉苛刻，希望孩子从小能养成好习惯。而且我总是固执地认为孩子什么都不懂，所以一切都要听家长的，我们家长再严厉也是为了孩子好。殊不知我打压的结果就像弹簧反弹一样，孩子非但没有养成好习惯、没有爱上学习，反而厌恶学习、爱着急、闹情绪、没有耐心，学会了为自己的错误狡辩。想想这些正是我这个家长身上的毛病，孩子一不听话我就着急，大喊大嚷；对孩子没有耐心，不理解孩子，更别说站在孩子的角度想问题了。其实我也付出了不少，但是却得到了相反的效果。现在我再回想一下自己对孩子的所作所为，感觉真的惭愧。

"严师出高徒"，也有一定的道理。比如在学习方面，还是需要一定程度的严格要求的。如果想稳当些，可以先宽松，逐渐严格，这样孩子更容易逐步适应，最终也能达到高标准、严要求。如果一开始就严格要求，部分孩子难以适应，容易发生冲突，父母发火，孩子发脾气，就可能破坏孩子学习的兴趣，导致厌学。

另外，需要因材施教。每个孩子学习的悟性和能力不同，能够达到的最终高度是不同的。不考虑孩子的具体情况，一味地高标准、严要求，可能会碰壁。

教育也需要有松有弛，如果各个方面都要求严格，大部分孩子会感觉不自由甚至压抑。所以，我提倡在学习方面严格些，在生活习惯上则可以宽松些。让孩子有些空间，能够畅快地呼吸。

过于严格的教育方式忽视了孩子的感受和具体情况，管得太严、太多，容易让孩子感到压抑，产生各种情绪、行为、性格问题。父母与孩子也可能经常发生冲突，导致孩子逆反，抗拒父母的要求，不利于实现教育的目标。

严厉如果只是偶尔为之或者严厉时尚能保持理性，那么对孩子的负面影响还小一些，但是如果把孩子作为情绪宣泄的出口，经常冲孩子发火、发脾气，那么对孩子心理产生的冲击将是巨大的。

有时父母体会不到自己对孩子发火时孩子的感觉，等孩子到了青春期冲父母发脾气的时候，就有机会体验到了。那种情绪会直接冲击内心，让人感觉很难受，但是又不能随便发泄（怕引起孩子进一步的反应），这种难受的感觉可能好长时间也挥之不去。而面对发火的父母，孩子的感受也是类似的，如果不敢发泄，愤怒委屈的情绪就会在体内盘旋，累积多了，往往最后就会出问题。

过于严厉的教育方式在最初可能有效，但是有的孩子很快就会逆反，从而出现各种问题。有的孩子忍耐的时间长些，但到了青春期可能会逆反，这还算是一个相对较好的结果，因为可以提醒父母及早改变教育方式。否则，一直压抑下去，可能给孩子带来更长久的负面影响。

我的女儿目前上小学三年级，在未上小学之前，我从来没有动手打过她，她也很依恋我。

自从上了小学，女儿在课堂上坐不住，老师再三强调课堂纪律、学校的规章制度，她却置若罔闻，我心里焦急万分。每天老师定时定点地打电话给我，数落孩子在学校的问题，最后说我的孩子是班级里最差的，这击垮了我的自尊心，我第一次动手打了她。女儿伤心地向我保证一定会改的，之后她有了些许的变化，成绩上升了，课堂纪律也能遵守了，但是她不愿意和我交流了。这么危险的信号我却忽略了，当时还暗自窃喜，以为棍棒教育还是有效果的。

上二年级以后，女儿的成绩开始忽高忽低不稳定起来。通过和其他家长的交流，我得知在班级排前五名的学生的家长在家里都是实行棍棒教育。这令我很吃惊，也让我更坚定地认为，好孩子还是要严加管教的。在一次数学考了 85 分之后，我毫不犹豫地狠狠教训了女儿一顿，并等待着她的改变。

结果适得其反，女儿的成绩并没有起色，在学校里也越发自卑，不爱和同学做游戏，害怕同学由于成绩而看不起她。回到家里，我只要张口和她说话，就遭到她不分青红皂白地抢白，之后摔门而去。这样过了一个月，女儿郑重地对我说，以后再也不去学校了，上学太累了，她厌学，如果再逼她，她会离家出走的。

女儿的一番话让我不得不重新审视自己，我的内心也极度不安和恐慌，不知道该如何处理此事才好。我只好答应她，以后不再逼她学习，也不再动手打她。我开始寻找好的方法，正巧偶然看到了维尼老师的文章，其中有好几篇对我触动很大，便一口气拜读了维尼老师的所有文章，看完后才发现一切问题的始作俑者是我自己。

我迫不及待地开始调整心态，改变自己的认知，慢慢地试着和女儿沟通，不再盯着她的成绩，试着站在她的角度考虑问题，认同她的观点和看法，慢慢地欣赏她，由衷地表扬她每一个细小的进步。就这样，女儿一天一天在变化，慢慢地，又变回了上小学前的状态，性格也开朗阳光了。现在，我已经不再那么纠结于成绩，女儿也轻松了许多，家庭氛围变好了，我和女儿更亲近了。

过于严厉，带来的是几十年的痛苦

很多父母心存疑问：严厉一点儿有关系吗？对孩子发火，他转眼就忘记了，何况，这也是锻炼孩子的抗挫折能力啊，过去的父母很多都是严厉的，孩子不也挺好的吗？

家庭教育是不能拿自己孩子做实验的，所幸有已经发生的事情可以作为借鉴。一位妈妈讲述了自己的成长故事。

在外人眼里，我无论是学习、工作，还是婚姻，都一帆风顺，大家觉得我应该很幸福。在父母眼里我也是个乖乖女，从小到大也没怎么让他们操心地管教过，所以他们认为自己的教育是成功的，但其中的痛苦只有我知道。

我妈妈对我很严厉。也许是爱之深，责之切吧，只要有她认为不应该错的题，我就会受到严厉的责罚，妈妈会用食指在我脑门上重重地戳一下，同时声色俱厉地责骂道："怎么这道题也会错？！这么粗心！"当时我是非常惧怕的。我学习上不敢马虎，所以小学阶段成绩一直不错。

上了中学住校后，妈妈不在身边，学习放松了，结果成绩下降得很厉害。爸妈开始向我施压，他们经常用反面的话来刺激我：假如你考不上学的话，那你就在家种田啊，烧灶火啊，挑粪桶啊，都得干！当他们说这些话的时候，我特别想哭，可又不敢哭。

在这样的压力下，我开始用功学习，成绩也提高得很明显，爸妈也肯定了我。到了初三，随着中考的临近，压力也在增加，我心里经常会想：考不上高中怎么办？怎么面对爸妈的指责？真的要烧灶火、挑粪桶吗？要么死掉算了。我甚至想好了给哪些人写遗书。家里二楼有一个晒谷子的平台，我好几次在旁边徘徊，想象如果我跳下去会怎样。幸运的是我最终考上了中专。

上了中专以后，远离爸妈，如同小鸟脱离牢笼，我获得了期盼已久的自由，学习又开始松懈，成绩在班里成了倒数几名。

工作后，我为了提高学历也学习过不少东西，但到这两年，我在育儿过程中遇到了许多困惑和迷茫，边学习教育学和心理学，边反思自己的成长历程，才在学习上唤醒内心的力量，不再像以前需要依靠外力的推动去学习。

因为惧怕严厉的母亲，所以我敏感又自卑。小时候我对母亲，畏惧多于敬爱，现在是客气又疏远；对于父亲，小时候我见到他就像老鼠见到猫一样，能避则避，避不了就大气不敢出一下。我的记忆中，和父母在一起基本就没有感受到过温情。

　　这一经历真让人心酸。父母无疑是爱孩子的，孩子却感受不到爱。

　　父母很少打我们，但经常对我们使用冷暴力。在生活中，如果我们惹老妈生气就会被戳脑门、挨批，然后也不知老妈有意还是无意，就会对我们不理不睬，神情举止中表现出强烈的不满，至少要一两天才能缓和。在这段时间，我们心惊胆战，连说话做事都小心翼翼，生怕再次惹她不高兴。这种惩罚是非常有杀伤力的，它带来的痛苦远远超过责骂。

　　蛀牙了不敢说，疼得厉害就自己乱吃药；正在用枕头当娃娃，玩过家家的游戏时，老妈来了游戏就戛然而止，心里惶恐不安……平时老妈说话喜欢拐弯抹角，我们得小心翼翼地去揣摩。无意间什么话冒犯了她，她也不直说，就生气，接着开始冷暴力，我们却不知她为啥生气。我们学会了看脸色，内心却很压抑。长大后，我们不自信，特别在乎别人的眼光，面对领导会有诚惶诚恐的感觉，和陌生人说话怕遭到拒绝，有时会产生无来由的抑郁无法排遣，这是不是和童年的经历有关？在这样的家庭环境中，我们在恐惧和压抑中艰难地成长，好渴望能够逃离这个家。

您想让孩子经历这样的磨难吗?

维尼小语

我做过一次调查（217人参与），已经成为父母的"70后""80后"中,23%的人曾在成长过程中因为父母而感到痛苦，更有26%的人不但感到痛苦，父母甚至给他们带来了无法愈合的心灵伤害。

对现在的孩子而言，因为他们知道自己和父母是平等的，父母没有权力打骂他们，所以，对过于严厉的方式更难以接受，受到的伤害也更大。

压抑，可能给孩子带来痛苦，甚至是创伤。

第三节　顺应心理的养育模式

压抑容易造成太多的负面影响，所以，我们需要学会顺应心理的教育模式，就是考虑孩子的感受，懂得孩子的心理规律，学会顺应孩子，这样孩子会更合作。比如先顺应孩子的要求，再和孩子约定、建立规则，孩子会更容易接受；先顺应孩子的情绪，等孩子情绪平静后再和孩子商量，孩子会更容易沟通；交流时先理解和肯定孩子，再提出自己的意见，沟通会更顺畅；先接纳、顺应孩子的现状，之后再慢慢想办法解决问题；先注重建立良好的亲子关系，再提出要求，孩子会更配合……

先顺应，再教育，这就是以退为进——后退是为了更好地前进，反而会更容易实现教育的目标。而且少了冲突、痛苦，有利于当下的幸福，也有助于孩子的心理健康，为其一生的幸福奠定坚实的基础。

看到"顺应心理"这几个字，可能会引起一些父母的疑惑：顺应心理是什么都顺着孩子吗？孩子想怎么做就怎么做，放任自流吗？

这自然是不可能、不可行的，先顺应是为了更好地教育。

面对孩子提要求时，我有一个方法：先说"好"，再说"不"。

意思是先满足、答应孩子的要求，同时和孩子商量，形成一个约定、规则，对孩子的要求有所限制。因为先顺应了孩子的要求，所以孩子往往愿意接受规则。

和孩子沟通时，我们不要一开始就批评、说教，那样孩子会觉得厌烦，感到堵得慌，或者认为和父母说事情很烦，逐渐拒绝沟通。相反，如果先理解和肯定孩子（顺应心理），孩子会觉得开心、畅快，之后父母再提出建议，他会更容易接受，也觉得和父母交流是一件愉快的事情，愿意沟通。

当孩子有些逆反时，父母先放低要求，降低标准，闭上嘴，更多地顺应孩子。慢慢地，孩子会觉得父母不是那么令人反感，与父母相处不再那么不愉快，亲子关系得到缓和。这时，父母再去适当地、有艺术地管，他可能就会更愿意接受。

面对孩子的问题，需要根据孩子的特点，顺应心理的规律找到适合的解决方法。比如，孩子学习时有些烦躁，那不妨先休息一下，转移注意力。可能几分钟后孩子就平静下来了，再接着学习，效率更高。这就是顺应情绪的规律。

孩子对于学习缺乏信心，那么可以通过体验成功和进步的感觉帮助孩子树立信心。比如，总体的名次提高不容易，但是可以从一门功课甚至一个章节做起，通过父母的帮助让孩子取得进步，这样积累得多了，孩子的信心也就逐渐建立起来了。

如果孩子不愿意听我们的道理，可以运用行为疗法——让孩子体验行为的结果，用结果来说服孩子。比如，孩子早上上学磨蹭，不抓紧时间，那么与其不停地催孩子，不如在简单提醒几次之后让他体验迟到的结果，可能孩子自然就做出调整了。

顺应心理也意味着父母要学会遇事跟孩子商量，适当妥协，不要太坚持自己的意见，不要太较真，尤其在那些不是很重要的事情上。即使感觉孩子的想法和做法不合理，也可以让他去体验结果，一方面对孩子是一种锻炼，另一方面也证明父母的意见是合理的，孩子会逐渐信任父母。

顺应心理，孩子会更合作。合作，看起来与"听话"有些相似，但是又有所不同。"听话"强调顺从，与传统文化中的"孝顺"一致，潜台词是孩子应顺从父母——我是家长，所做的也都是为了孩子好，所以孩子就该听我的。可惜，现在的孩子会说：凭什么呀？

而合作意味着亲子之间是平等的，所以孩子并不是天经地义地要顺从父母。父母如果想赢得孩子的合作，那么就需要学会顺应孩子的心理，建立良好的亲子关系。

顺应心理，首先要了解孩子的心理。

读懂孩子心理的秘诀

当我为孩子着想，站在孩子的角度去理解他、能读懂他的心理时，三岁半的儿子就经常能感受到我对他的爱，他也经常会对我说："妈妈，我爱你。"能够读懂孩子之后，我才发现以前不是孩子跟我过不去，是我自己跟自己过不去。

很多父母总希望了解孩子的心理，所以会去读儿童心理学的书籍。遗憾的是，看了很多这方面的书，理论学了很多，却找不到多少可以运用到育儿实践中的知识，所以盼望有什么"读心术"就好了。

其实，"读心术"我这里就有，还很简单。

想想你自己，你是什么样的心理、感受，孩子也基本就是这样。己所不欲，勿施于人。这就是读懂孩子的秘诀。

女儿有一次兴致勃勃地朗读新课文，我连续指出她的五六处错误之后她不高兴了："哼，不读了！"这可以理解，想想自己做事时别人总是指正，虽然明知对方是好意，但多次后也会有些不悦啊。这是人之常情。

和孩子约定好看半小时电视，到了时间，动画片还没结束，孩子还想看，父母很恼火，责怪孩子说话不算数。其实想想自己，如果电视剧看到一半就不让看了，是否也会不情愿呢？这很正常，没什么。

孩子反感父母唠叨，父母不解："我是为了你好啊！你为什么不领情？"反过来想想，其实谁都不喜欢听唠叨。

我婆婆管得太多，包办太多，只要她说话，都是在啰唆、埋怨，真的很烦人。我知道她是善意的，所以等她心情好时，我就会和她说："老妈，你就放心好了，我们都这么大了，知道什么应该，什么不应该。"但她唠叨得特别烦时，我也难免会顶撞一下。

人的心理何其相似啊！

一般来说，人都喜欢被鼓励，不喜欢被指责；成功则喜，失败则不爽；被尊重则欣然，被轻视则不悦；喜欢自由自在，不愿意被束缚；被压抑就想反抗，顺着来则会合作；有情绪时容易不理性，平和时就好商量；关系好了，什么都好办，关系糟了，怎么做都是矛盾；平和的批评容易接受，严厉的训斥都难以接受……

基本的心理规律都是如此，只不过成人经过磨炼，在某些情况下能够有所克制忍耐而已。所以，如果想读懂孩子，就先想想自己是什么样的感受和反应，这样就容易理解孩子了。

孩子有时会有"邀赏"的现象，比如球拍得不错，会问："妈妈，我棒不棒？"拼图完成得很好，孩子会向妈妈炫耀："我很厉害吧？"

有的妈妈对这个现象很警觉，认为孩子需要别人的表扬才自信，心理脆弱。其实这种表现是正常的。想想我自己，当我做得好时，也会忍不住和朋友分享我的快乐。

有一个流行的观点："若你想让孩子有一颗感恩的心，就该经常让他经历等待和渴望的过程。如今的情况是，很多孩子刚学会走路，大人已经迫不及待地给他买好自行车了，孩子会认为他得到这些都是理所当然的。孩子没有经历内心长久的渴望被满足的那份喜悦，因此很难被满足，跟他一起生活的人会很辛苦。"

这个观点有一定的道理，但也有些莫名其妙。想想自己，你该得到的东西，如果领导耍手腕压着不给，你会感恩吗？如果朋友能帮你的忙，却一直拖着，让你求爷爷告奶奶才帮你办，你还觉得他够朋友吗？

妈妈：昨天给孩子的鼻子滴了一种薄荷油，孩子很难受，冲我发脾气。我向他道歉了，可他还是有点儿不依不饶，说让我帮他接尿，还要帮他脱衣服。我很困惑，他怎么得理不饶人呀！

维尼：想想你自己是否也是这样的呢？

妈妈：是啊，其实我以前发脾气的时候也这样，那时孩子都向我道歉了，我心里还是不舒服，不爱搭理他。

没有多少成人能坦然接受惩罚，因为我们大都喜欢自由自在，但一位妈妈却认为孩子不应是这样。她说："如果孩子的内在秩序没有被破坏，他们就是规则的坚决维护者和执行者。当他们违反了规则，对处罚也能坦然接受。"但是实际情况并非如此。

看了《超级保姆》后，当孩子违反规则时我试图温和而坚定地惩罚孩子。每次惩罚，孩子都是撕心裂肺地哭，最终孩子不但没有听话，反而学会了犟嘴。

成人很少被严厉批评，所以忘记了被批评的感觉，不过在学驾驶考驾照的过程中有可能体验到。

我学车时总被教练吼，教练越吼我越不知道该怎么办。现在想想我的小孩，我吼他时他不知所措的样子真可怜，以后不吼他了！

有些方面孩子看起来和成人不同。

比如，孩子把什么东西弄坏了，没当回事，大人却会很生气，这是因为这些东西在孩子心中和在大人心中的价值是不一样的；反之，孩子认为很重要、很值得珍惜的东西，如一只玩具小鸭子、一只玩具熊，甚至一颗玻璃珠子，这些在大人看来，却微不足道。这就是价值感的不同。不要用成人的思维考量孩子的价值观，你认为很重要的东西在孩子眼中也许还不如一颗玻璃珠子。

不过，从另外一个角度来看孩子和我们又是相同的。比如，孩子会为一些我们看起来"微不足道"的小事情而大做文章，大哭大闹、不依不饶，也会害怕一些成人觉得"没什么可怕"的事情。这是因为孩子把很多事情放大了。难道我们不是如此吗？不也会因为孩子偶尔不刷牙、偶尔睡得晚这样的小事而大发雷霆吗？

当然，一方面我提倡"想想你自己"，去理解孩子，"己所不欲，勿施于人"；另一方面，又不要过于"以己度人"。比如，看到孩子不会做题，心想："那么简单都不会做?！"又如，让孩子做什么事情，孩子没有马上按照己的要求来，就生气了——怎么那么磨蹭？其实每个人都有自己的节奏，孩子的节奏可能和我们不同。

此时，还是需要想想你自己，想想还是孩子那么大的你自己！

在孩子一岁多时，他喜欢撕卫生纸玩，撕得满床都是。我不停地收拾卫生，真的是有点儿恼火，想发脾气了，但是看着孩子玩得那么高兴，又于心不忍。突然想起我小时候捡树叶玩的情景，其实不论是捡树叶还是撕卫生纸，在现在的我看来，都是很幼稚的事情，但是小时候的我却感觉那么快乐，所以我也就理解了孩子。我把自己变成了一个小孩子，去理解儿子的行为，火气也就消散了。其实孩子只是在一个阶段这么干而已，之后就不再玩这样的游戏了。

维尼小语

如果想读懂孩子，就想想你自己，己所不欲，勿施于人！

你给孩子的感受是爱还是恨？

很多父母很少考虑孩子的感受，有的父母觉得自己所做的一切都是为了孩子好，所以不需要考虑孩子的感受，但是，如果经常让孩子感受到压抑和痛苦，孩子就难以感觉到父母对他的爱；有的父母以为孩子忘得快，即使训斥、发火、打骂，他也好像很快就忘记了，孩子小时候的确会"健忘"，但是到了青春期，他们心中积累的不满会爆发，会把多年经受的痛苦还给父母；有的孩子则很小就会反抗，让父母早早品尝到苦果。

所以，父母不要太"任性"，想怎么做就怎么做，任意宣泄自己的情绪，要开始学会考虑孩子的感受。

有时我们是在用圣人的标准要求孩子，忘记了其实他还只是一个孩子。

儿子小时候和同伴发生矛盾，我不准他打别人，总劝他不要计较，宽容大度。他不服，哭闹，我们就觉得他太横，就教训他，甚至打他。儿子长大后一直耿耿于怀，说我们根本不爱他。以前我还觉得这孩子不知感恩，父母好吃好喝地养他都不领情。看了维尼老师的文章后才明白，我们没站在孩子的角度考虑他的感受，那时他还只是一个孩子，为什么总让他忍耐，为什么总是找他的不是呢？现在我真诚地向他道歉，我们的关系变好了，我们经常交谈，对我提出的一些要求他也能接受了。

有时和孩子换一下角色，就能更好地体会孩子的感受。

我和女儿玩"老师和学生"的游戏，她认真地讲课，我却分心看维尼老师的博客。后来我反思，如果是我在讲课，女儿在溜号，我可能又是一场怒吼。女儿考我单词，前两遍我错了，第三遍全对，女儿却很严肃地说："你确定？你真的确定？都错两遍了。"这话把我也搞得没了底。反复看了黑板，最后不坚定地说："确定。"当时自己的心里像打翻了五味瓶，女儿像一面小镜子照出了我原本的样子，这些是我常说的话呀！我听到后有压抑和不被认可的感觉，这些话确实让人不好受啊！

从孩子的角度考虑问题。

以前，孩子每天早上起来都极不高兴，主要是因为我叫她比较晚，让她觉得来不及，总担心会迟到。她总让我6点多就叫醒她，但我从大人的角度考虑，能让孩子多睡会儿就尽量让她多睡会儿吧，其实7点15分叫她起床完全来得及。所以，每次我都想各种借口，不在和女儿约定好的早上7点叫醒她。可女儿不领我的"好意"，怪我不遵守诺言。

后来，我想到了维尼老师说的，要从孩子的角度去看问题。想想看，女儿担心迟到，她觉得7点15分起床太迟了，早点儿起来会心情放松一些。而我固执地认为让她多睡会儿也不会迟到，所以当孩子生气发火时，我就觉得，你这孩子怎么这么不识好歹？都是为了你好啊，你怎么就这么不体谅大人的心意呢？

认知改变之后，我每天都7点叫醒她。现在再也没有她"起床气"这个烦恼了，天天早上闹钟响后，她赖上几分钟，然后就高高兴兴地起床、洗漱、吃饭，出门上学，高高兴兴地对我说再见。

一位初中男孩的妈妈在我这里咨询。

　　原来我做事不从孩子的角度考虑问题，平常小事也不注重他的感受，对他要求很严，限制很多，不关心孩子的心理状态。结果孩子心理、性格出现越来越多的问题，敏感脆弱、顾虑太多，以致不能上学了。我现在学习了维尼老师的理念后很受益。我学会考虑孩子的感受之后，发现孩子的情绪越来越好了。

　　孩子这段时间一直在家，想去上学却一直不能去。今天因为涉及考试的问题必须去了，但他还是有太多顾虑，让我打电话问这问那。我一开始不愿意问，后来想到维尼老师说的"重视每一件小事带给孩子的感受"，就答应他的要求问了，并且用轻松平和的语气和老师交流。结果孩子一下子就放松下来了，跟我一起去学校了。

　　爱孩子，就让孩子感受到"爱"而不是"恨"。"为什么我这样爱孩子，孩子却恨我？"父母大都是爱孩子的，但是孩子感受到的也许不是爱。因为这些爱是以逼迫、打骂、训斥、冷暴力等形式出现的，孩子怎么能感受到爱呢？

　　※ 我以前非让儿子按照我的要求去做，他又拧不过我，就使劲咬自己的手背。我本意是爱他，但当时怎么那么狠心呢？明明看到孩子手背上深深的牙印，却仍无动于衷，继续强迫孩子做他不想做的事。好后悔呀！他当时该有多愤恨啊！

※ 今天中午吃饭时，和我家宝贝闲聊，她开玩笑地说，你不疼我！我说哪里不疼你了？她说你打我骂我。我说那我应该怎样做呢？她说你应该说妞妞真棒！从孩子的话语中我能深切地感觉到，孩子希望在她犯错的时候，我能对她宽容理解，而不是非打即骂，她不喜欢我这种方式的爱！

爱孩子，就让孩子感受到爱，而不是恨！

优秀与幸福哪个更重要？

从孕育小生命开始，我就期盼他能健康快乐地幸福成长。刚开始时能包容他的一切，但当他慢慢知事时，我就开始拿成人标准来要求他，希望他各方面优秀。现在我领悟到，那是对他心灵的摧残。正如维尼老师所说，追求优秀时，别忘了初心。

很多父母渴望孩子优秀，尤其是学习优秀，这自然是有道理的，但是，有时却忘记了追求优秀的初心是什么，那就是孩子的幸福——当下和将来的幸福。父母为孩子做出的所有努力，期盼孩子能够获得的一切，不就是为了孩子能够长久、真正地幸福吗？如果不能幸福，那么无论他看起来多么光鲜，又有什么用呢？如果孩子能够幸福，那么即使他看起来平凡，不也是让人欣慰的吗？

维尼小语

　　幸福是我们的终极目的，优秀只是可能获得幸福的路径之一！

重视孩子"当下"的幸福

　　有的父母说：辛苦一阵子，幸福一辈子。这话有些道理，不过，人生无常，看起来优秀的，未必能够保证一辈子幸福，我们更能把握的是孩子当下的幸福。

　　孩子在一天天地长大，在我们身边的日子可能不过十几年，好好善待他，让他和我们在一起的日子里能幸福生活。人生不过七八十年，为了不可知的未来，过多地牺牲现在的幸福，值得吗？

　　很多时候我们自以为是，总想把自己认为正确的东西教给孩子，总是站在"为了孩子好"的高位上频频指挥，觉得让孩子吃点儿苦、受点儿委屈是应该的。为了以后不可知的未来，我们背离了当下的快乐，如此沉重，如此义无反顾。停下来，回头看，我们都做了什么？

　　当然，注重当下的幸福，并不是说让孩子随心所欲，只顾享乐而不付出努力。作为学生，如果在十几年的学习生涯中，学习一直都差，一方面自己学得很累很苦，另一方面得不到老师和同学的肯定，那就难有真正的幸福、快乐。所以，我们需要帮助孩子，培养学习的兴趣、信心、动力，提高能力，这样，快乐和学习就不那么矛盾了。

一味追求优秀，反而容易适得其反

如果忘记了幸福这个根本，只盯着"优秀"，一味地高标准、严要求，去压抑孩子，不但会给孩子造成不必要的痛苦和创伤，而且可能导致其心理和性格的扭曲，即使看起来优秀，也难以获得长久真正的幸福，甚至令他一生痛苦。所以，在追求优秀的同时，不要忘了，孩子只有拥有了健康的心理和良好的性格，才能获得一生的幸福。

另外，为了追求优秀而过多地压抑孩子，会导致亲子关系紧张，孩子拒绝父母的帮助和教育，甚至对着干；也会损害孩子学习的兴趣和动力，甚至可能造成厌学。如果父母一味强求，造成孩子心理和性格上的问题，孩子不但不可能优秀，还可能过得不如一般人。

孩子九岁时，我不再打工，回老家照顾孩子。当时可能因为放弃赚钱回去照顾他，所以对他的期望特别高。我希望他学习上优秀，所以每天都很严格，从来不当面夸他。只要有点儿小错误，我就打他，狠狠地打。一年后，他就变了，变得不爱学习，甚至彻底放弃学习，和同学去网吧，学习成绩直线下降，甚至离家出走。每一次找他都需要报警，而且每次找到他时，他都是站在别人家楼顶上。

他对我说有个同学被逼着学习，从楼顶上跳下去了。他还问，如果有一天他让我们完全失望了怎么办？他用他所有的精力来骗我们，让我们不发火、不生气。我绝望了，好想回到最初，回到他学习不太好也不太坏的时候，至少当时他是正常的。

平凡也可以很幸福

期望孩子优秀是正常的想法，但是人不是想怎么样就能怎么样的，能否如愿不仅仅取决于是否努力，还受限于主、客观条件，比如，孩子学习是否优秀与他的悟性、父母的能力、老师是否适合等都有关系。孩子的学习能力虽然是可以提高的，但是如何提高却是一个复杂的课题，大多数家长无法掌握或者难以做到，要想见到效果往往需要长期的努力。

所以，和孩子一起去努力，如果孩子能变得优秀当然最好，如果平凡也可以顺其自然。因为作为普通人，只要心理健康、性格良好，也会有幸福的生活，做一个幸福的普通人也不错。这样，家长的心态平和了，教育着眼长远，行事会更加理性，少走弯路，减少内耗，孩子反而会成长得更好。

所以，以幸福为出发点去期望孩子优秀，紧盯幸福，就不会迷失。只盯着优秀，就是和孩子过不去，也是和自己过不去。

实例：幸福的锤子打碎的是什么？

这是一位妈妈写给女儿的信。

维尼老师关于幸福的理念，仿佛一把锤子敲碎了妈妈多年的错误。八年来，妈妈以爱的名义逼着你做了许多你不爱做的事，像弹钢琴，每次都是妈妈逼着你一遍一遍地练，有错误时还会大声斥责，其实妈妈连五线谱都看不懂，有什么资格去对坚持练琴的你大声叫喊、讽刺呢？直到这个暑假，你当起妈妈的钢琴老师，用我平时对你的口气批评我时，妈妈才深深体会到你当时的感受。你对钢琴的兴趣被妈妈一点点磨灭了，钢琴成了你生活中的一块"鸡肋"。妈妈平时一听到谁家的孩子考上八级、九级了，就开始着急，看到你慢吞吞的样子，就又是一番斥责。妈妈看到你的好成绩可以乐上几天，如果听到有人成绩高于你就开始心急，变得患得患失。妈妈常常告诉你，要好好读书考上一中，才有机会上清华、北大，将来才能有一份体面的工作，不用像摆地摊的人那么辛苦。

现在想起来，妈妈错了，不是考上清华、北大的人才是最幸福的。人活在世上最要紧的是快乐与幸福。清华、北大学子有他们的烦恼，摆地摊的人也有他们普通的快乐。"人生不过七八十年，为了不可知的未来，过多地牺牲现在十几年的幸福，值得吗？"维尼老师这话说得多好！我们要活在当下，不但为了将来的幸福，也要为了今天的幸福而活着。"尽人事，听天命"，过好每一天，努力之后，将来优秀固然不错，如果平凡，顺其自然就可以了。妈妈会陪着你走好、走实每一步路。

初识顺应心理的教育理念

顺应是为了更好地教育

为了更好地理解顺应心理的教育理念，我举几个例子。

面对孩子的一些要求，比如孩子想玩手机，我有一个方法——"先说好，再说不"。就是先适当满足，之后再和孩子形成一个约定或者规则。这样既避免了冲突，孩子也会同意规则。经常这样做，孩子会逐渐形成规则意识。那么，孩子是否会严格遵守规则呢？不一定，有时他会打破规则，再度提出要求。这其实是正常的，面对诱惑，父母也有说话不算数的时候。比如妈妈们买了太多的时装，告诉自己不要再买了，可看到了漂亮的衣服可能又忍不住出手了，所以孩子的要求可以理解。此时，规则的执行可以有弹性，可以再次先适当满足之后再重申规则。这会不断强化孩子的规则意识，而且我们好商量，孩子也会变得好商量。所以，孩子的要求可以通过平和的沟通限制在合理的范围之内。

顺应心理也是对孩子有所限制的，只是先适当满足孩子的要求，再和孩子约定；顺应心理也是有规则的，只是规则的执行有弹性，这更符合人性。

先说好，再说不；先顺应，再教育。这种教育理念适合各个阶段的孩子，是亲子关系的润滑剂。

※ 从前为了树立自己所谓的权威，我总是先说不，再说好。现在我学着先说好，再说不，顺应孩子的心理，多站在孩子的角度去理解她，心疼她，孩子也变得更体谅我了，原本紧张的亲子关系变得融洽。女儿七年级了，现在学习状态很好，也有独立的个性和自己的思想。想改变孩子，先从改变自己开始。

※ 我儿子五岁半，是个爱赖床的小家伙，早上叫他起床，都要费很大的劲。眼看我上班就要迟到，他上学也快来不及了，我只好着急上火来硬的，他就委屈地哭着对抗，接下来穿衣、吃饭都搞得很不开心。后来，我试着顺应孩子心理，效果还真不错。在第一次叫他起床时，他会说不，我也不勉强，我说去煮鸡蛋，让他再睡一会儿，他点点头，我就去做自己的事情。这样我也不会耗费太多时间在他的身上，而忽略了自己要做的事情。过了一会儿，我再去叫他，他还是特别困。我说，好吧，再让你睡会儿，我去刷牙洗脸后就来叫你。第三次再去叫他时，他就能够开心地起床，而且做事都很配合。但如果第三次还不起床的话，我就使出"撒手锏"，我会说，好吧，妈妈再让你睡觉，但是妈妈上班来不及了，妈妈要先去吃饭，然后去上班，你一个人在这里睡觉。爸爸也要去上班，奶奶等一下去买菜，家里会只剩下你一个人，你自己考虑一下。这下子小家伙会马上起床，他可不想自己一个人孤孤单单地待在家里。还

有，他最喜欢妈妈接送，怎么可能让我先去上班呢？就是这样简单，问题解决了，皆大欢喜！

孩子都是"顺毛驴"，顺应而不是逆着他的心理，他会更合作。

我孩子四岁半了，早晨爸爸喊他去洗脸，一遍遍地喊，他在玩玩具，根本不愿意搭理爸爸。爸爸过去拧着胳膊拉他，结果孩子越拉越拧巴，很生气。我也过去了，他以为我也要拽他，同样很抵触。结果我蹲下来，抱住了他，问他，是不是不喜欢这样子被爸爸拉扯。他立刻就委屈了，说是，然后乖乖地在我怀里趴了一会儿。我说现在好了吧，我帮你洗脸。孩子乖乖地和我一起来洗脸了，边洗还边说，谁要是强迫我，我就不让他帮我洗，我只让不强迫我的人帮我。

一位妈妈告诉我，孩子在家只听爷爷的，其他人的都不听。为什么呢？爷爷说："多哄哄他，多说好话，孩子才会听你的嘛！"——多朴实直白的道理啊！

八岁的女儿在照顾她三岁的妹妹时跟我说："妈妈，你知道妹妹为什么这么听我的话吗？因为我有很好的教育方法，那就是顺从她，她开心了，自然就听我的话了。"我听了真是无地自容，一个八岁的孩子，在这方面居然感悟比我深。

顺应了孩子，大家都高兴，孩子也会合作。

　　我现在体会到了顺应孩子心理的妙处：孩子快乐，大人心情也愉悦了。昨天和儿子逛街，儿子想要冷饮，我答应了，所以儿子没闹情绪，还很高兴地帮我拿东西。快回家的时候，儿子说烤肠的味道很好闻，我一听这是想吃呀，就说想吃就买一根吧。虽然我不想让他吃，但维尼老师说偶尔吃一根没事，所以就顺应了孩子。结果我们高兴地回到家，并且他顺利地完成了今天的作业。

　　孩子高兴了，事情就好办了。

　　儿子上二年级，今天的作业是平时的三倍，孩子回到家特别生气，又拍桌子又骂老师。当时我想发火，可又忍住了，想起了维尼老师的方法，就对孩子说："你生气很正常，妈妈有时事多了也会心烦，妈妈相信你会完成的，做完了妈妈奖励你鸡翅吃。"孩子做了会儿还是生气，说明天早上5点起床做，我说："好的。"孩子没做完作业，但我还是给他鸡翅吃，孩子一边吃一边说："我们出去玩吧，就当是周末。"我说："好的，你要是明天早上不做作业该多好呀，今晚我们就可以多玩会儿，晚一点儿睡，不影响你睡眠。"孩子高兴地说："妈妈，我马上就做！"结果孩子晚上7点就做完了作业，我们出去玩了一小时，回来后9点睡觉。如此一来，孩子作业也没耽误，玩也没耽误，而且按时睡觉。

实例：顺应孩子是好心情的开始

　　我今天也用了维尼老师的方法——"先说好，再说不"。早上起床后，女儿雯雯说想吃面包，喝牛奶，但家里没有牛奶了，面包还有一片，雯雯就说要在外面买。我没有立刻答应，说等一下看时间吧，如果我们行动快的话，也许还有时间去面包店。结果吃过粥出门的时候已经 7 点 20 分了，看来是没有时间去面包店了，雯雯还说想吃面包，我知道她这会儿想在外面买早餐的愿望非常强烈，如果我强硬地执意不买，我们肯定会闹得不欢而散，我可不想一大早就有个坏心情。想到在上学的路上会路过早餐店，于是我告诉她想吃面包和牛奶可以，只是今天早上没有时间去买了，可以下午放学的时候买，但是现在可以在早餐店买个她爱吃的麻团。雯雯愉快地答应了。为了奖励雯雯明白事理，我说你也可以在买麻团的同时再买根油条。雯雯说不要油条，要吃南瓜饼，然后自己开心地在早餐店买了麻团和南瓜饼。先说好，再说不，既满足了雯雯想在外面买早餐的心理，又没有耽误她上学，皆大欢喜，保持了清晨开始的好心情。

实例：顺应孩子，让我和孩子关系更好了

　　※ 女儿最喜欢我接她放学时能给她带一点儿零食，她说每次放学后都好饿，希望有点儿东西先垫一下肚子，然后再回家吃晚餐。之前我都拒绝了，怕她吃了东西后回家就不想吃晚饭了。小家伙一

度对我有不小的意见，说我小气。后来我觉得维尼老师的方法"先说好，再说不"很有道理，决定尝试看看。之后我同意带一点儿，但和她说好不能多吃，回家吃饭时饭量不能少太多，偶尔没有带的话，也不要生气。她同意后，我会给她买点儿面包、蛋糕之类的，每次小家伙都特别开心。从那以后，我们的关系明显好转，而且她也越来越懂事，不再要求我买路边摊的食物了。

※ 昨晚让孩子刷牙睡觉，孩子看爸爸回来了兴奋得不肯刷牙。要是搁以往，我们娘儿俩肯定僵持动怒。但当时我想，爸爸回家了孩子开心，想多跟爸爸玩一会儿很正常，偶尔一次不刷牙也没什么，就同意了，但我要求孩子要用盐水漱口，而且以后不许再赖着不刷牙，孩子很愉快地接受了。这时刚好停电，我说电力公司太照顾你了，一家人都哈哈笑起来。睡觉时，儿子把我的头抱在怀里说："妈妈，我是你的小火炉，我来给你温暖，我最爱你了！"顿时，幸福满溢。

先说好，再说不，也适于青春期的孩子。

比如，学校禁止带手机，但孩子执意要带手机去学校，可以先答应孩子，同时提出几个要求。比如，一定要设置成静音模式，上课不能玩，这样孩子可能愿意接受我们的要求。如果直接不让孩子带，孩子不高兴，非要带，而且使用起来也不注意。

孩子上初中，以往放学回家，他要求先看会儿电视再写作业，我会一概否决。现在我学着先理解孩子：上了一天的学，也很累了，如果是我上班累了一天回来，马上就让我做饭，我也会心里有怨言，总想先歇一会儿，更何况孩子呢？所以，我同意了孩子的要求，同时跟孩子约定，放学回家可以看电视看到晚上7点半。日子就这样慢慢过去，我发现不需要刻意提醒孩子做作业，他也会在7点半的时候自觉关电视，写作业，复习功课。有一次儿子因为看自己喜欢的节目而忘记了时间，如果是从前，我会霸道地关上电视，而此时我并没有行动，理解他想看完喜欢的节目的心情，这很正常。节目结束了，儿子主动关上电视，同时对我说："妈妈，今天我多看了二十分钟电视，我晚睡二十分钟把时间补回来，您看行吗？"就这样，我们的母子关系越来越和谐，儿子在我眼中也变得越来越懂事。

顺应心理也是一种淡定、灵活的心态

顺应心理的教育理念，改变的不仅仅是孩子。父母需要首先调整自己的心态和认知，才能去落实相关的理念和方法。

顺应心理，能帮助父母培养淡定的心态。比如，有的父母说，很多以前我们很在意、纠结的事情，在维尼老师这里都是"很正常，没什么"的，这六个字就像六字箴言，每当想到它，焦虑的心好像就平静下来了。很多父母为什么会焦虑，往往是因为把很多事情看得太严重，看得太不正常。如果我们视野开阔，看到事情的真相，就会发现原来很多是很正常，没什么的。比如，按时入睡固然好，不能做到也没什么大不了，可以顺其自然；孩子有时说话不算数其实是正常的，我们有时也会这样，所以没有必要上纲上线……

父母也需要学会理解孩子，知道孩子的"问题"很正常，没什么，也许是有原因的，甚至是父母造成的，那么就会平静下来，静能生慧，父母就有智慧与孩子相处了。比如孩子说谎，往往是由父母造成的，因为孩子一旦说了真话，就可能会被训斥、惩罚，那么孩子自然学会说谎了，所以需要改变的是父母。如果父母学会理解和接纳孩子，淡定地应对孩子的"错误"，那么孩子自然敢说真话了。如果能如此理解孩子，父母自然会平静下来，理性、智慧地处理问题。

过度执着，是家庭教育最大的障碍。很多父母一定要让孩子优秀，一定要让孩子考上好高中、好大学，一定要培养孩子的好习惯，结果给了孩子很大压力，父母自己也很焦虑，容易冲孩子发火，发生冲突。而顺应心理认为父母需要努力去做，帮助孩子变得优秀，培养他们的好习惯，但是对结果则可以顺其自然，不必太执着。这样心态平和了，教育就会理性，效果反而更好。

顺应心理，也提倡灵活、有弹性的处事方法。虽然有规则，但是可以灵活、有弹性地处理。孩子需要有良好的生活习惯，但是不要求马上培养好，偶尔破例也没关系。想想自己，我们也喜欢灵活、有弹性的领导，如果领导太死板，恐怕也难以被真心地拥护。

实例：顺应心理让女儿乖巧懂事

梅子女士在孩子一岁左右时学习我的博客。用顺应孩子心理的方法育儿，这并没有让孩子骄横、娇惯，反而让她很乖巧、懂事。

维尼老师：

您好！自读您的文章开始，我从很多具体的小事、细节受到启发，越来越体会到其中的妙处。

1. 六字箴言的妙处

"很正常，没什么"不仅在育儿时让我的情绪平和，在老人那里也用上了。当初因为两代人教育方法的不同，出现过好多不愉快，我心急憋屈得慌。后来想到老师的六字箴言，忽然明白老人的很多做法也是"很正常，没什么"的，也要像对孩子一样对老人理解、宽容。心情豁然开朗，就不再憋屈，轻松多了。

2. 顺其自然

孩子有几天中午睡觉相当折腾，不乖乖睡。第三天我受不了了，就强硬地抱着她睡。她拼命打挺，我就抱着她不让她动，结果她哭一会儿就睡着了，"效果"看似很好。

此时我想起了维尼老师说的：睡觉可以顺其自然，为什么要为了这点儿小事而让孩子哭着入睡呢？天哪，我这是在干吗呀！后来我改变了态度，自己躺着睡，然后告诉宝宝，你想看书就看吧，妈妈先睡，看完自己过来睡哟。宝宝开心地接受了。她看了一会儿《不一样的卡梅拉》，就过来叫"妈妈"，一躺下马上就入睡了。看着她睡得甜美的样子，我心里很是安慰。

3. 独立、自理

宝宝在一岁多时就能完全独立吃完饭了。可有几天她撒娇要我喂，当时我想说自己的事自己干，后来想起维尼老师说过，让孩子撒撒娇，家长喂喂饭又何妨？我就微笑着答应了，孩子也很享受，也没有因此而更多地依赖我。

4. 关于情绪

有几天我自己非常烦。那几天不知是宝宝感受到了我的烦，还是她感冒了不舒服，她也变得有情绪，特别"不乖"。后来我想，其实她没有错，这几天本来就不舒服，还受到我的影响，有情绪很正常，并不是故意来折磨我的。理解了，改变了自己的认知，就平静了。

5. 先说好，再说不

晚上带孩子去超市，来到了玩具区，孩子很喜欢那个推着走会叫的公鸡。孩子刚刚玩得起劲时，婆婆说去另一边买汤圆，于是我叫她把玩具放回去，她说："不不不，不要呀。"我以前可能会粗暴地抢下来放回去，然后等她在地上哭累了，就平静地过去叫她："宝宝哭够了吗，我们回家吧。"但我想起了维尼老师说的——先说好，再说不。

我去理解她，毕竟人家正在兴头上嘛。于是我和她商量，再数十下就不玩了，她点头说好。当我数到十时，她还在玩。过了一会儿，她不好意思地把玩具给我，其实她内心十分不舍得，但还是做了个"对不起"的姿势。于是我微笑地接过来说，没事，你还是很讲信用的，谢谢你。

我婆婆限制孩子，这也不给宝宝动，那也不给宝宝动；而我正好相反，这也让宝宝自己去试试，那也叫她研究一下。结果只要婆婆不给宝宝动的，宝宝一定要动。而实在是危险不能动的，只要我一说，她就不动了，还会去告诉别人这很危险。这就是尊重、放手、放心的结果！

现在大家都觉得我的孩子懂事、聪明、乖巧，从不给我添乱子。说起来很奇妙，顺应心理的育儿方法并没有让孩子自私蛮横，反而让孩子很懂事，真是让人高兴啊。

顺应心理与溺爱的区别

"维尼老师的顺应心理感觉不错，但这和溺爱纵容的区别在哪里呢？是否也会造成孩子的自私任性、以个人为中心，不听管教，受不了批评和挫折呢？"

让我们来逐条分析顺应心理与溺爱的区别。

1.关于独立自主

溺爱的一个特点是妨碍孩子独立行动，一切由父母包办、代替。

而顺应心理提倡多和孩子商量，多让孩子做决定、做主，给孩子适当自由，这与溺爱、包办完全相反。而过于严格、严厉，也会妨碍孩子独立自主，从某种意义上来讲反而与溺爱、包办是相似的。

2. 过分爱护孩子

溺爱的另一个特征是轻易满足孩子的要求，而顺应心理提倡对孩子的要求"适当满足、适当拒绝"，先说好，再说不，制定规则，形成约定，而约定的执行有弹性。这就是以孩子愿意接受的方式把要求限定在合理的范围之内。

溺爱还有一个特点就是特殊待遇，体现在家庭中就是孩子的地位高人一等，处处受到特殊照顾。顺应心理则提倡平等，自然不会把孩子当小皇帝了。不过，作为成人，对很多物质享受看得较淡，比如，生日蛋糕自己吃不吃觉得无所谓，但孩子有蛋糕吃会很高兴，那么就让孩子多吃一点儿，类似这种不同的待遇是正常的，或者孩子有时书包确实太沉了，帮他背背也是无所谓的。

溺爱之下的孩子生活懒散，家长允许孩子饮食起居、玩耍、学习没有规律，想怎样就怎样。而顺应心理提倡需要有一定的习惯和规则，只是培养的过程顺应孩子的心理，执行的过程需要有弹性。比如孩子在周末或假期睡睡懒觉，也是正常的，尤其是中学生，平常学习太辛苦，周末补补觉是合理的；又如晚睡，偶尔为之，放纵一下也没关系。

包办、代替是溺爱的特征，不让孩子干家务，导致孩子没有自理能力。顺应心理则是鼓励孩子做家务，但努力之后顺其自然，不必强迫，也不需要纠结做了多少，重点是孩子有兴趣做。吃饭、穿衣一般是孩子自己来，但是在孩子小时候，有时喂喂饭也无妨，偶尔帮孩子穿穿衣服也无所谓，这也是体现父母爱意的举动。

溺爱还有一个特征，就是怕孩子哭闹。而顺应心理则鼓励孩子宣泄情绪，引导孩子情绪不好的时候先处理情绪，再处理事情，不去较真，也不去火上浇油。另外，改善教育方式是减少孩子哭闹的根本办法。

3. 顺应会不会使孩子经受不住挫折？

很多家长害怕多顺应孩子，孩子会听不得批评，抗挫折能力弱。实际上，顺应心理通过向孩子渗透三种思维方式，能够有效提高孩子的承受能力，让他坦然面对挫折，所以不必担心孩子经受不住挫折。这个方法后文会讲到。

维尼小语

很多人常常引用一句古话：慈母多败儿。真的如此吗？如果慈母是指溺爱、娇惯、纵容孩子的母亲，那么此言不虚。但是真正的慈母既慈祥宽厚，又能温柔地坚持原则、帮助孩子，这样的慈母是孩子健康成长的永恒动力。

放下对溺爱和娇惯的恐惧

很多父母心头有一个魔咒：不能溺爱、娇惯孩子。所以，会对孩子过于严格，不敢满足孩子的正常要求，不敢让孩子撒娇，结果却压抑了孩子的天性。如果能按照顺应心理的方式去养育，就可以大胆地去爱我们的宝贝，而且不用担心会溺爱和娇惯孩子。

宠爱孩子的危害真的有那么大吗？

以前总认为不要宠孩子，否则会娇惯孩子，因此看到孩子的不好的行为要及时制止，并不断提醒他不要这样做。但孩子越大离我所期待的却越远，亲子关系越来越紧张，孩子也越来越反叛。

不知从什么时候起，我开始害怕宠爱孩子，生怕娇惯他，于是便少了那份发自内心的欣赏，少了与孩子一起享受亲情的乐趣。学习了维尼老师的理念，以后我要好好和宝贝享受在一起的时光，不惧怕适当地宠爱孩子，被爱浇灌的孩子会更幸福！

20 世纪 80 年代，各种媒体铺天盖地批判"小皇帝"现象，宣传溺爱的危害。经过一二十年的宣传，很多人对于溺爱、娇惯的危害印象深刻。现在，"不要溺爱、娇惯孩子"的意识已深深植入 20 世纪七八十年代以后出生的父母的心中，溺爱的现象其实很少见了。现在的父母，即使有一些所谓的溺爱，也只是对孩子物质上宠爱，生活上包办，但完全纵容是难以做到的。因为谁也不希望孩子表现不好，谁都会考虑孩子的未来，所以很难忍住不去管教孩子。

现在，大家看到孩子哭闹过多、爱发脾气、倔强、逆反，就以为是溺爱所致，其实恰恰相反，大部分是因为父母管得太多，限制太多，不顺应孩子心理所致，与溺爱关系不大。你和孩子闹别扭，就是教孩子和你闹别扭，就是逼迫孩子哭闹、倔强。

※ 以前我就是怕娇惯了孩子，因此处处和孩子闹别扭，孩子越哭，越发脾气，我就越是不会满足她。所以孩子的脾气不好，别人都说是溺爱的结果。我宁愿他们说我不会爱孩子，不懂方式方法，却无论如何都不承认我是溺爱孩子，因为若是溺爱，我就不用和孩子闹别扭了。现在我知道该怎么爱孩子了。其实，顺应孩子心理，就是倾听孩子的心声，理解孩子的感受，接纳孩子的样子。孩子得到了理解，就会理解别人，就会懂事，就会好商量了。

※ 我曾以为顺应就是溺爱。儿子小的时候，我很强势，总觉得不能溺爱孩子，有时候还故意不满足孩子或者延迟满足，甚至经常打骂孩子。我常常和孩子较劲，无形中也教会了孩子和我们较劲。有了女儿后，接触了维尼老师的理念，我对女儿和儿子开始顺应、理解，孩子们也变得懂事了。

现在家庭教育的最大问题不是溺爱孩子，而是父母对于溺爱、娇惯的恐惧。警惕溺爱是对的，但有的人又走向了另一个极端——对孩子要求过于严格，压抑孩子。这样做的本意是为了孩子好，但孩子却感受不到父母的爱，内心得不到充足的关怀和温暖，感到压抑、痛苦，不但导致亲子关系被破坏，而且可能在孩子身上埋下了心理问题的祸根。

很多人甚至害怕孩子在温暖的家庭环境里长大，成为"温室里的花朵"。曾经有人说"80 后"是垮掉的一代。但长大后的"80 后"却充满希望，很有竞争力，也能吃苦耐劳。比如 1998 年抗洪、2003 年抗击非典、2008 年汶川大地震中的志愿者，2008 年北京奥运会中的体育健儿，年青一代的科技文化工作者的优异表现，都表明"80 后"无论在文化上还是精神上都已经成为社会的有生力量，当时对"垮掉的一代"的忧虑不过是虚惊一场。

"80 后"为我们做了一个史上最大规模的家庭教育实验。实验告诉我们：孩子小时候没吃过苦也没关系，只要不是过度呵护、溺爱，在温暖和爱中成长的孩子照样很强大。

我觉得可能有几个原因，一是很多孩子虽然在家庭里吃苦不多，但学习一直不能放松，中学尤其紧张，可以说天天在锻炼吃苦耐劳的精神。二是孩子的生命力是蓬勃的，只要想做，有兴趣，就都是能吃苦的。举个特殊的例子，很多孩子踢球可以踢几个小时，这也是需要能"吃苦"的。

我就是小时候没吃过苦的"80 后"。不怕您笑话，我十八岁上大学才学会自己洗衣服，第一次洗 T 恤的时候竟然不知道该怎么洗，结果愣是用毛刷毁了我漂亮的衣服。诸如此类的事情还有很多。但现在我上班了，又当了母亲，那种独当一面的表现和气魄让全家人很是惊喜。

我们需要适度培养孩子的自理自主能力，让孩子自然经历一些风雨，经历一些锻炼，这对孩子的成长有好处。但可以放下对娇惯的恐惧，不要惧怕顺应孩子的心理，不要怕适当满足孩子的要求，不要怕让孩子撒撒娇，也不要怕适当地宠爱孩子。温暖放松的家庭环境会使孩子的内心得到满足和滋养，得到充分的爱，他的心灵吸收到足够的营养后才能足够强大地面对日后的各种问题。就像小树苗一样，不去折腾它，而是给它足够的空间、阳光和水分，正常生长自然会根深蒂固，长成大树后自然能够抵抗大风大雨。

维尼小语

何妨让孩子撒撒娇？孩子嘛，撒撒娇没什么，挺好的。等他长大了，我们就没有多少机会享受了。

※ 去年入冬以来，七岁女儿基本都是晚睡，所以起床较难，有时喊二十分钟都起不来。有一次，她起床的条件是要我过去抱她起来，我想起维尼老师说的顺应心理，就没像以往那样以"现在你又不是小宝宝"的理由拒绝，而是把她抱起来，她真的"呼"的一下就起来了！

太神奇了！之后的几天里，她早上起床都叫我抱抱再起床，花了两分钟而已，目的就是让她能起床，撒撒娇又何妨，长大了也就不会让我抱了。

※ 以前我压制强迫女儿，到了初中她开始逆反，甚至骂我，亲子关系很糟糕。我按照维尼老师的方法，先顺着孩子来。不久，她就不骂我了，慢慢地，我们的关系也越来越好。周六，她早上睡到了9点，我买菜回来，她喊我，我让她起来吃点儿东西。她让我到床前来，然后对着我撒娇，我感到她心中的坚冰开始融化了，她很久没有撒娇了。

良好的亲子关系是教育的前提

亲子关系是家庭教育中首先要考虑的问题，没有良好的亲子关系，孩子逆反，甚至与家长对着干，很多教育方法都是无效的。即使父母再有经验，孩子也不愿意接受；即使父母愿意付出所有，孩子也会拒绝父母的帮助。

而关系好了，孩子觉得父母是"自己人"，能感受到父母是爱自己的，就容易合作，很多问题也就不那么难解决了。

所谓"亲其师，信其道"，学生感觉和老师亲近了，就会信任老师，相信老师所说的话，接受老师的教育。亲子关系也是同样的道理。

维尼小语

　　在人际交往中，如果双方关系良好，一方就更容易接受另一方的某些观点、立场，甚至对于对方提出的令人为难的要求，也不太容易拒绝。这在心理学上叫作"自己人效应"。例如，同样一个观点，如果是自己喜欢的人说的，接受起来就比较容易，这就是爱屋及乌；如果是自己讨厌的人说的，就可能本能地加以抵制，这就是"恨屋及乌"。

　　所以，我们要做孩子的"自己人"！

先理顺关系，再寻求改变

　　如果孩子出现了很多问题。亲子关系僵化，孩子逆反，很多父母总是急于解决问题，但是孩子此时往往会拒绝、对抗，让父母无计可施。此时父母需要把孩子的问题暂时放下，先好好和孩子相处，等亲子关系好转之后，再去改变孩子，解决问题，效果会好得多。

　　一个二年级男孩，学习成绩排名倒数。妈妈时刻想着如何把孩子的学习成绩提上去，但孩子却叛逆得什么都听不进……

　　妈妈：我准备吃完晚饭给孩子练习听写。结果他吃了饭就要出门玩，没等我把话说完就跑了。等他回来时已经是晚上8点半了。该开始听写了，结果他一听就说："这么多字我哪记得？"那就让他看一下吧。结果他倒在沙发上，拿着书，我叫他坐起来看，也不听。

听写的时候也是这也不会那也不会，跟他说话他还一副不屑的表情。我说你坐好点儿，他就是歪着扭着；我说你站起来，他充耳不闻！这下子，我真火了……

维尼老师，如果面对您的孩子，您叫他学习，他闭着眼睛或是歪着坐在沙发上，您提醒他坐好，可是他还顶嘴，您会如何处理呢？

维尼：这种情况我也难以处理。所以，我首先考虑的是如何和孩子建立良好的亲子关系，这样孩子才会合作。孩子如果已经逆反了，很多方法就不灵了。

想想自己就知道了，如果你对谁有成见，看他不顺眼，那么自然会反感他的所有言论，即使是合理的，也会跟他对着干。孩子也是如此，如果亲子关系不好，孩子反感父母，他就会看起来不可理喻，油盐不进。这样，任何教育技巧都会失效。

所以，我提倡先把建立信任、合作、亲密的关系放在第一位，把学习放在第二位。简单来说，先理顺关系，再寻求改变。

妈妈：那么学习就不管了吗？作业想不写就不写了吗？不愿意学就不学了吗？想看电视想玩电脑，也不听我们的，随便他吗？

维尼：不是这样的，这样又偏激了。

如果孩子逆反，那么我们即使用尽解数，也没有办法啊！就像你现在眼睛只盯着学习，但由于方法不得当，忽视了孩子的感受，导致孩子抵触你，或者经常和你发生冲突，你想帮助他学习也帮不了啊。

所以，可以先把学习的要求暂时放低一些，脚步放慢一点儿，多注意孩子兴趣的培养，让孩子感受到我们的建议对他是有利的，然后在顺应心理的基础上帮助他。孩子逐渐变得愿意接受和喜欢父母的帮助，至少不抵触、不反感后，他就比较愿意合作了。此时再慢慢提高要求，他也愿意接受，这样就进入了良性循环。

妈妈：原来是这样啊！我总是着急让孩子提高成绩，结果反而让孩子反感、厌恶学习，也抵触我。这就是我问题的症结了，谢谢老师。

后来这位妈妈高兴地告诉我：感谢您的建议，现在孩子做作业尽管速度不快，但始终能在愉快的氛围中完成。现在我没有之前的焦虑了。看来首先还是要建立和孩子之间的互信，您说得对，士为知己者死，如果孩子觉得父母凡事都是理解他的，自然也就变得乖了。

比如昨晚孩子回家后要求先玩电脑游戏，我爽快地答应了，孩子很高兴，因为往常这一要求会遭到拒绝。晚饭后我 9 点 20 分回到家，看见孩子在书房玩电脑游戏，爸爸在一旁作陪，爸爸告诉我孩子晚上写作业表现不错，8 点 40 分就完成了，而且今天的作业量还比平常多些。我很高兴，赞美并拥抱了儿子。昨晚基本没有太多管束，孩子的心情比以前好很多，效率也提高了。

对青春期的孩子而言，保持良好的亲子关系更为重要。这个阶段孩子开始争取自由自主，已经不大怕父母了。如果关系不好，引起孩子的对抗，油盐不进，父母一点儿办法都没有。保持合作的关系和良好的沟通，父母才有可能对孩子产生好的影响，才有机会帮助孩子。

向我咨询的中学生中有两个曾经几乎要走上邪路的。这两个孩子的父母都很严格，结果搞得亲子关系紧张，孩子逆反，父母对孩子毫无影响力。一个孩子参与了暴力事件，使人受伤；另一个孩子和一些辍学的孩子混在一起，整天无所事事，甚至去干一些违反法律的事情。发现这些情况之后，父母继续用严格的方法进行教育，但是毫无效果，并且其中一个孩子在沉重的压力之下，已经出现心理问题了。我建议他们先理解和接纳孩子，顺应孩子的心理，不要逼孩子，这样亲子关系很快就改善了，父母与孩子也可以沟通了，孩子也不再抗拒父母。一个孩子半年之后回到了学校，另一个孩子也愿意把他的事情都告诉妈妈，能听进去妈妈的话了。

亲子关系修复之初，父母对待孩子需要小心翼翼、再三思量，就像做"小媳妇"。如果关系已经好转，父母就自由、自在多了，可以不太"管"，可以坚持，甚至偶尔"瞎折腾"也没啥事。只不过那时的"管"是以顺应孩子心理的方式，孩子比较愿意接受。

曾有一位三年级的孩子的妈妈，与孩子关系紧张。孩子沉迷于玩电脑，到了约定时间也不停下来，妈妈强行关机，孩子大吵大闹。

孩子一回家，就先看课外书，磨蹭很久也不开始写作业，根本不听妈妈劝说。妈妈在我这里咨询之后，开始注重修复亲子关系，谨慎地过了两个星期，亲子关系好多了，就开始和孩子约定如何安排做作业、看书、玩电脑的时间，结果孩子痛快地答应了。如果是按从前的模式去管教，孩子总会发脾气，现在孩子的情绪则比较稳定。

理解、接纳、尊重的教育模式

人本主义心理学大师罗杰斯说过，不再控制孩子的一切，用自己的标准要求孩子，而是把他当作一个人来尊重，会激发他的能量。相信他会成为他自己，不需要伪装，不需要压抑。他会成为一个负责任的、自我驱动的人，一个拥有个人目标和价值观的人。而且，他会从这样的家庭关系中得到很大的满足，会爱家人，乐于与人交流。

简单来说，就是尊重孩子的想法和感受，给孩子一定的自由，多给孩子自己做决定的机会，无条件地接纳孩子，孩子会更好地成长。

尊重孩子的想法和感受，我正在努力中。以前孩子拉小提琴时，我总是用自己的标准要求他，导致孩子特别逆反。有一天，我开始按他的想法来，不再总是在旁边不停地告诉他哪里错了，而是让他自己拉，也不再指定非要拉老师要求的曲子，只是多鼓励他，为他喝彩，孩子拉完后反而会过来征求我的意见。过了几天，儿子跟我说："妈妈，今天还按昨天那样练琴。"就这样，孩子反而喜欢练琴了。

不过，理解、接纳说起来简单，做起来并不容易。如何理解孩子，是一个很大的课题，理解之后才能接纳，后续章节我们会讨论如何理解孩子的各种问题。

学会尊重孩子，是很多父母需要学会的功课。但是，尊重孩子不等于什么事情都按照孩子的意见来，还需要具体情况具体分析，把握好中庸之道。

在重要的事情上一开始还是需要父母做决定的，但是要多和孩子商量，听取他的意见；随着孩子能力的提高，逐渐多让他做决定。而在不太重要的事情上，可以早日多让孩子自己做决定，一是孩子会享受到自由和被尊重的感觉，二是多让孩子自己去体验、经历，有助于成长。

比如中考志愿或者专业选择等问题，孩子并不能深入了解各类高中和各种职业的情况，如果完全由孩子来做决定是不负责任的表现。所以，父母一般需要参与决策，但是家长可能也不太清楚，所以需要早早去做调查研究，充分地了解情况，之后再和孩子讨论，听取他的意见和想法，一起商量，最后达成一致。这往往是一个长期的过程，需要反复地讨论。

很多问题是复杂的，需要配套的方法和策略。比如孩子提出了一个想法，不想练琴了，那么应该尊重吗？此时首先接纳孩子的现状，去寻找孩子不想练琴的原因，可能是缺乏兴趣，或者觉得太难，也可能老师不合适……接纳之后再采取相应的措施，如培养兴趣，帮助孩子克服困难，孩子就可能自然想继续练了。如果经过这样的尝试、努力，孩子还是讨厌练琴，或者证明他在这方面并不擅长，那么尊重孩子的意见，放弃也是可以的。

父母需要适当地管教和限制孩子，但是如果限制太多，这也不让做，那也不让做，或者干涉得太多，不停地纠正，那么孩子就会像被捆住了手脚，感觉难受，容易烦躁、发脾气。几岁的孩子就会反感过多的管教和限制，到了青春期这种现象会更加明显，即使父母的态度是温和的，对他而言也是一种压抑，可能会让他有窒息的感觉。

※ 我儿子从小是奶奶带，奶奶对孩子很用心，爱护备至，但就是保护过分了，对孩子限制太多，不让干这也不让干那。孩子想做什么，奶奶经常说不行，结果孩子急得又哭又闹、又蹦又跳，动不动就哭闹。因为好好说奶奶是不会听的，只有哭闹，奶奶才不得不答应……

后来，看了维尼老师的文章，我劝说奶奶不要再这样限制孩子，我自己也多花时间来管孩子，去适当满足孩子的要求，尊重孩子的意见，多让孩子自己做决定。

现在很多事按照儿子的想法来，孩子逐渐很少哭了，因为愿望满足了，还哭什么呢？

凡事跟他商量，这样他也学会了好好商量。所以，就不那么哭闹了，因为通过商量就能满足他的要求，他何必要哭闹呢？哭闹起来他也不舒服啊。因为不再被压抑，他得到了充分的尊重和自由，性格自然逐渐变得越来越好了。这就像神奇的魔术一样，孩子现在性格变得很好，别人都问他：你怎么那么爱笑？是啊，得到充分满足和尊重的孩子自然爱笑！因为经常让他做决定，他也有主见；另外，由于好商量，他的人缘挺好，别的孩子都愿意和他玩。

※ 孩子上初三，作业压力和心理压力都比较大。我以前辅导她功课，有些追求完美，所以会纠正她的一些问题。虽然我态度是平和的，但是说得多了，她就很烦躁，耽误了不少时间，还有些拒绝我的辅导。后来我意识到了，现在应该把要求降低，有些事情不说，多顺应她，有些事情随她去，她能情绪平静更重要。调整之后，孩子的情绪好多了，不大烦躁了，我们一起学习还比较愉快。现在想想，如果是自己，干着事情，旁边一个人不停地指点、纠正，我也烦死了。以前还是不太理解孩子的感觉啊。

实例：理解、尊重之后，我和孩子都开心了

初次做父母，难免会犯一些错误。也许无意中一直在压抑孩子，给孩子造成了一些痛苦，导致孩子身上出现了不少问题。父母醒悟后也不必过于懊悔，改变总是来得及的，而且孩子往往是宽容的，是爱父母的，只要学会理解、接纳和尊重，他会慢慢好起来的，会重新成为我们的宝贝。

从小父亲对我要求很严厉，除了要讲礼貌、乖巧、懂事，学习也必须要好，而这个好的标准，就是"第一名"。

时至今日，我身为人母了，父亲的那份严厉还总是在我脑海里挥之不去，时时影响着我，让我无形之中重蹈覆辙，把自己变成了一个凡事都力求完美的妈妈。我对女儿也要求严格，事事求完美，固执地认为，我是妈妈，女儿就得听我的，对她的立场和快乐视而不见……

女儿上小班时，幼儿园里开展了一次儿歌、童谣朗诵比赛。女儿条件不错，我精心准备，冲着第一名去了……决赛时女儿朗诵得很好，但是一个配合的动作都没做！女儿下台后扑进我怀里，我生气地质问她："为什么不做动作呀？"女儿急着对我说："妈妈，我已经很棒了……""一个动作都没做，还棒？"我沉着脸，最后女儿是第二名，观众都夸她，但我心里被强烈的失落感占据着，之后几天对女儿的态度都不冷不热的。

女儿从小喜欢画画，中班时报了兴趣班。每周的家庭作业我都得盯着她完成，每当她画得不太完美时，我总会怒气十足地对着女儿张口就吼："画得这么难看，重画！"甚至无法控制自己的情绪，突然伸出手从孩子笔下一把夺过她正在作画的纸张，揉成一团，重重地扔向一旁的垃圾桶。

其实别人都觉得我女儿很不错，可当孩子达不到我的要求或预想的效果时，我就会情绪失控。尽管心底明明有个声音在大喊："不可以这么做！冷静！"却怎么也冷静不了，停不下来……我总觉得，这很简单，女儿为什么就做不到呢？

有这样的想法自然是容易发火的。

发火之后忏悔，但是到了下次，照旧该吼就吼，如此恶性循环。

后来发现了维尼老师，一篇篇地看他的博文，我的心也随着慢慢平静下来，不那么急躁、霸道、自我了。我学着改变自己的认知，学着控制自己的情绪，学着去接纳自己、接纳女儿，学着倾听和尊重女儿……我发现，原来女儿这么乖巧，而自己也可以成为一位好妈妈。此时我心中也一下子豁然开朗，以前怎么想都无法释怀的东西，现在发现根本就不是问题，所有的事已经能够坦然面对，并酌情处理，虽然还不能面面俱到，但相比过去，已经是有很大的进步了，我很开心。

情绪调整好了，静能生慧，处理问题就容易多了。

现在的图画作业我全权交由女儿自己安排完成，我不去干扰她。有时我也会提出建议，但是采纳与否听她的。这样带着快乐和自愿去画，效果往往出乎我的意料，她也比以前更喜爱绘画了。

有几次上课路上，女儿经过菠萝摊的时候总想吃一小块菠萝，平常我每次都拒绝，因为我觉得会影响回来喝更营养的牛奶。一连几天她都被我坚决拒绝，女儿生气地冲着我喊："哼，就一小块也不行，小气的坏妈妈！"后来我突然醒悟，为什么不能像维尼老师说的那样适当满足呢？就是吃了菠萝不想喝奶又有什么问题呢？只要孩子开心，比什么都好啊！于是我买了一小块，孩子下课后非常开心，不停地对我说："真是太好吃了，谢谢妈妈，你真是太好了！"

女儿今年9月就要升小学了，于是报名参加了硬笔书法学习班。她很感兴趣，但就是坐不住，老师说她上课爱讲话，注意力也不集中，爱做小动作。女儿小心地盯着我，轻声说："妈妈，你别生气好吗？我保证下次不会了。"女儿每次犯错之后都会这样说，以前在我看来这是"积极认错，死不悔改"的惯有表现。所以，以前每当听到这句话，我就更加生气。而这次，我竟然心平气和地朝着她笑笑，重重地点了点头。"真的吗？你真的不生气吗？"我的反应似乎让女儿有点儿难以置信，我再次肯定地说："嗯，妈妈不生气，妈妈相信你。"女儿开心地抱住了我："妈妈，你真的太好了，我一定会改正的。"到了下次课，老师说："她今晚表现得最好，很认真。"

学会理解孩子，情绪调节好了，我和女儿都开心，还成了好朋友。

实例：改正了错误，我还是你的好妈妈

小学之前，我的女儿属于放养状态，我很少严厉地斥责她，那时她很自信、懂事、独立，自主阅读也不错。但是到了一年级，每天有作业，又有古筝课和舞蹈课，时间不够用，所以我每天不停地催她。而且我的要求高了，她的字写得不好我就大声嚷嚷，有时气急了就撕掉让她重写。女儿古筝弹得不好，也要挨骂。孩子每天在我的催促声中，流着泪吃饭，流着泪弹古筝，流着泪做作业。

那段时间，我烦躁极了，每天都冲孩子嚷嚷，感觉孩子怎么这么难管教！因为她刚刚上了一年级，我就想着一定要让她养成好的习惯，比如，一定要放学先做作业，字迹一定要工整，曲子一定要在规定的时间内弹熟练。而且，当时邻居家的一个女孩子和我家孩子是同班同学，那个女孩子做事情非常认真仔细，和人家孩子一比，显得我们家孩子一无是处，于是我就更急了，每天说话的方式变成了，人家孩子怎样怎样，你为什么这样？

一定要孩子如何做，就是陷入过度的执着之中了，情绪自然糟糕。

这样的日子，过了有三个月的时间，女儿表现得非常不自信，每次写作业，写一个字，就看看我的脸问："妈妈，我这样写对吗，好看吗？"弹古筝的时候也是，弹一遍就看看我的脸问："妈妈，我进步了吗？"老师反映说，在学校里，这孩子内向，不爱举手发言，马虎，上课时心不在焉。她回家有时还会撒谎，布置了作业说没布置，和上学前相比就像变了一个人。

从自信到不自信，父母对孩子性格的影响是很大的。

一年前看了维尼老师的文章，才知道错的是自己。孩子是在我的影响下改变的，要是想让孩子再变回来，那只有改变我自己，改正了错误的妈妈还是好妈妈！

维尼老师说的认知疗法，我非常赞同。比如，看到孩子写字不工整就发火，不是因为字写得不工整，而是觉得"现在写得不工整，那将来肯定也写不好，所以现在就必须得写好"，有这样的想法自然会对孩子发脾气。

这是上纲上线的思维模式。

所以我也学着先了解事情的原因，然后去理解孩子，改变自己的认知，这样就不会生那么大的气了。

经过这一年的改变，我成长了许多。

比如写字工整的问题。上一年级时，孩子刚刚拿笔写字，握笔姿势难免不正确。我试着去理解孩子：这可能与手部肌肉的发展有关。每个孩子的发育以及性格都是不同的，我女儿在写字方面可能发展暂时滞后，即使我看到她很尽力了，但是写出来的字还是歪歪扭扭的；而有的小朋友一开始写的字就像是字帖上的一样。我开始承认这是有个体差异的，或者说天赋不同，是不可强求的。我慢慢接受了这个事实，每次发现她写得漂亮的字，就鼓励，也请老师鼓励她，慢慢地，她写得比以前好多了也快多了。

　　再说说完成作业快慢、是否及时完成的问题。刚上学时，因为被逼着写、要挨骂，所以孩子认为写作业是件痛苦的事情吧，所以十分抵触，能拖则拖，从来不主动写。我的改变是，不再逼她骂她了，让她自己体验不完成作业的后果，从而认识到写作业是自己的事情。后来，又和她约定，每天晚上早些写完作业就带她下楼玩。偶尔她写得很晚，写得不太工整也不再训斥了，只拣好的方面鼓励几句。这样，不逼不催，她现在基本能自觉做作业了。但是这个改变的过程用了一年的时间，也经过了反复的考验。现在我的情绪好多了，其实，和孩子之间，所有的一切，都如同维尼老师说的："没什么呀，这没什么大不了的。"这样认知改变了，就不会发那么大的火了，即使偶尔忍不住发火，事后向孩子主动道歉，她也会很快原谅我。

　　这个孩子的基础和学习能力是不错的，所以，当妈妈改变了，孩子也就进步得快了。

　　我现在也想开了，即使孩子考不上重点高中、名牌大学又怎么样呢？我以前那样严厉地对待她，让她每天在我的苛责中成长，这到底对她的成长有什么意义呢？现在我只希望她健康快乐地长大，这就够了，其他的我们一起努力之后顺其自然。想明白了这些，对孩子要求低了，心态自然就好了，也就不再发无名火了。

　　我现在顺应孩子的想法去引导她，在特长方面，只上她喜欢的舞蹈班；决定放弃学古筝之后，她自己选择了绘画。这样她只要放学写完作业，晚上就能和小朋友到楼下痛快地玩耍，玩好了，回家一切事情都会很痛快地执行，洗漱之后睡觉。每天睡觉前，她的情绪都非常好，她会说："妈妈，今天好开心啊！"孩子非常喜爱阅读，我会和她一起读，一起讨论，她对作文也很有自信。

　　孩子的性格越来越开朗，心态也越来越好。期中考试，数学考得不好，我没有批评她，告诉她去看积极的一面，下次努力就可以进步很多。之后她考了91分，回来后兴奋地告诉我，这次进步了6分，下次再进步6分就是97分了。我觉得这件事情本身比分数的进步更有意义，孩子知道遇到事情该怎么处理了，而不是考不到100分就哭个没完了。

　　这一年来，我经历了狂躁、冲孩子发火、偶尔打骂，在不断地改变自己的认知之后，现在能慢慢地接纳孩子的一切，不再无端地发火了，而这个过程确实不是那么容易的。好在一切都过来了，我还要继续和孩子一起成长！

　　我不知道孩子将来会成为什么样子，我没有心理设定的目标，我只想让她每天尽可能地按照自己的想法和意愿快乐地生活。作为妈妈，我要成为她的一个好朋友，让她无论什么时候，遇到什么困难和喜悦，她第一个想到要分享的人就是我。我则站在一旁引导并欣赏她每一个成长的细节，这样就好。

维尼小语

　　压抑孩子，让孩子痛苦，会衍生出各种各样的问题来。而理解、接纳、尊重孩子之后，很多问题自然会消失。

认知篇：养育孩子，先自己成长

第一节　孩子的问题，根源在父母

家庭教育，目的自然是把孩子教育好。但是在这之前，父母首先需要成长。父母良好的心态、情绪、行为、性格会带给孩子良好的影响；良好的亲子关系、合理的教育模式有助于孩子的成长；适时、恰当的帮助对孩子也是重要的。这些都是需要父母学习、成长的，育儿也是一场修行。

孩子的很多问题其实是由父母造成的。不过，有人说父母是孩子一切问题的根源，这是不准确的，孩子的问题还与他自己有关，也与同学、朋友、老师等有关系。只是由于孩子与父母朝夕相处，所以问题的形成往往与父母有很大关系。

比如，孩子撒谎，往往是因为说了真话，父母会批评、惩罚甚至打骂他，所以，他逐渐就学会了说谎话以逃避责骂。如果父母能够理解、接纳孩子的"错误"，孩子自然不会说谎话了，因为说谎之后他会生怕被戳穿，所以忐忑不安，很不舒服。

孩子为什么会脾气不好？可能因为父母本身就脾气暴躁，朝夕相处，自然会影响孩子；也可能是父母对孩子压抑过多，管得过多、过严，孩子自然容易烦躁、气愤；另外，父母不懂得情绪管理的规律，孩子有了情绪父母不知道如何应对，也不知道如何帮助孩子发泄情绪。

　　孩子为什么会厌学？其中有孩子自身的因素，也有老师、同学的影响，但是父母可能扮演了重要的角色。比如要求过高、过严，可能会破坏孩子的学习兴趣；经常批评、打击甚至打骂，也会让孩子讨厌学习；孩子学习遇到困难，父母不知道如何去帮助，孩子自己常常难以摆脱困境。

　　孩子学习的压力部分来自父母。有的父母给孩子提出了很高的要求，制定了很高的目标，而且一定要孩子达到；有的父母过于追求完美……这些要求和目标最终往往会内化为孩子对自己的要求，学习顺利尚可，一旦遇到挫折，孩子就会产生很大的压力。

　　父母在与孩子互动的过程中会塑造孩子的人际关系能力。比如父母好商量，孩子就好商量，因为孩子体会到商量有用；父母太过坚持己见，孩子也会变得倔强，因为不倔强的话，父母不会满足自己的要求；父母随和，对很多事情比较淡定，孩子自然淡定随和；父母对孩子苛责，孩子也容易对他人挑剔；父母对孩子比较宽容，那么孩子自然容易学会不苛责他人；父母理解孩子，孩子往往也会理解父母、理解他人。而随和、好商量、宽容、理解他人，正是良好人际关系的秘诀。

　　父母的教育方式会影响孩子的性格和行为模式，造成不同的结果。比如父母太强势，可能会让孩子逆反、烦躁甚至暴躁，也可能压抑了孩子，造成孩子的懦弱、不自信；父母苛责孩子、批评孩子过多，也会造成孩子的敏感、脆弱、自卑。

父母良好的心态也会影响孩子，后面我们会讲到，直接决定我们情绪、行为的是对事情的认知而不是事情本身。决定父母情绪、行为、性格、心态的往往是他们的认知或者思维模式，在朝夕相处中，这些认知和思维模式不知不觉中会被传递给孩子，所以，我们会发现，孩子即使很讨厌父母，长大后也会不知不觉地变成父母的样子，这主要不是因为遗传，而是因为认知和思维模式的影响。

如何帮助孩子，如何解决孩子的问题，如何与孩子相处，如何应对孩子的要求，如何控制自己的情绪调整心态，如何与孩子沟通，都是需要学习的。

所以，家庭教育首先是父母自身的学习和成长，唯有如此，才能完成教育孩子的任务。

第二节　父母如何控制好自己的情绪

人在情绪失去控制时大都是不理智的，更谈不上智慧了，甚至可以说是愚蠢的。儒家认为"静能生慧"。可见，教育孩子，心静有多么重要！如果我们学会认知疗法，就会慢慢平和。心静了，父母本身具有的智慧自然会显现。

要孩子把一条线段分为五等份，分了很长时间，却怎么也分不对。我着急了，脱口而出："你这个笨蛋！"。让她画一条小河，可她就是不知道小河是弯的；画到远处，应该把河道画窄一些，她反而画得越来越宽。我生气地说："你画的是鱼缸，装鱼用的？"并且生气地在孩子肩上捶了两下。孩子当时就走到洗手间去了。我听到了她的哭泣声和洗脸的声音，显然孩子受了委屈，但是她很快回来了，并且继续画了起来。显然，她感觉到了痛苦，却不敢反抗我。我的心一下子凉了，我给她造成的这种伤害是最厉害的，她的自尊心受到了伤害却不敢反抗，从此种下了自卑和懦弱的种子。我知道冲孩子发火不好，可总是控制不住，怎么才能控制住呢？

孩子以前总让我不满意，我心里很生气，但是极力忍住少发火，可是常常忍出内伤，失眠烦躁，导致我隔三岔五就要爆发一次，大发一次脾气。接触到维尼老师的认知理念后，我非常认同认知疗法，心情不好的时候就看看老师的文章，反省一下自己。现在我感觉进步了很多，面对家人和孩子多了一份理解和认同，心情自然平和了，火气少多了，不用辛苦地去忍耐、去控制了。

我们现在大都知道不要打骂孩子，最好少发火，却往往控制不住。发火之后看到孩子可怜的样子，也很后悔，下决心不再发火，但是往往还是忍不住对他怒吼。

偶尔发一次火，是正常的、难免的，我偶尔也会忍不住冲女儿吆喝一声。发完火，向孩子道歉，之后好好反省改进就可以了。但是经常发火会伤害孩子，破坏亲子关系。

一般人靠忍耐控制脾气，忍耐当然是需要的，它是控制情绪的最后一道防线。人难免会有火气，忍耐、克制一下，总比肆意发火要好得多。但是忍耐是靠不住的，不但往往忍不住，而且即使忍住了，生气也写在脸上，也会对孩子造成压抑。所以，根本的途径在于家长少些火气，或没有火气，再配合适当的忍耐，对孩子的伤害会少得多。

那么如何减少自己的火气呢？这就需要父母学习认知疗法了。

用认知疗法来调节情绪

二十多年前，我对于如何调适自己的情绪、行为一窍不通，花了很大力气却找不到门道，那时我常常感叹"朝闻道，夕死可矣"。

后来，是心理学中的认知疗法让我豁然开朗，我从此学会了调节心理的有效方法。

这是一把打开心理健康之门的钥匙，也是开启家庭教育幸福之门的钥匙，它能够解决家庭教育中与心理相关的很多问题，尤其对减少父母的火气、控制好情绪有帮助。

认知疗法的原理非常简单：直接决定我们情绪和行为的不是事情本身，而是我们对事情的认知。所以，改变了对事情的认知，就可能改变自己的情绪和行为。这里的"认知"与"看法、认识"的意思是相似的。

认知疗法在家庭教育中的应用非常广泛，可以帮助父母调节好自己的情绪，减少火气；可以帮助孩子少发脾气，增强抗挫折的能力，改变有问题的性格；还可以减少压力，促进父母与孩子的心理健康。其实阅读本书就是一个改变自己的认知、理念，从而调节好情绪、行为，进而改变养育方式的过程。

先套用一下埃利斯情绪 ABC 理论的表述方式来详细介绍一下认知疗法（见图 1）。A 指事件，B 指对事件 A 的认知或看法，C 指相应的情绪和行为。

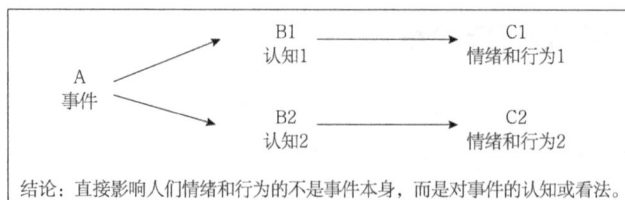

图 1　埃利斯情绪 ABC 理论

父母经常会因为孩子写作业磨蹭而生气、发火，很多人会认为是孩子磨蹭造成了父母发火。没错，如果孩子不磨蹭，父母生什么气，发什么火呢？但是为什么有的父母面对孩子磨蹭，就能不生气，不发火呢？区别就在于他们对事情的看法（见图2）。

如果父母认为孩子磨蹭是在捣乱、不懂事、不求上进，那么自然会生气发火。但如果父母理解孩子磨蹭是有原因的，可能是因为孩子没有兴趣、觉得困难、还没有养成习惯、没有意识到作业是自己的事情；也可能是因为父母的高标准、严要求破坏了孩子学习的兴趣；父母的吼叫、干扰破坏了孩子写作业的心情……理解孩子，改变了认知，父母的情绪会平静得多。

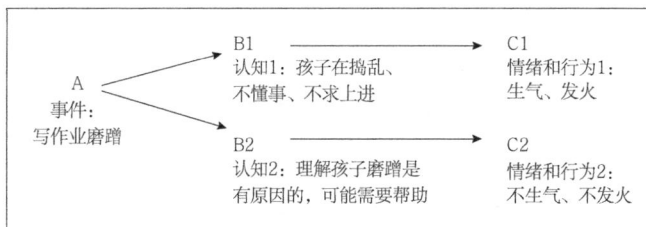

```
              B1                         C1
              认知1：孩子在捣乱、         情绪和行为1：
   A          不懂事、不求上进           生气、发火
  事件：
  写作业磨蹭
              B2                         C2
              认知2：理解孩子磨蹭是       情绪和行为2：
              有原因的，可能需要帮助     不生气、不发火
```

图2　埃利斯情绪ABC理论运用1

再举一个例子。同一件事情：孩子游戏或比赛输了（见图3）。

如果孩子对于输的认知是，我无能，我失败，我不行，我丢人，输了不得了……那么自然会伤心和哭泣。

而如果孩子的认知是，输了很正常，没什么，谁能不输啊，有

什么大不了的！输就输吧，以后继续努力就可以了……那么自然会心情平静，表现也很淡定。

面对同样的一件事情，不同的认知会有完全不同的情绪、行为。

认知变，情绪变，行为变。所以，运用认知疗法可以改变父母和孩子的情绪和行为。

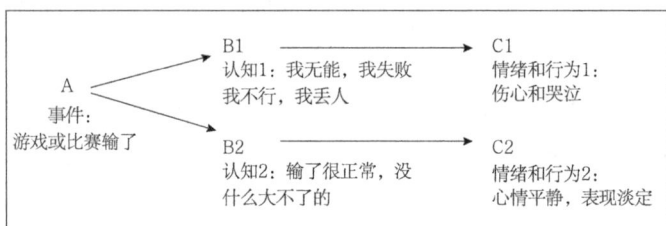

图 3　埃利斯情绪 ABC 理论运用 2

对父母来说，如果能够学会理解孩子，改变对问题的认知，火气就少多了。

比如，父母看到孩子说谎，如果认为孩子说谎一定是品质有问题，那么肯定会很生气。但是，如果学会理解孩子因为说真话就会被批评、训斥、惩罚，所以不得不说谎，就会意识到受责怪的应该是父母，因为他们让天生诚实的孩子学会了说谎。父母的认知改变了，自然就不会生孩子的气了。

又如，偶尔听到孩子说脏话，父母如果觉得不得了，就会着急、上火，但是如果理解孩子，认为这只是宣泄情绪或者觉得好玩、很酷，或者受到同学的影响，或者孩子觉得这样能够拉近与同学之间的距离，偶尔说说很正常，没什么，自然就不会生气了。认知改变了，父母就会淡定平静，温和地提醒一下孩子，告诉他要注意场合就可以了。习惯是奇妙的，越是强化，越是想去纠正反而会越顽固；淡化，不大理睬，反而会自行消失。

如果我们觉得孩子的行为是不可理喻的，那么就容易生气、发火。但是如果能找到孩子产生该行为的原因，发现是可以理解的，就会平静对待。如，有个孩子在幼儿园和小朋友发生了冲突，起因是他把碗里的饭倒在小朋友的碗里。妈妈一听就很生气，这不是胡闹吗？后来细问，儿子说饭吃不完，旁边的小朋友还要吃，所以就倒给他了。原来孩子是好心办了坏事，并不是调皮捣乱。理解了孩子，认知改变了，妈妈就不生气了。

在情绪调节方面，认知疗法还有更多的应用。比如放下过度的执着，父母就不那么焦虑，气也就没那么大了；学会接纳孩子，就不那么焦虑和纠结了；学会三种思维（坏事变好事；很正常、没什么；顺其自然），父母和孩子就会更容易淡定下来。其中"很正常，没什么"有"神奇"的效果，这是因为我们往往夸大了事情的影响，如认为不按时入睡后果很严重，孩子见了人不打招呼很不好，不做家务将来怎么办……其实这些事情很正常，没什么，了解到这一点，父母就会减少不少焦虑和火气。具体应用后续会详细讨论。

维尼小语

　　让我们生气着急的不是孩子，而是我们的执着和对孩子的不理解。

　　学习认知疗法，我们了解到直接决定情绪的是对事情的认知，但是事情本身也在起作用。所以，为了更持续稳定地减少火气，除了改变认知，往往还需要解决问题。比如孩子写作业一直磨蹭，那么父母即使学会了理解孩子，暂时控制住火气，但是最终难免会发火。而如果磨蹭的问题解决了，火气控制就容易多了。同样，如果孩子的脾气常常很大，父母想做到不生气也不容易，所以需要想办法改变孩子的脾气。大部分常见问题，后续会提供解决的方法。

　　所以，为了更好地减少火气，需要系统的方案。首先要改变认知，从而平静下来，静能生慧，再去找原因、想办法来解决孩子的问题。另外，少对孩子发火，亲子关系得到改善，孩子也会更合作，有利于问题的解决。这样，把改变认知和解决问题结合起来，父母的火气就会大大减少了。

改变习惯性思维

　　很多父母可能心存疑惑："我每次都是想也没想就发火了，事件和情绪行为之间的认知，我怎么没有觉察啊？"之所以如此，是因为习惯性思维（自动思维）的存在。

其实，如果有意识地思考问题，自己是可以觉察到情绪的，比如琢磨一下事情该怎么办、反省一下自己、做一下计划等。

人的大脑在某一事件刺激之下自动出现了一个想法、认知，这就是自动思维。比如看到孩子写作业磨蹭，马上会有一个反应：怎么又这样，又在捣乱，真不懂事！这个反应不需要深入思考，而是直接根据你的经验、理念等在零点几秒之内自动产生的。此时，许多判断、推理和思维是模糊、跳跃的，很像一些自动进行的反应，人们常常因不加注意而忽略了其中的认知过程。可想而知，这种瞬间得出的认知，自然难以做到全面、适度，有些想当然，所以可能不合理。

我们还存在着很多的习惯性思维——已经形成习惯，在某种情况下自动出现的认知和想法。比如看到孩子犯了错，习惯性地想到不能娇惯，要严惩；看到孩子哭了，习惯性地觉得他怎么这么脆弱；看到孩子考试成绩不好，习惯性地想到孩子将来可怎么办；看到孩子磨蹭，习惯性地认为他不懂事、在捣乱；看到孩子粗心，习惯性地想到他怎么这么不听劝告……

人的情绪和行为背后通常可以找到习惯性思维的影响，这也是大脑进化形成的一种机能。试想人们如果什么都要有意识地考虑一下，该多累！

因为这些认知会自动、习惯性地出现，所以如果不加以内省，几乎察觉不到它们的存在，就自然不会怀疑它们是否合理了。

　　家庭教育中不合理的习惯性思维，有些是想当然形成的，没有经过深入的思考，自然可能不合理；有些来自经历，有些来自某些育儿书籍不合理的理念；有些则是对育儿理念片面的理解。但是这些认知都逐渐固化在各种行为之中，成为习惯性思维，从而影响着我们的心理。

　　妈妈：我知道要好好控制情绪，不能对女儿发火，但好难呀！每每看到她晚上超过 10 点睡觉，我就开始生气着急，甚至发火。

　　维尼：是你的认知在作怪。你认为睡觉晚会影响女儿的身高、健康和学习，一旦形成恶性循环，白天无精打采，没有食欲，就容易生病；上课也不能集中精力，听不懂，做作业会更慢，睡觉会更晚。你把一个习惯的影响看得那么严重，自然容易生气发火了。这个认知合理吗？能不能改变一下？

　　妈妈：我愿意改变。

　　维尼：我有一篇关于睡眠的文章你看看。简单来说，孩子的睡觉问题可以在努力之后顺其自然。

　　……

　　妈妈：这篇文章就像在说我，如果我这样想应该就不会发火了。那晚睡真的没有影响吗？我自己如果睡晚了第二天会很没精神，所以认为她会跟我一样。

　　维尼：小孩子不一样，他们精力充沛，熬夜对他们的影响没有对成人的那么大。当然晚睡对身体会有一些影响，但是不像你想象中那么严重。那么，你原来的不合理认知是怎么形成的呢？

妈妈：晚睡的不良影响是我从网上看来的。另外，"早上起不来会导致孩子早餐只能随便吃点儿，可能对身体有大的影响"，也是我从网上看到的。现在看来影响不像我想象中那么大。

维尼：这种网上看来的东西，没有经过深入思考，想当然觉得对，慢慢就成了习惯性思维。因为它每次都自动出现，你根本意识不到它的存在，所以自然不会怀疑它是否合理。由于存在这种认知，每当孩子睡得晚了，你就会生气发火。

妈妈：是的。

一周后。

妈妈：改变了我的认知之后，看到孩子睡得晚，我基本不再生气着急了，亲子关系也好些了，谢谢。

如果想有效减少自己的火气，改变认知很重要。但是，由于原有的习惯性思维根深蒂固，而且不断在各个方面生根发芽，所以父母需要不断反省自己。每当自己冲孩子发火了，都需要反省，找到情绪和行为背后不合理的习惯性思维，与自己讨论，说服自己，形成新的合理的习惯性思维，这样，才会有效地成长。

认知的改变是父母成长的一个重要的方面。本书的一个重要内容，就是改变各个方面的不合理认知。认知变，情绪变，世界变。

维尼小语

　　很多人说："道理都明白，但就是做不好。"其实是因为道理没有真明白，真明白了，做起来就简单了。正如王阳明所说："未有知而不行者。知而不行，只是未知。"做不好，是我们的认知有问题。

实例：认知疗法改变了我的不合理情绪

　　常常，我会为孩子的一个行为、老公的一句话，或者周围发生的一件事情而生气，总觉得孩子不够乖，老公总会惹我生气，麻烦事就喜欢跟着我……永远是往外找原因，指责别人，认为如果不是你，或者不出这件事，我的心情就不会变糟，我也不会发火、失控。

　　后来看了维尼老师讲解的认知疗法，我被深深地触动了，开始反省对生气的原因的看法，重新审视自己习以为常的认知，并决心开始尝试改变。

我不再对孩子发火了

　　某天晚饭后，我陪女儿、女儿同学小雪和小雪的妈妈去一家游乐场玩，游乐场规定身高1.5米以上的小朋友才可以进去玩。女儿以前每次路过游乐场都不愿意走，我知道女儿很想去玩那里的海洋球，但她身高不符合规定。当符合条件的小雪进去玩的时候，女儿更是受不了这个"刺激"，一直吵着也要进去玩。

我好言相劝了半天，可女儿就是不依不饶，进而又发展为哭闹，嘴里不停地说："我想玩海洋球，为什么小雪可以进去，却不让我进去啊？"小雪妈妈站在一旁见此情景也觉得有点儿尴尬，准备让小雪出来别玩了。

类似的事情以前也发生过，要是在以前，我一定会被女儿的哭闹激怒：都和你解释过了，怎么还这么不懂事，哭什么哭，原本的好心情都被你搅乱了！尤其又是当着别的家长的面，这该是一件多么丢脸和难堪的事啊！

但是现在，虽然我的心里多少还会有点儿急，但至少不再因女儿的行为而动怒了。因为我知道这不是女儿的问题，女儿本身的表现不是影响我心情的直接原因，是我对这件事情的看法让我着急。

我开始理解女儿的感受，本来一直都很向往的事情，以前因为没有别的小朋友在，没有比较，不让玩也就不玩了；可现在，她的同班小同学可以进去，她却不行；况且妈妈今晚带她出来就是和小朋友一起玩的，可是现在她只能看着人家玩，多难受啊！

我在心里理解了女儿的感受，所以面对她用哭闹来表达自己的情感时，我一点儿也没有生气，反而还有点儿同情女儿，如果换成我，可能心里也不好受吧。于是我蹲下身，把女儿搂在怀里，轻拍她的后背，一边安慰她，一边指着旁边的规定，逐一解释给她听，告诉她："不是妈妈不让你去玩，而是我们要遵守游戏规则，不让像你一样小的小朋友进去，主要是考虑安全方面的因素。等再过几个月，你长高了，就可以和小雪一起进去玩了。"

女儿在我的耐心解释和温柔劝说下，早已不再哭泣，后来一路上都和我说："妈妈，等到9月我就能进去玩啦！"脸上一副期待和自豪的样子。

和老公意见不统一时，我也积极尝试调整认知

昨晚，天气有些闷热，家里客厅开了空调。我让老公睡觉后把空调关了，因为开一宿费电，对身体也不好。但老公怕热，不乐意，争了一会儿依然固执己见，我知道说不过他，便有些生气地回了卧室。

我躺下也没有睡着，开始反思自己的认知，真的要为了省那几度电而伤了和气吗？是物重要，还是人重要？主要的一点，我认为晚上不开空调也不热，可老公认为不开空调很热，睡不好。每个人对冷热的感受不同，我为什么就认为自己的感受一定对呢？为什么非要把自己的感受强加在他人身上呢？我自己想着想着都不禁笑了起来。转个弯，替别人想想，天下太平了。这要在以前，我肯定又是气呼呼地不理他，生一夜的气，何必呢？

工作上也需要调整认知

我的部分工作是做培训，我并不是很喜欢，但是大家却认可我

的培训。前几天领导又另加了一个销售培训课让我去讲。当时我就感觉"一阵反胃"，那叫一个不情愿啊，但又没法回绝，真是心烦意乱，郁闷极了。

后来我察觉到这样不妥，开始反思，到底为什么周围人认可我，我却讨厌培训呢？狠狠地、毫不掩饰地剖析自己后，我看清了我真实的想法，其实这项工作本身我并不排斥，我顾虑担心的问题是，自己万一哪一次讲不好，就会让人笑话，或是遭人指责。可以说别人越是认可、赞扬你，你的压力就越大，就越害怕如果哪一天做不好而辜负了这些"盛名"。

终于清楚认识了到底是什么困扰我之后，我重新说服自己：正如维尼老师说的，努力去做，对结果顺其自然。我也不是神仙，偶尔讲不好也是很正常的，有什么了不起的呢？

认知上调整过来，再加上行动上积极改变，我终于领悟到工作不是一种负担。爱上工作，从改变我的认知开始。

现在我知道直接影响自己情绪的不是每一件事情本身，而是自己当下对这件事情的认识和理解。认知改变了，情绪和状态就会平稳、愉悦很多。

生活是幸福还是痛苦，就在你的一念之间。

实例：运用认知疗法，我两周改掉了坏脾气

我之前看了很多育儿书，仍无法改变自己的坏脾气。但是看了

维尼老师的文章，学习了认知疗法，让我醍醐灌顶，只用了两周，坏脾气就改了很多！

说说最近发生的几件事情。

有一天送孩子上学的路上，儿子的面包吃完了，女儿的没有吃完。趁我不注意时，儿子就在女儿的面包上掰了一块下来，赶紧放到嘴里。我看到了，就说他："怎么这么好吃呀！没给你吗？跟你说过多少次了，下次不买给你吃了！"儿子听了不说话了，但肯定很生气。到学校门口时，他就在一堆很脏的沙子上踩几脚，这里搞一下，那里搞一下，然后快步跑到教室去了，也不等我一下。

我当时真的很生气。不过想想维尼老师说的"很正常，没什么"，便告诉自己先冷静下来，去理解他，发现是我的批评让他产生了负面情绪，才会有这些行为。孩子的表现其实"很正常，没什么"，是我处理事情不妥当在先！我一下恍然大悟，以前从来没这样去想问题，今天真的想通透了。

晚上，我接儿子时跟他说："妈妈早上让你不开心了，你喜欢吃这种面包，妈妈下次多买点儿，好吧？"儿子说："真的？下次我不吃妹妹的了。"孩子真是给点儿阳光就灿烂啊！我是个有不少缺点的人，但以前跟小孩相处时，从没想过自己会做错什么……

周五，儿子说今天要睡懒觉，不想上学，叫了三次，都没起来。以前我早发火了，但是今天我冷静了一下，先不去叫他，因为儿子平常不是这样的，今天肯定有原因。过了一会儿，儿子睁开眼睛，我说："你不想上学呀！那今天就不去了，但下次不可以这样了。"
儿子"唰"地起来了，开心着呢！我说："有一个条件，请你告诉我，
在学校有什么不开心的事。"儿子说："有一个很凶的老师昨天来给
我们上课了，我很怕他。"我说："老师再凶，也不会随便骂人的，
宝宝是做了什么事让老师不开心了吗？"儿子说："上课不听话，跟
小朋友讲话了。""哦！是这样。跟小朋友讲话要选择在下课的时候，
上课的时候讲话会影响小朋友听课和老师讲课，老师会不高兴的。
但是没有关系，我们下回记住了，改正不就可以了吗？没什么大不
了的，妈妈也经常犯错误。"

　　后来我想了个办法："要不我请你到外面吃早餐，挑你喜欢吃
的，吃完我们上学去吧。"儿子同意了（维尼：平静下来，每位父母
都有智慧）。想想以前的我，如果听到儿子说不去上学，我都没什么
好商量的，马上讲一些大道理，让他非去不可，绝对不去考虑孩子
的感受，从不想问题的原因所在。

　　我现在喜欢用"先说好，再说不"，小孩心情好了，然后再讲道
理，他就能听得进去了，这样亲子关系会改善好多，孩子也不那么
喜欢发脾气了。就像维尼老师说的，孩子是讲道理的，你答应了他
之后，他不会总提无理要求的，他也会理解大人（维尼：想办法使
孩子有实际的进步）。这样，矛盾少了，我的脾气更好了。

　　以前我很郁闷，老师一反映情况，我就会骂儿子，自己也会经
常焦虑得晚上睡不着，有的时候想着想着就哭。孩子的事让我很痛

苦，很没面子，不知该怎么办好。但是自从看了维尼老师的文章后，自己的坏脾气真的改了很多，不太容易发火了。

我现在知道，要先让孩子情绪变好了，再去想办法和他一起解决问题。接纳自己，接纳孩子，只有改变认知才能改变情绪和行为。遇到什么事情都别慌，慢慢来，一定会有办法的。

实例：一位妈妈的自我反省日志

原有的习惯性思维根深蒂固，改变并不容易。想要调节好情绪，需要每天反省自己，查找情绪背后的认知。认知改变了，并且形成新的习惯性思维，情绪也就稳定了。

下面是一位妈妈的自我反省日志。

闹钟准点叫儿子阿天起床，阿天按下红色小按钮关了闹铃，倒头又睡去了。想想我们大人，也需要做这样猛烈的思想斗争才能起床，更何况一个一年级的小学生呢？所以当我看见又倒头大睡的阿天后，就很温柔地叫醒了他。把他叫起来时，他眼睛还是闭着的。这时，我很淡定，一副全然能理解孩子的样子。在淡定的情绪背后，我有合理的认知支持。

儿子穿衣服时说手痛，因为昨天手被划破了一点点小口子，叫我帮忙穿衣服，我便去帮忙，但心里有一点儿小火，心想：就这么点儿小伤口，睡一觉应该没事了，不想穿衣服就直说，真会找借口！不过他没表现出来，我便选择忍着。

写到这里，我发现这个认知是不合理的：他是他，我是我，我这不是想当然嘛！昨天小伤口流了血，儿子有点儿疼，我为什么非要认为小伤口睡一觉就没事了呢？再加上他没睡醒，情绪不好，所以叫我帮忙穿衣服也很正常，没什么啊。好在我当时没有发火，但这是我后面发火的重要原因之一（维尼：及时清理情绪，不让情绪积累，就会少发火了）。

我给他穿好衣服就自顾自忙去了，他自己找了袜子跑到外面去穿，这时我发现儿子居然拿了一双丝袜。我的天哪！大冬天你穿这个不是要冻死吗？！我便一把拿起袜子，对儿子说："这袜子太薄了，要冻坏的。难道就没有厚一点儿的袜子吗？"儿子说他找不到，我就非常生气，和他唠叨起来，态度也不好。孩子能很明显地感到我责备的态度。"不是有棉袜吗？穿这双的话你干脆别穿了！"儿子很生气，不说话。我帮他拿来棉袜穿上。开始吃早饭了，他不肯吃，连爱吃的东西都觉得没胃口，胡乱吃了几口就说饱了，跑进房间了（维尼：父母的情绪影响了孩子）。

后来我才知道，儿子从抽屉里拿袜子时，刚开始拿出来一条方巾，第二次拿出来一条短裤，第三次好不容易才拿到了一双袜子。儿子想这双袜子虽然不厚，但总比没穿要好，就穿上了。理解了孩子，我才知道真的只是考虑问题的角度不同，不是他故意要气我，也不是他不懂事。在这事上批评和数落孩子，真是不应该。我必须好好反省自己。

事情还没结束。我换衣服时儿子站在边上，不出声，也不做事。我便问："儿子，你想要干什么呀？"儿子说："我在想这件事情我有什么做得不对的地方。"这才让我意识到，我刚才说话的口气是多么凶啊！我马上跑过去跟儿子道歉。我真诚地说："刚才妈妈急了，怕你冷，但妈妈不应该这样说话。以后你做得不好的时候，妈妈提醒你时也要注意态度，说话不能凶。"

儿子点点头，释然了很多。后来我们愉快地吃了早餐，手拉着手下楼了。我看他心情好转，就顺便在路上问了一下儿子："刚才在想到底有没有做错什么的时候，想了些什么？"儿子说："我也觉得没必要生气。"我说："刚才你是怎么想到要穿夏天的袜子的？"他就把他拿袜子的经过跟我说了一通，我这才知道原因。

孩子其实是我们自己的一面镜子。我常反思自己，所以儿子也会想想自己有没有问题。我放下家长的姿态和孩子平等地交流，儿子也会把他的心扉打开，告诉我真实的想法。做得不好不要紧，因为我们都是人，我会继续反省自己的。

想发火时怎么办？

虽说认知疗法是减少火气的有效方法，但是认知总有不到位的时候，所以，还会有火气，而且有时忍了又忍，火气却还在积累。怎么办？此时想少发火，关键是不要让火气积累。火气就像泄漏的煤气，积累得多了，一点儿小事就会成为导火索将其引爆，我们就可能发飙！这是情绪的规律。因此，当孩子让我们有些烦躁生气时，不要等着火气积累到无法控制，可以这样做。

1. 冷处理，让自己冷静一下

走开让自己冷静一下，眼不见心不烦，火气可能就不再积累了。

中午孩子有造句作业，他说，妈妈你教我吧，我说好啊。我就用他书上的词语造了一句，他就变脸了，说这样不行。我说好吧，那妈妈换一句。结果他越来越火了，拍起桌子来："这样不行的！"这时候我也有点儿生气了，但还是尽量平静地说："我又没强迫你接受，你干吗这样呢，好好说不行吗？"他外婆也很生气，说："这孩子怎么这样，没见过这样的孩子！"我让他外婆不要继续说下去，那样只会让孩子越来越生气。后来我们就都先走开，让双方冷静一下。我等自己稍微冷静下来，过去提醒了他一下上学时间就又走开了。他一个人倒是很快写好了，收拾好书包就去上学了。

2. 适时、适当地表达自己的不满

有时我对女儿的磨蹭有些着急，我会平静地说："别这样啊，我有些生气啦！"有些情况下，我会告诉女儿那样会让人烦躁。这样说，会宣泄一部分情绪，对自己和孩子也起到一个提醒的作用。

3. 调整自己的认知，说服自己，力争消除火气

虽然认知的改变不能一蹴而就，但这样做会有一些消除火气的

效果。

晚上9点多了，孩子学英语要跟读、听录音，听了很多遍，我也教了很多遍，她就是记不住，跟着读可以，一到自己读就不会了。当时我都快崩溃了，都要抓狂了，真想揍她一顿。但我冷静了一下，试着去理解她，可能句子有点儿长，之前也没读过，想让她一口气读下来，可能有难度。其实她也很着急，越着急越读不好。这样想通之后，就不那么想发火了，冲动的魔鬼没有出来伤害孩子。

4. 深吸几口气，从生理上调节

生气是有生理基础的，而深呼吸有放松的作用，也会直接改变情绪产生的生理基础，转移注意力，暂时打断火气积累的过程。当我们感觉要发飙时，可以马上深呼吸，这比单纯忍耐要好。

5. 让孩子来监督自己

我以前脾气很差，孩子都怕我。看了维尼老师的文章后，我改变了很多。我现在控制情绪有了进步，但还有不大好的时候，每到这种时候我就会对孩子说，妈妈今天心情不好，妈妈想一个人待一下。觉得自己没有调节好时，我也让孩子来监督我；如果我脾气不好，说话大声或者不好听，也让孩子给我提出来。现在我和孩子的关系非常和谐，这让她知道大人也有犯错的时候，错了就要勇敢地承认并改正。

6. 忍不住发火，也要对事不对人

即使忍不住发了火，也要克制一下自己的言语，就事论事，不要上纲上线，不要去指责孩子。简单来说，发火对事不对人。

发了不该发的火之后怎么办？

父母不该发火，但发火总是难免的，犯了错不要紧，只要敢于承认错误，敢于向孩子道歉、认错，那么就还是好爸爸好妈妈。就像我们要求孩子那样，知错就改。

我偶尔也会冲女儿吆喝一声，宣泄之后火气没了，就会意识到发火是不对的，所以我会马上向女儿道歉。这时如果她还生气，我也允许她用小拳头捶我两下，这样她就能宽容大度地原谅我了，我的发火就不会对她造成不好的影响。我要做的是把这当作自己成长的机遇，去反省自己不合理的认知，以期发火次数越来越少。

有家长会说：我发火是因为孩子错了，如果我道歉会不会让孩子认为他做得对呢？也许他会因此认为犯错其实也没什么大不了的，下次照犯不误。

家长发火肯定是有原因的，因为孩子粗心、顶嘴、马虎等发火，也要跟孩子认错吗？

为什么发火要道歉呢？这是因为我们发火是不应该的。

如果能理解孩子，就会发现所谓的错误可能是正常的，或者是有内在原因的，也可能是父母造成的，所以可能不是他的错，或者

他需要我们的帮助。所以，为什么要发火呢？发火不但不能解决问题，还会把事情搞得更糟。

我们要做的是理解孩子，温和地和孩子交流，找原因想办法，去帮助孩子，这样孩子才容易听进去，容易接受。

我原来认为不打孩子就不错了，后来意识到语言暴力也要不得，现在在说话方式上我也注意了很多。我如果使用了语言暴力，就会特别真诚地跟他道歉。我逐渐变得更加心平气和，会觉得没什么可生气的。

大人真诚地向孩子道歉，其实也就是放下了大人高高在上的姿态，跟孩子处于平等的位置。学习了维尼老师的理念后，有时忍不住朝孩子大吼之后我都会及时向他道歉，他也会立马原谅我，亲子关系好了很多。

认知疗法应用：学会三种思维，让孩子坦然面对挫折

应用认知疗法，我们可以帮助孩子坦然经受挫折。

如果我们在家里理解、尊重孩子，顺应孩子的心理，不去打骂孩子，少发火，让孩子幸福快乐、顺心如意，那么孩子到了学校和社会，别人会一直尊重孩子吗？会顺着孩子吗？遭遇同学或同事的责怪、批评、挖苦，孩子能适应吗？在幸福顺利环境下长大的孩子，能承受挫折吗？

这个担心不能说没有道理，因为在蜜罐里长大，没大受过挫折、苦难锻炼的孩子，到了外界环境中，抗挫折能力可能会差些。

你看，现在很多孩子敏感脆弱，稍不如意就会生气、苦恼、焦虑。参加比赛，出现一个小失误，当场就哭了；被老师批评一句，马上就哭了；和父母玩游戏，只能赢不能输；字写得不好，课文背不下来都会发脾气……

这让父母很担心：目前引起孩子焦虑、烦恼的都是一些小事、小挫折，孩子这么脆弱，以后遇到了大的失败和挫折可怎么办？

那么如何提高孩子的抗挫折能力和承受能力呢？

一般人的做法是锻炼孩子，让孩子去经历挫折，经历得多了，承受能力可能会强一些。这种方法有一些效果。不过，这也成了不少父母发脾气的借口："我在家里给你气受，你到社会上才能受得了气！"如果父母实在忍不住发脾气还情有可原，但不去控制自己的情绪，甚至故意发脾气，经常打骂、训斥、讽刺挖苦、打击孩子，让孩子生活在痛苦中，就太不合理了。这样做不仅不见得能提高孩子的抗挫折能力，还会给孩子留下影响一生的心理创伤。所以，这种过度的抗挫折教育我坚决反对。经历挫折可能会提高抗挫折能力，但是见效慢，而且效果不确定。

那怎么办？怎样才能让孩子坚强些？

第三节　调节心态的三大法宝

很多父母深深地陷入育儿焦虑之中，而孩子也敏感脆弱，抗挫折能力差。然而，当下工作压力、学习压力巨大，这就更加突显出良好的心态、健康的心理的重要性。所以，父母自然希望能有简单易行的方法让自己和孩子能够坦然面对挫折，学会坚强，变得更加淡定从容。

一般人认为，所谓的坚强，就是面对不如意、失败、挫折、压力时，虽痛苦、焦虑、烦躁，但是也能忍耐。这种坚强固然可贵，但是既煎熬又难以坚持。而我有一个方法，可以在面对挫折时内心坦然淡定，就像"不管风吹浪打，胜似闲庭信步"，那么自然就容易坚持了，而这才是真正的坚强。

真有这样神奇的方法吗？

回顾一下认知疗法的原理：不是事情本身，而是对事情的认知直接导致了情绪和行为，所以，改变了对事情的认知，就改变了情绪和行为。面对挫折和失败，如果我们觉得这个事情很糟糕、了不得，严重到让人无法接受，那么沮丧、痛苦、焦虑等负面情绪自然接踵而来，我们就难以承受，甚至会被击垮。如果能改变自己的认知——发现这件坏事也有好的方面，或经过努力可能会变成好事；

或者事情不像想象中那样糟糕，可能很正常，没什么；或者虽然有些糟糕，但应该接受现实，努力之后可以顺其自然，那么，心态自然会淡定平和些，也就容易承受了。

如果这样的思维模式成为习惯性思维，挫折失败引起的情绪波动就会少得多，我们和孩子就会变得坚强了。

这就是"学会三种思维，坦然面对挫折"，适用于大多数情况，适合父母和孩子。

坏事变好事：发现这个坏事也有好的方面，或经过努力可能会变成好事。

很正常，没什么：事情不像想象中那样糟糕，很正常，没什么。

顺其自然：虽然事情有些糟糕，但是只能接受现实，顺其自然。

那么如何使这三种思维成为孩子的习惯性思维呢？首先，父母要能理解、运用这三种思维，形成习惯性思维。当孩子遇到不顺利、失败时，父母结合具体事情向他渗透这三种思维。逐渐地，三种思维会成为孩子的习惯性思维，变成口头禅，他就能淡定平和地应对挫折，变得坚强了。有时即使不去有意说什么，父母轻松淡定的神态、语气，也会让孩子感受到这件事情很正常，没什么，从而容易做到顺其自然。

我女儿和同学玩多米诺骨牌，没找到某个骨牌，她会说，找不到就找不到吧（顺其自然）；摆的骨牌不小心被碰了一下，局部一下子全倒了，她也会说，没关系，没关系，说明我这部分摆得挺好的

（很正常，没什么；坏事变好事）——三种思维已经渗透到她的心里，可以脱口而出，自如地运用了！

三种思维之一：坏事变好事

我们遇到的挫折、不顺利看起来是坏事，但"塞翁失马，焉知非福"，大部分坏事本来就有好的方面，或者经过努力可以变成好事。其实，这是一个很普通、平常的道理，人人都知道，但是很少有人把它变成自己的习惯性思维，在真正遇到事情时无法自然去运用。所以，我们需要经常运用，让它成为习惯性思维，这样才会在遇到挫折时自然想到，从而让它发挥作用。

比如，孩子考试成绩不好看起来是坏事，但如果再劈头盖脸地训一顿，孩子灰心丧气，那就更糟糕了。成绩不好本身也有好的方面，比如找到潜在的问题，给孩子以警醒，引起他的反思。如果父母和孩子一起去分析存在的问题，找到改进的方法，孩子因此更加努力，那坏事就变成好事了。另外，即使孩子某个学科成绩不好，也会有相对进步的学科，或者其他学科有做得不错的地方，此时父母可以加以鼓励，增强孩子的信心。

这样做，既不会让父母那么焦虑，也可以向孩子渗透新的思维。

孩子遇到挫折、失败、不顺利时，都是渗透积极思维的好机会。此时积极引导，比我们平常唠叨时磨破了嘴皮子还管用。

在女儿遇到类似的事情时，我会借机和她探讨，用这样的思维方式帮助她分析，或者只是简单说一句："这也是好事啊！"

一个小朋友常常骗女儿，让她不高兴，我告诉她："这也是好事，让你这么小就学会识别谎言了。"

东西坏了，她有些伤心，我告诉她："坏事变好事啊，可以再买个新的呀！"

测验错得较多，我说："没关系啊，不出错怎么能找到问题呢？找到问题才能改进啊。"

学习暂时落后了，我说："没关系啊，从后面追别人比被别人追压力要小，成绩越来越好的感觉其实不错啊！"

……

在我不断地渗透下，"坏事变好事"就成了女儿的习惯性思维，她有时也会冒出一句口头禅："这也是好事啊。"自然，女儿面对挫折时，就不那么愁眉苦脸了，或者过一会儿就高兴了。

有一次，女儿不小心把一个气球搞破了，嘭的一声，她吓了一跳。不过，她接着说："这样也不错，我可以把这块皮当作小娃娃们的地图。"

这就是习惯于从负面的事情中看到积极的方面。

三种思维之二：很正常，没什么

"很正常，没什么"被我的读者誉为"六字箴言"，有的人还把它贴在了墙上，以时时提醒自己，平复自己的焦虑和怒火。这六个字看似平凡至极，没有任何神奇之处，却能让人淡定。

生活中有些挫折、失败的确事关重要，比如中考、高考失利，但是绝大部分挫折、失败、不顺利不是那么重要，不像想象中那样糟糕，只是我们生命长河中的一个小波澜而已，很正常，没什么。但是如果我们认知不合理，夸大了负面影响，把它看得很严重，那么就会时常感到焦虑。

比如有一位妈妈，看到孩子上课不举手，或者不肯上台表演，就认为孩子不自信，进而想到如果孩子不自信，一生该有多失败。她把结果想得这么严重，自然焦虑不已。又如，孩子生活不认真，家长就会想到他学习和工作习惯都会不认真，这样自然就容易生气上火了。

家长也可能会把这种夸大的思维模式"传染"给孩子，即使家长不打不骂，什么也不说，孩子也会从家长紧张的表情和沮丧的情绪中感觉到事情好像很严重。时间久了，孩子也会习惯于夸大事情的后果，心态如何，可想而知。

其实不举手、不敢表演这些现象都很正常，没什么，可能随着成长自然就解决了；孩子一时生活习惯不好，可以日后慢慢培养，而且生活习惯与学习、工作习惯的关系未必那么大。父母面对孩子的问题时，如果能够去理解孩子，想想孩子的表现也许"很正常，没什么"，就会淡定一些，就不那么容易焦虑、生气了。

"很正常，没什么"可以应用到生活、工作中的大部分场景，帮助我们形成淡定从容的心态。同样，如果孩子有了这样的思维习惯，也会坦然面对那些不顺利。

在我女儿遇到一些不顺心的事情时。我会趁机向她渗透：事情其实没那么糟糕，可能很正常，没什么。

考试成绩有波动是很正常的。题目的难度和临场发挥有偶然性，所以成绩起伏是正常的事情。

作业有些不会做，这很正常，没什么，不用着急。

有同学捉弄你、骗你也是正常的，不一定遇到的都是性格那么好、品质那么好的同学。

比赛输了，是很正常的，一直赢那才奇怪呢，尽力就可以了。

被批评，是很正常的，有什么了不起的，谁都可能会被批评啊。

老师不是自己喜欢的，或者老师不喜欢自己，很正常。谁也不能保证自己遇到的都是令人愉悦的人，也不能期望人人都喜欢自己。

东西会损坏，会丢，偶尔摔一跤，磕破点儿皮都是正常的，不可能万事如意。

……

因为经常渗透，"很正常，没什么"就成了女儿的习惯性思维。她有了这样的口头禅：很正常啊，没什么啊，这又怎么样？所以，有时她也能表现得很淡定。

一位妈妈告诉我这六个字的确管用。上小学二年级的孩子遇到不会写的题目，会很着急、烦躁，妈妈告诉他：有不会的题目是正

常的，谁也不可能都会啊！逐渐地，孩子遇到不会做的题目时就平
静多了。

三种思维之三：顺其自然

我有一个核心思维：努力去做，对结果顺其自然。这和"尽人
事，听天命"的意思是相似的。

遇到"坏事"，我们应该去努力，争取把坏事变成好事。那么
在努力之后，就可以顺其自然。这样就可以不去纠结、懊悔、自责，
可以静下心来，面向未来，继续努力。

很多人过于执着：一定要赢，一定要考好，一定不能做不
好……但是现实不是想怎么样就能怎么样的，谁能保证"一定"呢？
做不到的时候就会沮丧懊恼，显得脆弱。所以，在努力之后顺其自
然，就容易坦然面对，毕竟，尽力了就好。

为什么可以顺其自然？因为有时不同结果的差别不像看起来那
么大。比如，考上好大学和一般的大学，自然是有差别的，但是上
好大学的人也不一定前途光明，而只要孩子努力，即使进入一般的
大学、大专，将来一样都有机会。很多父母经常向孩子灌输，考上
好大学将来就会成功，生活得好，考不上一生就是失败的、没有希
望的想法，这样孩子自然就难以顺其自然了。其实很多事情，都是
人为地夸大了不同结果之间的差别。又如，是否按时入睡，自理能
力是否强，能否分床睡，是否有礼貌，上课是否积极回答问题……

如果认为做得到就好，做不到就糟糕，这样父母和孩子自然都难以顺其自然。事情的真相并非如此，每个孩子都不同，不必用同样的标准去要求，适合孩子的就好，很多习惯可以慢慢培养，暂时做不到也没有太大的关系。这些方面本书后续会具体、详细地讨论。

我遇到一些事情时，会向孩子慢慢渗透顺其自然的思想。

原计划去玩，但下雨去不了。我会和女儿说，不去就不去呗——顺其自然。

单词听写，她开始错得比较多，我告诉她，错就错了，我们想办法改进就是了——顺其自然。

东西，我们好好爱护，如果损坏了，孩子会说，坏就坏了吧，也没办法——顺其自然。

老师批评她，她会说，批评就批评吧，我改正就是了。

我们要好好与朋友相处，但有时小朋友间闹点儿矛盾，对方会"威胁"女儿说不跟她玩了，女儿会说，不跟我玩就算了——顺其自然。

太过执着，这是"刚"，时常带来焦虑和沮丧；而努力之后顺其自然，就是"柔"，会帮助我们安然面对挫折和失败。这就是《道德经》中所说的"柔弱胜刚强"的道理吧。

三种思维是阿 Q 精神吗？

三种思维有一个顺序。面对挫折，先想想有可能变成好事；如果有好的方面成能变成好事，自然平静了；如果变不成好事，再看看这件坏事是否很正常，没什么，不像想象中那样糟糕，这样可能会进一步淡定；如果确实是件较大的坏事，那么就顺其自然，安然面对。

三种思维看似平淡无奇，但是按照这个顺序去思考我们遇到的事情，大部分都会淡然处之。三种思维，也就是放下过度的执着，学会淡定。

儿子的同学昨天不跟他玩了，他不高兴。我用三种思维给他分析了一下：妈妈知道同学不和你玩你很难过（理解），不过，你也想想自己是不是哪些地方做得不太好，比如，想玩小朋友的玩具，先要征得别人同意再玩，如果别的小朋友上来就抢你的玩具，你乐意吗（换位思考）？

你觉得这是坏事，我反倒认为是件好事，这样你可以想想怎样才能更好地和小朋友交往（坏事变好事）。如果小朋友还不想和你玩，那就不玩呗，有什么大不了的呢？也许过几天他又主动来找你了。实在不想玩就算了，我们做好自己就行了，我们不可能喜欢所有人，也不可能让所有人都喜欢我们（很正常，没什么；顺其自然）。这样一说，他高兴了。

有家长会问：三种思维是不是一种自欺欺人的阿 Q 精神呢？

阿 Q 精神与认知疗法都是通过改变对事情的认知而调节情绪。

不过阿Q精神是自欺欺人的，分明挨了打，阿Q却想，这是儿子打老子。这是用虚假的胜利在精神上自我安慰。

而这三种思维则是实事求是的。坏事本来就有好的方面，或者经过努力可以变成好事。人容易夸大事情的负面影响，其实事情本身并不见得有多糟糕；但有时也只能面对现实，顺其自然。其中饱含我国传统文化的智慧。

维尼老师说得对！记得我小时候，遇到困难和不满，我爸总对我说："没关系，找到问题的原因，努力解决就好！客观因素改变不了，也只能顺其自然。"现在我爸也经常在我女儿遇到小困难时对她说"没关系"，这句"没关系"也成了我对女儿的口头禅。正巧前天在班上我给孩子们讲《鲁滨孙漂流记》，当讲到鲁滨孙死里逃生流落荒岛时，我引用了"塞翁失马，焉知非福"的故事，结合孩子们身边的小事，给他们讲述了"塞翁失马，焉知非福"的道理。乐观向上、积极健康的生活态度，让孩子们受用终身！

有家长会担心：三种思维会让孩子淡定，但是否也会让孩子失去上进心，导致孩子不思进取？

孩子自身的上进心是很蓬勃的，谁不希望自己好啊？而"努力去做，对结果顺其自然"是一种适度的执着。

有的孩子过于执着，考不好就痛哭，被老师批评了就难过得要命，试卷少了一分也非要争回来……这是一种病态的上进心。长此以往，孩子心理容易出问题，性格也会变得脆弱，小挫折对他来说也是打击，这会阻碍孩子前进。比如，有的人给孩子灌输：你一定要考上名牌大学！说得多了，孩子也真心想一定要考上名牌大学，认为考不上就糟糕至极。这样的上进心应该说是很强的，但有的孩子因此会在考试中紧张得手发抖，有的孩子因此压力过大，从而直接影响了学习，甚至导致孩子厌学。

维尼小语

> 我用三种思维影响女儿，所以遇到老师批评、考得不理想等事情，她都能平静对待，不影响自己的学习兴趣、信心和动力。当女儿考得好，被表扬时，她还是很高兴的，她向往在各方面做得好，那份上进心不但没有减少，反而更蓬勃了。

这三种思维越早"渗透"越好！

在孩子还小的时候，改变认知相对容易。如果孩子大了，不合理的习惯性思维已经根深蒂固，要改变就难了。所以，越早向孩子渗透三种思维越好。当然，这需要父母拥有淡定从容的心态。如果父母自己对孩子的成绩紧张焦虑，就难以让孩子相信成绩有波动也是好事，很正常，没什么，自然难以做到顺其自然。所以，父母需要首先深刻理解三种思维，并学会随时运用。关于三种思维的更深入的讲解，请参考我的另一本书《内心的重建》。

　　有的专家说，我们不要用自己的观念去影响孩子，有家长曾问我对此有何看法。

　　孩子总会接触各种各样外来的观念，有的来自老师、同学，有的来自网络、书籍、报刊，所以，我们不必害怕用自己的观念去影响孩子。如果我们有好的人生经验和智慧，有好的理念，可以向孩子渗透。只是我们要保持谦虚，不要认为自己就总是对的，知道自己的观念也有不合理的地方，也不强迫孩子接受，多让孩子自己去思考和体验，鼓励孩子有自己的想法，这样就没有多大问题了。

实例：六字箴言让我调节好了情绪

　　父母为什么会冲孩子发火，为什么会焦虑，一个重要的原因就是觉得孩子不应该如此，而且孩子身上的问题比较严重。但是如果能够理解孩子，会发现孩子的表现往往不是捣乱或无理取闹，而是有原因的，其中可能就有父母的原因；或者不过是人性的正常表现，是人之常情，其他孩子或成人也会如此。所以，孩子的某些表现其实是很正常的，没什么好生气的；或者没什么大不了的，何必焦虑呢？认知变、情绪变，淡定平和就会随之而来。

　　"很正常，没什么"，就是帮助我们调节情绪的六字箴言，虽简单，却有效。

看了维尼老师的文章，我才明白原来自己为之焦虑的问题在很多家庭中都存在，其他孩子也会有这样或者那样的问题，所以其实"很正常，没什么"。我再看到孩子的"问题"就会想到这六个字，焦虑好像就少多了。

以前我追求完美，见不得女儿不按照我的要求做，看到问题也常常上纲上线，想得很严重，所以常常生气。现在我试着把女儿的行为看作小孩子的正常行为，经常告诉自己，这很正常，耽误几分钟也没什么关系。效果还真好，情绪不那么容易波动了，女儿开心，我也愉悦得多！

孩子周末写了一上午的作业，到了中午，我们说好要去吃饭，下午去公园玩。孩子收拾书包时，突然说："哎，还有一个作业没写！"我说："不写哪儿行，赶紧写！"孩子有些不愿意。我看到她对自己的作业不负责，就有些不高兴。孩子说："早知道不告诉你了。"我更加不高兴了，这更不负责任了，而且还有不诚实的嫌疑！结果我们冷战了两小时，玩得很不高兴。

维尼老师告诉我："咱们要理解孩子。其实孩子写了一上午作业，本来就有些烦，发现有作业没写自然不爱写，这很正常，说爱写，能高高兴兴去写才稀奇呢。而且孩子后来说的话也没什么。想想自己，快下班了，有事马上要走了，领导又过来说有个任务交给你，赶紧加班做一下。此时，你一定会有点儿烦躁。孩子的表现和我们是一样的，与诚实关系不大，是人之常情。"

听了维尼老师的话，我恍然大悟。以前确实想多了，本来只是一件小事，我却过度解读，夸大了事情的严重性，所以才会生气着急，以后要多用"很正常，没什么"来理解孩子的问题。

实例：做错了事，也能接纳自己

我对家庭教育很重视，学习了很多理论，也知道各种方法，但很难做到，特别苦恼。那时候我总念叨："我要换位思考，但怎么总是换不到位呢？急死人了！"

我心里特别明白，"静能生慧"，有情绪，就看不到事情背后的原因，更别说解决问题了。因此，亟待解决的就是自己的情绪问题。虽然有时候表面上控制了情绪，没发火，但我内心积累压抑着火气，而且孩子是会"读心"的，我内心的感受他能读到，会受到不好的影响。

我常在网上学习育儿知识，偶然间，发现了维尼老师的文章，认真看了之后发现，原来，情绪不是靠控制的，而是靠改变认知来解决的。维尼老师的文章中提到的认知疗法，对我有很大帮助，我又在维尼老师这里做了一个月的咨询，我已从根本上解决了情绪问题（维尼：不是完全没情绪，而是知道了如何解决自己的情绪问题。），特别是维尼老师理论中的六字箴言"很正常，没什么"，让我的人生观发生了很大变化。

以前孩子写作业磨蹭，我总是火冒三丈，对孩子非打即骂。现在想想："小男孩，爱动坐不住，很正常啊！""做自己不感兴趣的事情，当然会经常找借口上厕所啦，这很正常，谁不是这样呢？"这才是真正的换位思考啊！想到这些，我就明白了，首先要对孩子的"爱动"表示理解，这样自己就静下来了，态度温和，孩子就会更合作。之后再用维尼老师教的办法提高孩子学习的兴趣和信心，他逐渐不那么磨蹭了，这样我的火气就更容易控制了。

"很正常，没什么"不仅帮我解决了教子时的情绪问题，在夫妻关系、婆媳关系、朋友关系、同事关系中，也发挥了作用。每当心里念出这六个字，我发现随着换位思考，不良情绪就消失了，这真的很神奇！每个人做的事，都有自己的理由，了解和理解了这些理由，能帮助我们改变认知，解决问题（维尼：如果我们能去理解别人，就会发现别人的行为其实有他自己的原因，很正常，没什么，也许不是针对我们的，理解之后宽容就容易了。）。

"很正常，没什么"，这六个字还帮助我拥有了轻松愉快的家庭生活。以前遇到任何事情，我都焦虑得不得了，芝麻大的事想得比天大，总处在焦虑和压力之中，经常发脾气或陷入自责不能自拔。在我改变了认知之后，说话方式也发自内心地积极、正面、向上了，不论出现什么问题，我都明白这"很正常，没什么"，能够关注解决问题的方法，轻松对待。

在我的言传身教下，儿子也学会了这种思维和语言模式。有一次因为他打了同学，同学家长告状，我慢慢开导儿子，他在明白了道理、找到了解决问题的方法之后，很轻松地说了一句："妈妈，我和同学发生矛盾很正常的，我和最好的朋友都吵过架呢！"那一瞬，我真有欣喜若狂的感觉。虽然做错了事，但是他竟能如此接纳自己，有接纳才能有改变和进步啊！孩子的情绪稳定多了，我们之间的亲子关系有了很大的改善；因为我能做到充分地换位思考，说话、做事能理解别人、不带刺，爱人对我也赞赏有加；原来我对婆婆意见很大，但我现在也能充分理解她作为母亲和奶奶对儿女和子孙的一片爱心了。

如何减少育儿焦虑

※ 育儿焦虑不但给自己带来痛苦，还会在无形中影响孩子，影响夫妻关系。我就曾过度焦虑。每当孩子出现一丝一毫不正常，我就会去网上搜索是什么病症，然后将孩子的情况对号入座。因为孩子不愿和别的小朋友一起玩而怀疑孩子自闭；因为孩子爱低头看人，就怀疑儿子斜视；因为孩子过了三岁还在尿床，就怀疑孩子得了遗尿症；因为孩子咳嗽严重，喉咙里发出咝咝的声音，就怀疑他得了抽动症……我常常陷入极度的恐慌和忧虑中。伴随着我的焦虑心情，孩子的身体状况也确实不尽如人意，时好时坏。

看了维尼老师的文章后，我才意识到，只有先改变凡事总往坏处想的不合理思维，才能从焦虑的泥潭中走出来。我学着用三种思维来调整自己的心态。比如得知孩子被老师批评了，我就想这对孩子是一个锻炼，也挺好；遇到孩子那些所谓不正常的行为时，就想到"很正常，没什么"，心情顿时豁然开朗；孩子的能力没有达到我的要求，或者成绩不及预期，我就想反正努力过了，结果顺其自然好了，着急上火有什么用呢？慢慢地，三种思维成了我的习惯性思维，我淡定多了，也就不那么焦虑了。

※ 我以前非常迷茫焦虑。孩子上初中学校管理很严，孩子回家愁眉苦脸的，因为数学基础有点儿差，成绩靠后，学习积极性和自信心很受打击，有些厌学。我的愿望是孩子能够上重点高中，但他当时的成绩无疑是无法实现这个愿望的。我很焦虑，也可以说有点儿抓狂，想了不少办法，但是基本没有效果。

就在最迷茫的时候，我一一阅读了维尼老师的文章，才明白我的一些想法非常想当然和偏激，非常执着，我突然明白了一些事情应该怎么做。就像维尼老师说的，孩子现在的成绩好坏，与将来他的生活幸福度并没有那么大的关联。考不上重点高中，不等于人生没有了希望，所以问题没有那么严重，可以在努力之后顺其自然。认知改变了，焦虑就慢慢减少了。我不再对孩子说一定要考上重点高中，否则人生就大打折扣之类的话，而是让他尽力而为。当然，我也想了一些办法激发孩子的兴趣和信心，现在孩子愿意和我说话，家庭更温馨了。

第四节　学会理解孩子，管教更容易

如果我们能理解孩子，会发现孩子的所谓"问题"表现可能很正常，没什么，也可能有内在的原因，而这些原因还可能是父母造成的。这样，认知改变了，自然不那么容易生气，情绪就平静下来了。

理解孩子，改变认知，平复情绪

父母忍不住发火，往往是觉得孩子的问题很严重；或者问题不应该发生、可以避免，孩子本应能够解决；或者发生问题全是孩子的过错。但是，如果我们能理解孩子，就会发现，孩子有些所谓的问题可能"很正常，没什么"，不过是人之常情，比如丢三落四、有时说话不算数、偶尔说脏话；有些是有内在原因的，需要我们找原因想办法帮助孩子，比如不爱弹钢琴，写作业磨蹭、粗心，遇到这种问题只是单纯地说教难以奏效，孩子也难以突破自我；有些问题则是父母的不合理教育方式造成的，责任在父母，如说谎、私自拿家里的钱、有网瘾等。所以父母首先需要做出改变。

如果父母能这样理解孩子，改变认知，情绪自然会平静很多。静能生慧，冷静之后再找原因、想办法，帮助孩子成长、进步。

我们常说要宽容，但很多父母难以做到。宽容的基础在于理解，如果我们学会理解孩子，知道他的行为很正常，没什么，或者是有原因的，其中可能就有父母的原因，那么就容易包容了。

孩子的某些问题很正常，没什么

很多父母常常会把孩子的问题想得很严重，或者上纲上线，扣上一顶大帽子。其实，孩子的有些表现不过是人之常情，很正常，没什么。

一位妈妈咨询我："我儿子今年十三周岁，出门在楼梯口看见一百元钱，没有去捡起，也没有问问街坊邻居或者家人是谁丢的，就当没看见离开了。他认为不是自己的就不应该捡，也没有去找失主，是不是一种不负责任的态度呢？"

这个世界是多元的，不同的思想和行为模式，只要不损害他人，不违背道德和法律，都是可以的。如果去寻找失主，那属于很热心的行为，固然可以称道；但孩子没有去找失主，可能是不想管闲事，也可能是没有时间，也很正常，没什么。每个孩子是不同的，有的热心，有的不那么热心，都是可以适应这个社会的。

多元化的视野，对于不同行为、思维模式的包容和尊重，是需要学习的。很多人从小受到的教育都是非此即彼、黑白分明的，只有正确和错误的区分。其实，这个世界除了黑白，还有很多色彩，需要慢慢学会理解和欣赏。

实例：不要轻易给孩子扣上自私的帽子

※ 女儿对好朋友比较大方。有一天我们去青岛大剧院看一场精彩的喜剧，演员向台下抛五颜六色的海洋球，我们抢了几个。我说咱们回去给你的好朋友一个吧，不知怎的，她就是不答应，不肯给。后来，我一想，也许她太喜欢了，她觉得是自己好不容易得来的，即使是我们大人，有时也会有不愿意分享的时候啊……这也不能算自私。这么一想就理解了，也就不去勉强她了。

※ 祥妈：我们资助了一位农村小女孩，儿子愉快地同意了用他的压岁钱支付这位姐姐的学费。但是今年五一假期我们打算去北京玩，我告诉儿子想带上那位姐姐。儿子看上去有点儿不高兴，说他不想去了，因为那样就玩不好了。后来我考虑到儿子的感受，就没有带姐姐去。不过我有个疑惑：孩子这样是不是有些自私？

维尼：这不能随便定性为自私，他能资助就说明他不是自私的人。谁都有自己的感受和想法，他可能觉得那样不自在，玩得不痛快，我们有时也不希望和不熟悉的人一起玩，这是可以理解的。

祥妈：是啊，他的压岁钱一直不舍得花，但是当我提出给姐姐资助学费时，他很大方地拿出来了。前几天回老家，还和他商量我俩每人出一千元孝敬奶奶，他也欣然接受。看来这次是有他自己的原因吧。

珍妈：昨天喝喜酒分糖果，我们这桌上大人小孩共十个人，女儿和另一个小朋友一起来分糖，她对那个小朋友说："自己的糖先留出来，剩下的再分给别人。"这是不是自私啊？

维尼：这个算是正常的吧，谁没点儿私心啊！我们自己遇到这种情况，有时会让别人先挑，但有时也会先给自己挑。

珍妈：是啊，这就是人之常情吧，我以前的要求的确太高了。

不要轻易给孩子扣上"自私"的帽子，有些看似自私的事不过是人之常情罢了。

当孩子不大度时

孩子和别人发生矛盾，孩子生气，发脾气，我们总觉得他不大度。其实有矛盾时生气，是人之常情。有了情绪发泄出来，心静了，就容易宽容大度些了。

以前孩子和同学有矛盾，很生气，我总是劝孩子忍耐、大度，但是孩子常常耿耿于怀。后来维尼老师建议我先去理解矛盾中孩子合理的方面，然后引导他主动宣泄情绪，比如打被子、打枕头等，这之后孩子情绪会好很多，就容易宽容同学了。那天我按照老师说的办法试了下，让孩子对着枕头发泄，效果还是挺好的，起码他感觉我理解他了，看起来心情还不错。有次有个同学和他闹矛盾，我说你把对同学的怨气发泄出来吧，他竟然说："算了吧，其实他不是故意骂我，就是和我一样忍不住发脾气。"

如果急着劝孩子大度，也可能是在压抑孩子。先理解孩子，顺着孩子，在他情绪平复之后，再让他去理解他人，这样孩子更能听得进去，也可能不用劝就宽容了。

有些父母总是劝孩子：你是哥哥（姐姐），要大度一些，让着弟弟、妹妹。这话固然有一定的道理，但是他毕竟还是一个孩子，不能因为大一些就一定要让着小孩子，他也有自己的权利，总让他让着别人，他会感觉委屈，这也是一种压抑。所以，我们需要考虑孩子的感受，忍让大度虽然有时是需要的，但适度为之就可以了，孩子有时不肯忍让也是正常的。

孩子是一个人，而不是一个圣人，道德品质固然需要有所要求，但是要考虑哪些是人之常情，哪些是成人也难以做到的，这样更合乎人性。

当孩子丢三落四时

那天女儿戴了一顶漂亮的帽子去上学，放学回来却看到她没戴，我就问她帽子的下落。她一愣："啊，帽子被忘在学校了。"我笑着说："没事，明天再去找找。"旁边的小朋友很惊奇，跟我说："叔叔，你态度可真好。要是我丢了东西，爸爸妈妈肯定要训我一顿……"

女儿每次不小心把东西弄丢了或找不到了，我们从来都很平静淡定，一句也不批评，还要送她一句："没事，没关系。"让她把托管班的学费带给老师，我不是嘱咐她别把钱弄丢了，而是说："钱是有可能丢的，丢了也没关系啊！"

这样劝慰孩子，是因为孩子可能比成人还要在意东西，所以不必反复叮嘱别弄丢了。即使不小心弄丢了，也很正常，我们大人也会这样啊。

家长问："孩子上学隔三岔五总会忘拿什么东西，这么丢三落四可怎么办？"

我女儿算是比较细致的孩子，但现在上学要带的物品太多了，有时漏带很正常，没什么，方便的话，我会送过去。另外，我自己也会丢三落四，有时买菜付完钱之后没拿菜就走了。

我不希望孩子成为一个小心谨慎照顾东西的人，还是活得随性自在些好。那么这是否会影响孩子的优秀品质？其实并不影响。

当然，如果孩子生活过于不仔细，过于大大咧咧，也可以适当提醒，督促改进。不过，没什么大的问题，可以慢慢来。

当孩子说话不算数时

有时孩子说话不算数，父母会责怪他不讲信用。没错，守信是一个重要的美德，需要从小培养，但不要轻易给孩子扣上"不守信"的帽子。总体来说，父母对孩子的承诺，应该尽量信守；孩子与父母之间的约定，还要具体情况具体分析。

有些约定，孩子难以做到，虽然答应了，到时候也会不算数。比如和孩子说好不发脾气、不哭，但这是难以控制的，做不到很正

第二章 认知篇：养育孩子，先自己成长 135

常；同样，父母知道自己不应该发脾气，但遇到事情还会忍不住冲孩子发火。又如，和孩子说好要好好学习，写作业不磨蹭，但是如果孩子对学习没有兴趣和信心，即使答应了也做不到；成人何尝不是如此呢，明知道有些任务需要完成，但还会一拖再拖，拖延症现在很流行。再如，和孩子说好了见到叔叔阿姨要打招呼，但是遇到人时孩子习惯性地紧张，不想打招呼也是正常的。

有时父母的约定本身就不太合理，孩子也是被迫答应。比如父母对孩子玩游戏、看电视、买玩具和文具限制太严，孩子违背约定就是正常的了。有的父母给孩子布置了太多的学习任务，孩子不想做也是可以理解的。

另外，有些约定涉及欲望，不是那么容易遵守的。比如孩子在外面玩耍，到了说好的时间却不肯回家，这其实也是正常的，我们玩高兴了也想再玩一会儿；孩子看动画片，虽然到了规定的时间，但是他想看完是很正常的心理，我们也是这样的。

我常想起维尼老师的话：理解，理解，再理解。这会让我在第一时间保持冷静，然后再寻求解决办法。昨晚孩子的语文作业是背诵课文，开始说好背诵课文由他自己来完成。看他半天不行动，我有点儿急了。眼看快晚上9点了，孩子仍然在发呆，我开始焦虑，心想孩子怎么说话不算数呢，有想发脾气的冲动。这时我对自己说，一定要理解孩子，不要简单地认为孩子说话不算数，他肯定想早点儿完成作业。于是我过去看他要背的课文，原来课文较长，孩子无从下手。我告诉他可以先分段背，再整篇背。孩子用这个办法很快把课文背下来了。我一直陪着他，每背完一段我就鼓掌或亲他一下以示鼓励，孩子很开心，在不知不觉中就把课文背完了。后来我庆幸当时没有责备孩子，同时也深深感到理解孩子有多么重要。

孩子的某些问题是有原因的

黑格尔有句名言：存在即合理。这句话不是说"存在就是正确的"，而是说存在的都是有原因的。孩子身上的各种问题总是有原因的，如果能找到原因，就更容易理解孩子，再找出相应的解决方法，问题就得到了改善。

孩子为什么会打小朋友？

一般来说，五六岁的孩子较少会去打小朋友，但两三岁的孩子就会相对多一些。为什么会这样呢？这往往是因为两三岁的孩子还不懂得如何和小朋友交往，在生气时不知道如何表达情绪，或者和小朋友有矛盾时不知如何解决。所以，打人成了孩子的一种表达方式。另外，如果家长经常打孩子，那么孩子会模仿；其他小朋友比较暴力，孩子可能本能地反抗或模仿，从而养成习惯。

如果不去先理解孩子打人的原因，就一味地惩罚、训斥孩子，是难以解决问题的。先理解、接纳，尊重孩子的感受，慢慢和孩子沟通，再教给孩子合理的交往方式和解决问题的方法，并不断给予鼓励，这个问题慢慢就能解决了。

※ 我家的孩子一岁半时就开始打人，经常无缘无故地去拍、打别人一下，速度也快，大人在旁边还没反应过来，别的小孩就莫名被打了。开始我会当着别人的面批评教育他，也严厉地训斥他或罚站。他也很犟，不肯道歉，后来还很伤心地说妈妈不爱我了；有时虽然最后能道歉，但下次还是动手。别的家长都怕他，躲着他。明明很乖、很懂事的宝宝怎么会这样呢？后来看到维尼老师说要尊重孩子，不要惩罚孩子，我觉得有道理，之后他再动手时，我会先代他道歉，然后和他好好说："打小朋友，小朋友在哭，好可怜。"不惩罚，先接纳再劝说，考虑孩子的感受，孩子能听进去了，现在宝宝再也不是小霸王了！

※ 我儿子一岁半的时候，因为小表哥总抢他的玩具，儿子养成了动手的习惯，到任何场合都动手打人，不让别的孩子靠近。我当时伤透了脑筋，别人指责我们时，我真是羞愧难当。

后来我学习维尼老师的理念，站在孩子的角度去理解他，温和地引导他和小朋友相处，替他向小朋友道歉，告诉他打人别人会痛，是不对的。如果他是出于正当防卫，就告诉他可以和小朋友说："这是我的！你别动！"再等适当的时候引导他学会分享，发现他的行为有所改善时，及时表扬，强化他好的行为。

如今儿子两岁半，和小朋友相处基本不会有大的矛盾，有时候还会谦让，真的让人特别欣慰！

孩子起床困难怎么办？

起床困难是一个常见的现象，有的孩子醒来情绪不好，容易哭闹、哼哼唧唧、发脾气。看起来不可理喻，但这不是在无理取闹，而是有原因的。这是一种正常的心理现象，俗称起床气，比较常见，没什么好责怪孩子的，父母没必要因此生气发火。

理解了之后就容易接纳，心情平静下来之后再顺应孩子的特点去改善问题。比如，知道孩子不容易醒过来，就提前半个小时温和地叫孩子，孩子稍微醒一下就再让他睡个回笼觉，过十分钟再叫。这样，孩子睡了几次回笼觉，就会感觉比较舒服，最后叫他起来，情绪就会好很多。这个方法适合于幼儿园、小学、初中的孩子。

有的父母总觉得孩子应该自己起床，叫一次不起来就会上纲上线，认为孩子没有自觉性，所以会生气地叫孩子，这会进一步影响孩子的情绪，让孩子更容易发脾气。每个孩子是不同的，有的孩子能够自觉地起床，有的则不能；有的孩子睡眠充足，容易起来，而到了中学有的孩子睡眠严重不足，到了时间不想起来是很正常的，此时父母应该心怀怜惜之情，他毕竟只是一个孩子，而不是有坚强意志的钢铁战士。

此外，可以早早拉开窗帘，光线充足也有助于孩子醒来；播放孩子喜欢的故事、歌曲，也有助于调节情绪；好好哄哄孩子、亲亲孩子、抱抱孩子，说点儿亲昵的话，都有助于孩子情绪的好转。

孩子醒来之后，也不要总是催孩子，那样也容易让孩子烦躁。不妨提醒孩子几次，让孩子自己体验迟到的结果，那么他可能会知道动作要快一些了。如果时间紧，不妨降低对洗漱的要求，早饭也可以马虎一些，这也没什么大不了的。

※ 我现在每天叫孩子起床，都是先轻轻地叫他几声，等他答应我一声，然后让他再睡几分钟。五分钟后我再叫他，提醒他时间快到了。他说再睡一两分钟，好吧，没问题。时间一到，再去叫他，他基本没意见，不过会要求我给他穿衣服，也行，没问题。有时第二次叫他时，他会叫我俯下身抱抱他，或者他抱抱我，这样过一会儿，就基本上醒过来了。这样一来，每天都是乐呵呵的。他也说很喜欢现在这样，不想像以前那样一早就发脾气。

※ 一日之计在于晨，可是以前每天早晨一家人都是在我的催促、埋怨中度过的，连我自己都怕早晨的到来。老公天生是个愿意晚睡不愿意早起的人，可我一直认为人就应该早睡早起，所以每天早晨不停地催，几遍下来老公就烦了、生气了。我呢，更是生气，埋怨他不给孩子做好榜样。这个问题在我们结婚后七八年的时间里，一直都在重复。

儿子上一年级，每天早晨醒来都不想穿衣服，我一直认为他没睡好，所以晚上催孩子上床睡觉，早上总想让他多睡一会儿。本来孩子醒来后按我的安排时间是没问题的，但孩子终究是孩子，总是磨磨蹭蹭。我一看时间紧张就着急了，呵斥、埋怨，孩子饭也没心情吃就走了。这样的日子过了多半个学期，现在想想都后悔，一大早上起来就没好心情，孩子多受罪啊！

看了维尼老师的文章后，我学着去和孩子沟通，理解孩子，才知道他刚刚踏入小学的门槛，不太适应，不想去上学，所以才会磨蹭。知道了原因，我就早点儿叫醒孩子，陪他在床上躺一会儿，拥抱一下，有时会下一盘五子棋，尽量满足孩子的要求，这样他的情绪就好多了。每个周一孩子都不想去上学，早上会说："我不去上学。"以前我会给他讲一大堆道理，但没什么效果。现在我会顺着他说："好，今天咱们在被窝里睡一整天，爸爸也不去上班。"他琢磨琢磨最后还是去上学了。这样做的一个问题是有时早餐来不及吃，只能在车上对付一口了，不过也没什么大不了的，孩子开心对他的身体最重要。现在早上能常听到孩子的笑声，更重要的是在这样的氛围下老公也不用我去叫，他自己就早早起床了，每天还和儿子比赛穿衣服、吃饭，还送孩子上学。早上的时光再也不让我发愁了！

孩子磨蹭怎么办？

磨蹭是一个普遍的现象，无论家长是用严厉还是理解尊重的教育方式，孩子都可能磨蹭。很多父母看到孩子磨蹭就很生气，但孩子磨蹭常常是有原因的。

1. 没兴趣，觉得困难，学得吃力

无论是练习弹琴还是写作业，孩子磨蹭的常见原因可能是没有兴趣和信心，感觉困难或者学得吃力，也可能是布置的任务太多。如果换作我们，面临这种情况可能也会拖延。所以，孩子磨蹭是可以理解的。要想解决这个问题，就需要采取相应的措施，去培养孩子学习的兴趣和信心，帮助孩子克服困难，适当减轻任务负担。具体的方法会在后文中详细讲解。

如果不理解孩子磨蹭的原因，就容易冲孩子发火，批评、训斥甚至打骂，这只会让孩子更加讨厌练习或学习，更加磨蹭。

2. 没有时间观念，不知道要抓紧时间

很多孩子的时间观念不强，这是很正常的。这就需要家长慢慢渗透和培养时间观念，比如多让孩子看钟表，约定做事情的时间，记录做作业的时间等。有时要让孩子自己体验，如起床后磨蹭，那么不必一直催，只需要适当地提醒几次，让孩子自己体验迟到或者快迟到的感觉，他慢慢会有所反思，日后自然会抓紧一些了。

3. 顺应心理，孩子心情顺畅，主动性会高些

磨蹭有时体现了孩子的逆反，比如父母布置的额外学习任务太多，做完作业还是不能玩，那索性先磨蹭着玩会儿。又如孩子对父母不满、反感，那么会对抗父母的要求，越催就越不想做；孩子如果心情烦躁，也是不想做事情的，看起来也就磨蹭了。

以前我早上起来见女儿磨蹭就很烦躁，结果我烦我的，她就在那里，不紧不慢。现在我不急躁，会顺应她的要求，去帮她的忙，说起来多花不了几分钟的时间，但是孩子情绪好了，就不怎么赖床了。起来后再聊些她感兴趣的话题，她有精神了，就不那么磨蹭了。

4. 其实不是磨蹭，节奏不同而已

有一天，我家包饺子，馅儿准备好了，叫爱人过来一起包，她答应马上来，结果半天都没有过来，坐在电脑旁就没动窝。我奇怪，她怎么也磨蹭了？后来才知道，她网上购物正在结账呢。这让我若有所悟，原来有时所谓的"磨蹭"就是两个人想法不同、节奏不同而已啊！

有时我叫女儿做什么事情，她嘴里答应着"马上，马上"，却没有马上来。反思一下，有时她叫我帮忙，手头的事情没做完，我也不能马上过去。

女儿有时写作业之前会干干这干干那，看起来磨蹭，但其实也算正常。想想我自己，在开始写文章之前，可能会先看看微博、微信的消息，没心事了才开始写作。

而当她的想法和我合拍时，从来也不磨蹭：爱吃的饭，很快就干掉了；请她来看宫崎骏的动画电影，她会立马赶到电脑前；让她去和小朋友玩，她从来都是飞快地跑了。

所以，磨蹭有时只是不同步，可以耐心地等一等。

让女儿去熟读课文，她没有马上去，而是过来冲我扮了几个鬼脸。我想到，她有自己的节奏。所以，就安享她的调皮，等扮完鬼脸，折腾完，我就听到她的琅琅读书声了。

我自己是个急性子，孩子却有些磨蹭，这让我焦虑。看了维尼老师的观点后，我才变得淡定：慢有什么不好吗？人的一辈子长着呢，难道像我这样火急火燎的就一定好吗？再说了，我们总是习惯用成人的节奏去要求孩子，孩子其实有自己的节奏。一些在我们家长看来无趣无聊的事情，可能正是孩子的乐趣所在。想通了这个道理以后，我就放下了。在孩子上小学后，除了注意提醒她写作业时不要磨蹭，我没有因为她磨蹭而去责备她，亲子关系一直保持得不错。

孩子不喜欢练琴怎么办？

很多人为孩子学琴的事情而苦恼。孩子有畏难情绪，磨磨蹭蹭，不爱练琴，父母讲了道理不管用，没有办法，只好去批评、指责、打骂、逼迫，孩子带着厌恶的心情去练，更加不喜欢，结果形成恶性循环。孩子煎熬，父母头痛，亲子关系也被破坏了。

如果想让孩子坚持学下去，就要先理解他为什么不爱练琴。通常孩子不爱练琴的原因是觉得困难，没有兴趣。所以，解决的途径就是帮助孩子培养学琴的兴趣，让他学得轻松。

学琴，最好是孩子自己想学。所以，直到三年级女儿几次主动提出要学时，我才帮她找了一家琴行。先让她跟老师体验学习了五六次，实践证明她确实感兴趣，也有些小小的天赋。这位老师脾气温和、有耐心，女儿喜欢；课程设置也合理，每周有一节正课、两节陪练课；女儿也答应天天练琴。于是，支付了一年的费用，开始了家有琴童的生活。

不过大部分学琴的孩子，一开始都感兴趣，都答应坚持，但是后来所学内容逐渐变难，还要天天练习，就开始不大喜欢，不想坚持了。女儿也是如此。学"小汤一"(《约翰·汤普森简易钢琴教程1》)的时候曲子比较简单，不需要太多的练习，她表现得还不错。但是"小汤二"之后曲目难度加大，加上她对五线谱还不太熟悉，有些乐理知识也没搞清楚，于是，就有了畏难情绪，想撂挑子不干了。有时她坐在钢琴旁，磨磨蹭蹭不想动，说不想弹了。

对于学琴，兴趣是最重要的，批评可能会破坏兴趣，所以我没有批评她，而是以鼓励为主。遇到了坎儿，虽然我不懂音乐，但还是要想办法帮助她。我从网上找了孔祥东的"小汤"教学视频，她自己看着视频也学会了一些乐理知识。

记得她练习《芭蕾演员》这首曲子时，总也弹不成曲调，有些气馁。我这个乐盲勉为其难，去学着弹这首曲子，用抢着弹、跳舞等方法激发她练习的兴趣，她就这样把这首曲子学会了，曲子听起来很优美，她有些成就感，也体会到原来弹曲子没有想象中那样难啊。练琴方法上我也提了一些建议：比如可以一次只练几个小节，每个小节都练熟了，串起来就简单了。不熟的部分专门练，不必每次都把整首曲子全练一遍。孩子在学琴方法上还稚嫩，所以提供好的建议还是必要的。

不过，不久女儿还是说想放弃，但是毕竟交了一年的钱，如果能坚持下去是最好的。

孩子不想弹琴，责备她说话不算数是不管用的。首先要理解，去找原因，想办法。我分析是因为兴趣暂时受挫以及觉得困难，她也是无法控制的。所以，还是应该接纳，再想办法帮助她。孩子的兴趣不是命中注定的，既然能够产生，就能够消退，因此也能够培养。有些困难，孩子还没办法克服，这就需要我们去帮助他。

进度放慢

对于学琴，我的心态比较平和，没去考虑作为专业、特长，只是希望能培养女儿的一些音乐素质、兴趣，不是必须考到十级，所以不用着急，可以慢慢来，没必要为了赶进度而损害了兴趣。我和老师商量把进度放慢，老师很理解，同意了我的意见。暂时放慢进度，难度小了，学得轻松些，这样容易培养兴趣，打好基础。不过"慢就是快"，女儿用一年时间就学完了"小汤五"。

很多父母不顾孩子的能力和感受，一味地高标准、严要求，练习任务太多，时间太长，要求又高，孩子达不到就强迫、训斥甚至打骂，结果欲速则不达，导致孩子对练琴心生厌倦甚至深恶痛绝，离原来的目标越来越远。

先做热身

我运动之前一般都要做热身。有时本来不想动，热身之后，就有运动的欲望了。孩子不想学琴时也需要热身。每次弹琴，我都建议她先弹一些以前学过的喜欢的曲子，一方面巩固了基础，另一方面会唤起弹琴的欲望和兴趣，再去练习新曲子就自然过渡了。

现在她很喜欢弹琴，已经不需要热身了。

适当陪伴

因为有钢琴老师的陪练课，再加上我们不会弹琴，所以我们几乎不会去指导或纠正女儿什么，可以说完全不管。有的父母陪练太多，因为总能看到孩子的不足，所以忍不住会和孩子着急，常常闹得不愉快。我建议，如果孩子自己有一定能力，可以让他自己练习，家长只是适当做指导，宁肯进度放慢些，这样大家都轻松些，也不至于破坏孩子的兴趣。

但是不管不等于无所作为，我还是会适时陪伴，只不过不是监督，而是去营造气氛。

音乐会上，演员如果没有观众，想来也提不起精神，掌声一热烈，有人欣赏，演员自然劲头倍增。所以，我们会适时为她喝喝彩、鼓鼓掌，做个粉丝。有时坐在她的身旁，也主要是去欣赏她弹奏出的美妙的音乐，禁不住赞叹。

有时家里来了亲戚朋友，也会请她弹奏一曲；小朋友来，有时让她们一起玩钢琴，这样会增加她的成就感。

录音

后来妈妈也想了个主意，时不时给女儿录音，并作为手机的铃声，我们有时会抢着"预订"一首曲子做铃声。每当铃声响起时，相信她会有些成就感吧。女儿很享受这样做，录音时弹得很认真，而且也为自己的作品被欣赏、能有用而高兴。

进步和成就感是最好的老师。

帮助孩子

有时曲子的某些部分女儿不知怎么弹，于是我给她找了一个免费的老师——"五线谱播放器"。播放器不但可以播放乐曲，还可以对五线谱视觉化，这样女儿有不会弹的地方研究一下音符就清楚了。有时我们也用它来预习，在学新曲子之前，让她多听几次，熟悉了旋律，学起来会轻松些。

注重效率

开始我们商量好每天练习半小时，但女儿有时有磨蹭的现象。后来，根据她的领悟能力，我们商量好每天每首曲子只练三遍，这样早练完早去玩，所以她不再磨蹭，一般只花十几分钟就搞定了。因为任务轻松，她每次练得挺认真，效率也高，老师评价效果还不错。

讲道理

我虽然不想拿孩子的承诺来要挟她，但是心平气和地讲讲道理还是可以的。孩子自己答应过要好好学，是她自己的决定，爸爸妈妈给予帮助之后，她还是要对自己的选择负责的。

这些措施实施之后，效果不错。当美妙的音乐从她的指间流淌出来，当老师说她的进步比其他琴童要快时，她颇有成就感，慢慢地就比较喜欢弹琴了。现在我很轻松，几乎不用管，她会自觉去练习。一年学习结束后，我让她自己选择是否继续时，她决定学下去。

孩子的某些问题是父母造成的

如果父母认为问题的责任都在孩子身上，那么自然容易生气。但是，如果能去理解孩子，就会发现很多问题的根源在父母身上，可能是父母造成了孩子的问题，首先应该责怪自己，那么对孩子的火气自然就减少了。

孩子为什么不知道感恩？

"我常常会困惑孩子怎么这么不听话，为什么不理解大人的良苦用心，不知道感恩呢？所以我会对孩子大发脾气，甚至忍不住动手。"

父母所做的都是为了孩子好，就差把心窝子掏出来了，但孩子为什么不知道感恩呢？

看《悦食中国》，制盐水鸭的老陈说起他的师父时感动地哭了，当年师父对他们严厉，他们还反感，现在想想当时都是为了他们好，他们那时还小，不懂事，现在知道人是应该感恩的。很多人长大后想起年少时的不知感恩也颇感惭愧，知道当时父母都是为了自己好，但是为什么"只是当时已惘然"呢?

当然，小时候的感恩意识比较淡薄，这是普遍的情况。但有的父母没有考虑孩子的感受，虽然本意是爱孩子，却让孩子痛苦、烦躁、郁闷、屈辱、压抑，这样孩子自然不会感恩。这种爱的绑架会让孩子急于摆脱，而且可能会烦父母、恨父母，变得逆反。

想想我们自己，就会发现这是很正常的。如果领导对你管得太严，限制太多，不给你自主、自由，也许本意是为了让你进步，为了工作，但你会感激他吗?如果领导为了你的进步而训斥你让你倍感屈辱，你会感激他吗?

所以，爱孩子，还要注意爱的方式方法，让孩子真正感到爱和幸福，那样孩子自然会爱你，不会表现得不知感恩。

以前我只关心儿子的衣食住行，见他贪玩不爱学习就骂他、抱怨他，孩子不领情，我就认为他不知感恩，疑惑这孩子怎么这么不学好。孩子有一段时间心理都阴暗了。我想了很多办法也没有用，一筹莫展。后来我看了维尼老师的文章，慢慢领悟。当我自己改变后，发现儿子非常懂事，除了不爱学习，其他方面还真没什么大问题。孩子现在跟我关系很好，而且有爱心和责任心。

来访者中曾有一位初中女生的妈妈，女儿小学学习成绩极好，到了初中却变得逆反，不但不感恩，有时还骂妈妈。

有一天，我对孩子说："你成天不做数学作业，成绩会下降的。"孩子马上回了一句："你哪只狗眼看我成绩下降了？"我站了起来，说："孩子，你太不尊重妈妈了。"她说："哭啊！掉眼泪啊！"我没说什么，转头走了。

晚上快 11 点了，奶奶去看她，见她在上网，说："你不是作业没写完吗？快睡吧！"孩子马上回了一句："要你管啊？"我气得把网线拔掉了，她拿着手机就进了厕所，反锁了门。早上她起不来，我说了她两句，她冲我吼："闭嘴，出去！"

这位妈妈多年压抑孩子，现在孩子不怕她了，这是一种报复性反弹。妈妈先控制好自己的情绪，多理解、尊重孩子，缓和亲子关系，孩子感受到她的变化，就不会这样嚣张啦。

一周后。

我这几天不那么焦虑了，慢慢地学着顺应孩子。她爸爸出差，我嘱咐他每天给我发个短信，问孩子挺好的吧，我再拿给孩子看，让她知道爸爸在关心她。她有点儿不以为然，嘴上说别来这一套，但心里还是有所触动。我也只说，爸爸担心你。

我不再冲她嚷，已经有效果了。她平和了不少，有时蹦出一句狠话，我就轻轻地呶着嘴说："你又不冷静了，以前妈妈爱急，现在知道错了，努力在改，也取得效果了吧。妈妈几十年的坏毛病都能改，你能不能也试着控制一下，你这样说，妈妈挺伤心的。"她说：

"哦。"

两周后。

孩子现在愿意同我交流了，不仅讲学校的事和学习的困惑，还讲心仪的男篮帅哥……晚上睡觉前有时会要求我陪她一会儿，说心里烦，还有点儿害怕。我就陪着她，等她睡着。

其间，我有两次没控制好情绪，爆发了两次，但事后向她道了歉，她心里很明白，没有以前那么激动，有点儿冲突很快也就过去了。

孩子为什么会逆反？

孩子的问题不见得是父母的问题，但是如果孩子逆反，那背后一定有父母的问题。

孩子为什么会逆反呢？父母首先要找找自己的原因。

我女儿初三了，其实也够优秀了，可我还是希望她更加优秀，希望她样样都好。女儿稍微有点儿小错误，我就唠叨，导致她产生了强烈的抵触情绪和逆反心理，发起脾气来，什么话都说，还会把我关在门外。

我以前喜欢不停地催孩子，容易生气，导致孩子很有逆反情绪，做事磨蹭。自从看了维尼老师的文章，我慢慢地改变了认知，不再焦虑，不再吼叫，现在虽然也会提醒和督促，但态度柔和，这样孩子反而合作、自觉了很多，我的心情就更好了。

孩子可能会经历三个逆反期。第一逆反期在两岁到四岁，这一时期的孩子不那么听话了，有了自己的主意，而父母还像从前一样一味地让孩子听自己的，于是，孩子为了实现自己的愿望而反抗，这在客观上起到了提醒父母改变的作用。

以前，由于我的强势，女儿看起来挺听话。但上幼儿园之后，我发现她变了，她不再觉得妈妈说的都是对的，不再接受我的意见，只要自己想做的就一定要做。有一段时间，女儿发了三次大的脾气，明明是很小的事，但她就是要闹，好像这样才舒服。我现在知道了，这就是女儿的爆发，因为我的强势，所以她需要用这样的叛逆来发泄自己的情绪，这也无意中提醒我需要做出改变。

第二逆反期是"七八岁招人嫌"这个阶段。上小学以后，孩子感觉自己长大了，有了一些主见，但父母还是限制多，管教多，而且态度简单粗暴，孩子感觉难受，于是不自觉地反抗，再一次提醒父母应该改变了。

第三逆反期便是青春期。孩子渴望自由、平等、自主，但是父母还是像以前一样粗暴、严格、压制，于是孩子"揭竿而起"，最后父母不得不改变。

逆反是孩子自然的反应，不需要谁去教，因为孩子感觉很难受，出于本能就会用力摆脱这种困境。只不过，小时候孩子"胳膊拧不过大腿"，即反抗也可能会被"镇压"下去。但是，到了青春期，孩子变成了"大腿"，父母变成了"胳膊"，孩子不想听父母的，父母也没办法，"胳膊拧不过大腿"嘛，父母虽然委屈，虽然不高兴，也只能顺着孩子来。

成人也会逆反。

婆婆在宝宝的姑姑买家具时，不停地唠叨："孩子还小，不要买尖角的桌，要买个圆角的。"说多了以后，姑姑回应她："听得我都要烦死了，我也是当妈的人了，这个道理能不懂？我偏要买个尖角的回来！"

总而言之，孩子逆反时，父母首先需要反思自己的原因。是不是过多地限制、强迫、压制了孩子，是不是伤了孩子的自尊？逆反，总要"反"什么吧？如果父母态度平和，理解、尊重孩子的意见、愿望，给他适当的自由，凡事都和他商量，多让孩子自己做决定，孩子就没什么可逆反的了。

孩子喜欢撒谎怎么办？

看到孩子撒谎父母很容易生气，因为这涉及品质问题。尤其是强调了很多次，孩子还是撒谎，那就更让人火冒三丈了。这种火气似乎很有理由，但很多父母没有意识到，自己的教育方式可能是孩子撒谎主要的原因，不解决根源问题而一味地让孩子诚实，无异于缘木求鱼。

所以，我们需要理解孩子为什么会撒谎。

害怕被训斥、惩罚甚至打骂，不得不撒谎

一个孩子的作文《谎言带给我的苦恼》里写道："我敢说世界上人人都说过谎。谎言有善，有恶。可现在谎言已经成为我的一大苦恼。我以前为了不被爸妈骂，有时会说一些谎话，但为了不被他们的'严拷追问'查出真相，我就不得不再编出一些谎言，将之前的谎话圆上，但往往还是被查出。从此，我认识了谎言，我想戒谎，但我又胆小，怕被爸妈骂，所以始终没有戒掉……"

多么真实的感受啊！

上小学时我实在抵御不住玩的诱惑，往往还没写完作业就开始玩了。爸妈下班之后，看到我作业没有做完还在玩，往往会大骂我一顿。后来，当爸妈问我作业写完没有时，我只好撒谎："今天作业少，已经写完了。"这样一来，我只能找机会偷偷写，于是一个晚上过得很痛苦，第二天又少不了挨老师骂。不写作业真的很痛苦，当你说出第一个谎言时，就是痛苦的开始。

每个孩子天生都是诚实的，但是如果他说了真话，暴露了问题或者"错误"，等待他的是批评、惩罚甚至打骂时，学会撒谎是他"自保"的唯一方法。

所以，如果想让孩子不再说谎，父母需要首先学会理解孩子：他的错误可能是很正常，没什么的，或者有内在的原因，父母要做的是找原因、想办法。或者，错误的根源在于父母，不应该责怪孩

子。这样一来，父母就容易平静对待，不去训斥、惩罚甚至打骂了，那么孩子不害怕说真话，慢慢就会重归诚实了。毕竟，撒谎对孩子来说可能也是痛苦煎熬的。

为躲避压力而撒谎

※ 我看了维尼老师的文章之后，对孩子不再那么严格了，发火少多了，但为什么孩子还是撒谎？维尼老师告诉我，我虽然忍住不发火了，但脸上的表情会暴露一切——我还会板着脸不理孩子，他还是害怕这样的后果。有一次他考试得了七十多分，他用白纸把分数贴上，怕被我批评。回想起以前更加糟糕，那时我常为儿子不在学校写作业而批评他，他怕被我训，就编造出第四节课不能写作业的谎言。以前我批评过孩子撒谎，当时孩子哭得像个泪人似的，保证不撒谎了，但是后来还是"涛声依旧"，不由自主地撒谎。看来也怪不得孩子，如果我们不改变，孩子是难以改变的。

※ 我的孩子四岁时，经常便秘，我经常问她在幼儿园拉屁屁没有，可能她感受到了压力，害怕我逼迫她去厕所，就撒谎："我在幼儿园拉了很多软软的屁屁。"我后来发现这是我的问题，就跟她说："没有拉也没关系，妈妈只是关心你，希望你身体健康，想去厕所的时候你再去。"她就不再撒谎了，我也很少问她了。我要用实际行动帮助她，而不是用语言给她压力。

被鼓励得太少，为获得肯定而撒谎

一个男孩以前常常撒谎，究其原因，是父母过于严厉，鼓励和肯定太少，批评太多。孩子都希望得到肯定和鼓励，没有得到满足，自然"饥渴"，为了得到表扬或者让父母高兴，就容易撒谎。孩子也会编造出一些不存在的事情来显示自己的优秀，满足一下自己忐忑不安的内心。

有些小谎言是人之常情，可以宽容

突然想起自己小的时候，有一次和小朋友斗嘴，他说他家有很多作业本，我就说，我家床底下全是。现在回想起来，我笑容满面。这无伤大雅吧？谁能保证自己不吹牛，不撒谎呢？为了满足小小的虚荣心，偶尔为之没什么关系，没必要定性为撒谎。

有时两三岁的孩子还分不清真实与想象，他们常常把想象的东西和他们希望的东西当作真实的事情说出来，这不算说谎。有时孩子会为了引起我们的注意，说些不存在的事情，这可以看作逗我们玩吧。

维尼小语

我习惯给予女儿充分的肯定和鼓励，能理解和接纳她，几乎不严厉地批评她，她犯的一些所谓的错误，我觉得不过是人之常情。考试、小测验、听写成绩不理想，我不会批评，而是进行疏导，帮助她分析改进。因此，她没有撒谎的动机。说真话对她来说更轻松、更简单，不需要费心思去编造谎言，不需要心惊胆战地怕被揭穿。所以，她何必撒谎呢？

实例：孩子偷偷从家里拿钱怎么办？

维尼老师，您好。我以前总觉得男孩子要穷养才能让他知道奋斗，知道挣钱，所以不管孩子提什么要求，我都一味地反对，不会给孩子买玩具，而且上学也几乎不给零花钱。孩子毕竟是孩子，看到别的小朋友花钱就羡慕，导致他偷偷拿我钱包里的钱。每次知道后，我都会把孩子痛打一顿，可是从来不会反思自己。自从接触到维尼老师的教育理念，我不再对孩子动手，学会先问清孩子想买什么，如果觉得可以，就会给孩子买，还学会了"先说好，再说不"。现在孩子不会私自拿家里的钱了，买什么都跟我商量，而且我们的亲子关系也好多了。

有不少家长咨询孩子偷钱或偷东西的问题。有的孩子私自从家里或亲戚那里拿钱，有的把超市的东西装到自己口袋里，有的拿同学、老师的东西。我建议不要轻易给孩子贴上"偷"的标签，不过，这些行为是必须纠正的。孩子为什么会这样？细细分析，父母的教育方式往往是罪魁祸首，尤其是过多的拒绝，导致孩子的要求得不到合理满足。

我儿子上六年级，平常还是挺老实的，最近放学后常和一些同学去逛商店。有一次，我发现他私自从家里拿了五十元钱，我很生气。咨询了维尼老师，老师说："是不是一起去商店，同学都买，也分给他，他不买觉得没面子？"是啊，还真可能是这个原因，我平常对他的零用钱控制得比较严。后来和孩子心平气和地交流，果然就像老师说的，别的同学都买，而且买很多，我不给零花钱，同学给他东西了，他没给别人，只好……

如果孩子的愿望一直能够得到适当的满足，孩子可能就不会想到去偷拿钱或东西了。

儿子在小学三年级前我不给零花钱，总是想限制他。他看到同学买东西吃很美慕，人家请他吃，他忍不住也吃了。几次之后，他觉得应该也要请别人，我偶尔会答应，但常常会拒绝。我跟他说："你是一个孩子，没经济来源，怎么能老是请同学？况且，朋友不是用零食交回来的。"他答应了，但之后我发现他偷拿我的钱去请客，我很严厉地训斥了他。后来我慢慢开始放松，放学后，允许他买零食，但回家一定要吃饭。从那以后，孩子再也没有偷偷拿钱。到了四年级，我开始给他零用钱，而且会多给些，让他自己买些东西，他也会自己安排好。他现在会说："妈妈，我们要省着点儿用钱，我以后也不闹着让你带我去吃贵东西，因为你的工资也不高。"他不但说了，也真的做到了。孩子就是这样，他越是没有得到满足，就越想要，想方设法要得到；而得到满足之后，孩子反而没那么渴望了，会更懂事。

当然，得到满足的孩子也可能会偷拿钱或东西。

有个上小学四年级的女孩，妈妈对她的要求还是适当满足的，但她也会私自拿钱、买很多零食分给小朋友，让小朋友听她的，得到一种做大姐大的感觉。后来我发现父母平常对她太严厉了，肯定少，批评多，孩子内心压抑，所以，会通过这种方式得到内心的满足。一个内心得到充分滋养的孩子，这样做的动机就会少得多。

有个上小学一年级的男孩，妈妈给他买了不少文具，但他有好几次从学校拿些小文具回来，有一次拿了二十多支普通的木杆铅笔。父母问他，他说："小朋友也拿我的东西啊，所以，我就拿他们的了。"有时，孩子有些认识还是模糊的，需要我们去引导。

孩子在幼儿园时，看到别的小朋友有而自己没有的小东西，会趁人不注意装到自己的书包里背回家。开始是不值钱的小玩意，后来有一次把别人的玩具也偷偷地带回家里，我这才意识到问题的严重性。我问孩子玩具是哪儿来的，孩子说是同学送他的，我知道孩子说了谎话，但没有斥责他。我问他，是不是很想玩这个玩具？想不想要一个属于自己的玩具？他说想。我说，那妈妈明天也给你买一个好不好？儿子很高兴。我适时地问他，这个玩具应该怎么办呢？他说等明天上学时还给同学。后来儿子又犯过几次，但我都没有打过孩子一个巴掌，而是给孩子讲道理，分析事情的利害关系，甚至把三字经中的"子不教，父之过"的小故事讲给他听，我也更多地满足他的要求。用了一年多的时间，慢慢地，儿子改掉了这个毛病。

所有惩罚都无效之后怎么办？

有个上小学二年级的女孩，平常乖巧听话，但总是忍不住私自拿钱，而且说谎蒙混过关。妈妈各种严厉的手段都用上了，讲道理、批评、打、骂、告诉老师、恐吓送公安局、"坚壁清野"，孩子也多次哭着保证不再拿了，可是有时还是控制不住。妈妈来寻求我的帮助。

讨论之后，我发现妈妈对孩子太过严厉，限制多，满足少，孩子只好自己去拿钱买。比如，妈妈发现孩子私自拿钱之后给了零用钱，但要求她在账本上记下零用钱的用途。孩子怕妈妈检查账本后会批评她乱花钱，所以还是会去偷拿钱。这样一来，这个账本其实就没必要了。孩子喜欢花花绿绿的文具，但是妈妈希望她朴素、节约一些。于是，那天孩子又拿钱买了两支漂亮的自动铅笔。

妈妈说："我不是不让你用自动铅笔，而是家里有好多木头铅笔没有用完。妈妈已经跟爸爸商量好了，等现有的木头铅笔用完了，就让你用自动铅笔。"孩子哭着说："木头铅笔还有好多呢！我们以后要用钢笔、圆珠笔了，即使木头铅笔用完了，也没法用自动铅笔了。"妈妈说："可是现在就开始用自动铅笔，家里剩下的木头铅笔不就全浪费了吗？"

其实有必要这样节约吗？为什么为了几支铅笔而逼孩子去"拿钱"呢？妈妈听取了我的建议："后来我把两支自动铅笔给了孩子，她想了想，只拿走一支，跟我说搭配着继续用木头的。我挺感动的，看来我讲理孩子也讲理啊。"

人的习惯性思维真的很顽固，妈妈明白自动铅笔可以用了，但还觉得花哨的本子和零食是不应该给孩子的，所以不断有一些反复。不过，妈妈终于认识到以前对孩子的确太苛刻了。

妈妈说，以前遇到问题会对孩子吼，但是吼得厉害，只能让她更沉默，嘴巴闭得更紧。现在，妈妈学会和孩子温和地沟通，效果就好多了。

后来，孩子会主动和妈妈要钱买些东西，而以前因为怕被批评是不敢提的，这样孩子偷拿钱的动机就更少了。但毕竟已经形成了习惯，后来也出现过反复，妈妈一边改善自己的教育方式，一边反复强化孩子在这方面的合理观念，问题最终慢慢解决了。

用恐吓和惩罚没有解决的问题，用宽容、理解和鼓励，用良好的沟通方式，适当满足之后逐渐解决了。

维尼小语

有一则寓言，讲北风和南风打赌，看谁能把行人的大衣脱掉。北风凛冽威猛，可越刮，行人把大衣裹得越紧；南风徐徐，轻柔温暖，使行人自觉地把大衣脱下。南风之所以能达到目的，就是因为它顺应了人的内在需要，使人的行为变为自觉。这种以启发自我反省、满足自我需要而产生的心理反应，我们称之为"南风效应"。惩罚如同北风，虽凛冽刺骨，却让人不自觉地产生防御。您是愿意做南风还是北风？

孩子网络成瘾怎么办？

网络游戏适当玩玩，对孩子各方面发展也有些好处。不过，如果孩子玩游戏上瘾了就让人头痛了。

孩子为什么会被游戏所吸引？首先是因为游戏好玩、吸引人，另外，玩游戏在同学之间往往形成风气，如果不玩，有时感觉好像融不进去那个圈子，而且来自同学的诱惑也是不易拒绝的。

此外，还有其他的原因，比如生活枯燥无聊，有趣的事情少；缺乏肯定，缺乏成就感，只能从游戏中获得；痛苦、郁闷、压抑，玩游戏可以暂时得到解脱；孤独，从游戏中能获得伙伴……从这些角度来看，很多父母做得还不够。

所以，在预防游戏成瘾方面，父母还是可以有所作为的。

培养广泛的兴趣

如果孩子有广泛的兴趣，有较多可以玩的东西，比如运动、阅读、电影、聊天，那么游戏对孩子的吸引力自然会减少。另外，使用手机和电脑，也可以引导孩子涉猎更广泛的内容，比如电影、新闻、视频、聊天等。在孩子没有形成习惯之前，这些往往需要父母的陪伴和引导。

打造良好的家庭氛围

如果学会顺应孩子的心理，建立良好的亲子关系，孩子能从家庭生活中感受到幸福，情绪积极乐观，那么自然不必借助游戏摆脱痛苦和烦闷。另外，孩子合作了，就相对容易帮他控制玩游戏的时间。

帮助孩子获得进步和成就感

有个初中生学习成绩很差，经常玩游戏，他说："其实我对网游也不着迷，只是因为游戏玩得好会让同学们高看我一眼。"

所以，父母需要善于发现孩子的进步和优点，充分给予鼓励和肯定。另外，适时帮助孩子获得进步和成就感，那么，他就不那么渴望从游戏中寻求这些东西了。

适当满足，适当拒绝

禁止孩子玩游戏往往是难以做到的，毕竟孩子会受到同学的影响。当他提出想玩游戏时，如果一味地拒绝，也容易发生冲突。那么，可以适当满足，只是需要形成规则、约定，限制玩的时间和频率。在执行规则时，需要有一定的弹性，这样不容易发生冲突。关系好了，孩子合作了，更有利于对孩子玩游戏的控制。

※ 我儿子五岁，痴迷于《植物大战僵尸》游戏，我俩经常为此发生冲突。维尼老师建议先说好，再说不，也就是先适当满足孩子

玩游戏的需求，再和孩子约定好玩的次数和时间，执行时有些弹性；同时引导孩子在电脑上看动画片，分散游戏的吸引力。

我告诉孩子可以在电脑上看动画片时，他很高兴。我们约定他每天只能玩两次电脑——看动画片或是游戏，他也同意了。只是有时看了一个还要再看一个，游戏到时间了还想再玩，要提醒两三次才会关电脑。总体来说，冲突少多了，孩子玩游戏也没那么着迷了。

※ 我女儿上小学四年级，玩游戏上瘾，我们关系紧张，她很叛逆。维尼老师建议先改善亲子关系。那时正好是暑假，老师让我先顺着孩子来，不太管她玩游戏。过了一两个月后，孩子不大和我闹别扭了。开学之后，和孩子约定周一到周五不玩游戏，周末可以适当玩玩游戏，平常可以在电脑上看那些精彩的动画电影，孩子挺喜欢。

这样，平常她一般也不要求玩游戏了，当然看动画片时偶尔会偷偷玩会儿游戏，此时维尼老师建议我睁一只眼闭一只眼。有时孩子忍不住明目张胆地玩一会儿，维尼老师认为戒掉游戏瘾需要一个过程，所以我只是提醒，不去训斥她。

开学后一个多月，孩子也不大提电脑游戏的事了。她自己都说好久没有玩游戏了，一直在忍。

以下是一位高中孩子的妈妈的话。

　　我和儿子的冲突始于他刚上初二开始的电脑游戏。最初是限制管束，接着是疏导约定，约定执行不下去时，又开始限制管束，到最后我被孩子折磨得无所适从，孩子也满肚子的怨愤和委屈。三年来，我始终纠缠着这个问题，与孩子的关系一直很紧张。

　　咨询了维尼老师之后，我做了一些改变，效果挺好。

适当满足，适当拒绝

　　征求维尼老师的意见之后，给孩子重新购置了高配置的电脑，使孩子玩游戏不卡机更顺畅，从而节约了时间，缓解了因上网慢而产生的烦闷情绪，亲子关系也得到了一定的改善。接下来我们对游戏时间进行了商量和约定，达成了共识。

先说好，再说不

　　孩子一直希望我能给他买一些游戏道具。以前，我以游戏道具是虚拟的、没有什么价值为由拒绝了。现在我站在孩子的角度去思考，游戏角色加入了道具会增加实力，玩起来更加有趣，也更加时尚，就像现实生活中我们希望时不时换个新衣服，改变一下自己的形象是一个道理。于是我答应孩子可以适当购买一些道具，同时告诉孩子，这些毕竟是虚拟的东西，还是应当理性消费。实践证明，孩子得到一些满足后，并没有无休无止地再提要求。

约定的执行有弹性

这一点我感触最深。原来和孩子的冲突多发生在游戏时间到了，孩子还不想关机，而我往往是严格执行规定强行关机，于是一场大战就此爆发。现在遇到此类事情，我往往会等孩子把一局游戏打完再关机，其实比约定的时间只是多了十几分钟而已。时间久了，孩子也投桃报李，有时会自己估计时间，在约定时间到来前主动关机。这样我们的亲子关系大大改善，玩游戏的时间也得到适当控制。

孩子为什么会无理取闹？

如果看到孩子"无理取闹"，父母自然会很生气。但是孩子真的是无理取闹吗？

孩子看似无理，实际上往往是有原因的。可能因为孩子的想法和父母不同，所以父母才觉得无理，从孩子的角度来看却是有道理的。如，可能因为情绪不好，受烦躁、愤怒等情绪掌控的人自然是不理性的；有时是父母应对不当，如果能灵活些，顺应心理，孩子就不会这样了；有时是孩子性格有问题，比如追求完美；有时是父母教育不当，造成孩子逆反，对着干。

所以，如果能理解孩子，就不那么生气了。

和我们的想法不同

一个五岁孩子因为调皮捣蛋，大人惩罚他，把他喜欢的矿泉水瓶扔到了楼下。孩子哭了，要求大人捡回来。大人觉得不能惯着他，所以不答应。为此孩子哭闹了两个小时。这是不是无理取闹？大人觉得一个瓶子不值得如此，但是瓶子对孩子来说和手机对大人一样重要。把你的手机扔下楼，你是什么感觉呢？

情绪不好，自然不理性

有时孩子困了、饿了，情绪不好，此时就容易无理取闹，一点儿小事就会生气闹腾。比如吃饭前她闹，我明知道她是饿了，可她就是不承认，不肯吃饭，这该怎么办呢？

困了，饿了，或者刚睡醒，孩子的情绪往往不大好，而情绪不好，自然容易不理性。所以，不妨先顺着孩子来，哄哄孩子，逗他开心，等情绪好了，他又成为懂事的小宝宝了。

有一天，闺女去小朋友家玩，我按照说好的时间去接她，可是她还想玩，又多玩了五分钟还是不想走。后来她在我的催促下走了，可出门口就开始有脾气了。外面风很大，她也不愿意穿外套，还嚷嚷着："我就不穿就不穿。"我知道她是因为还想玩，可她自己答应的事还这么闹，真是气人。我当时也没太管她，路上她还是很生气，说我今天就不弹琴。我说明天老师来上课了，今天不弹行吗？她一直说我就不想弹。我知道此时多说只会让她更生气，所以只是拉着她的手，偶尔抚摩下她的后背作为安慰，这样她平静一些了。到家以后，我说前几天挺努力，弹得挺好，今天应该很快。她也没说什么，就去弹了。弹完一首，我说："哇，弹得真好！前几天的努力真有效果，明天这一首老师肯定让过。"她这会儿一点儿情绪也没有了，完全忘了刚才的事。在我的鼓励下，她越弹越有劲，后来竟然说："虽然天气不好，但我觉得今天是最美好的一天。"顺应孩子的心理，"无理取闹"的孩子就变回了可爱的宝贝。

有时需要转移一下注意力

孩子无理取闹有时是因为情绪不好，不愿妥协。儿子清明节放了三天假，作业只有写一篇题为"春游"的日记和画图。写完日记之后，儿子画图时不小心把纸张划破了。我让他重画他不干，非要粘起来交了算了。我坚持应该重新画，他就哭了，不理我，也不理他爸爸。儿子哭了好一会儿，我也觉得自己刚才的语气不大好，所以想转移一下他的注意力。我拿纸出来慢慢画，一边画一边说："白云怎么画？画个像鸡蛋的不好看，画个气球算了？谁来帮我画画白云啊？"小家伙马上把眼泪一擦，拿了我的笔帮我画了三朵白云。"画得真好！"我夸他，他就笑了，后来也就自己动手重画了，画好了就蹦蹦跳跳出去玩了。

父母死板，不会灵活变通

同一个问题，不同的做法效果完全不同。父母死板、强硬，就是教孩子倔强、无理取闹。

昨天晚上让孩子盖被子睡觉，她就是不盖，而且脱得光光的，跟她商量也不听。我说："那妈妈不理不盖被子的小朋友了。"她听了后说那我也不理你，然后自己到另一头冻着。四月的天，孩子就脱得光光的，不盖被子，真让大人伤心呀，感觉这真够无理取闹的。

再看看另外一位妈妈的做法。顺应了，孩子也就乖了。

※ 我的小孩两岁半，晚上睡觉不愿意盖被子。我开始告诉他必须盖，他的抵触情绪很大，两下就把盖着的被子踢开。后来，我就折中，告诉他小手和小脚可以露出来，但小肚子必须盖。这样他还比较能接受，等他睡着了，我再把被子给他盖好。顺着孩子来，孩子挺合作，如果用"镇压"的方式，根本压不住孩子，越整越凶，真不好对付。现在的孩子可不像我们小时候那样知道看父母脸色行事。

※ 我以前总感觉孩子无理取闹，但现在想想主要是我们没有去理解孩子。比如，孩子洗完澡希望爸爸来接她，并且要求到浴室里面接。有一次爸爸穿了毛毛鞋，我想从浴室里面抱她出去交给爸爸，她不干，因此大闹了一场。现在想想，为什么不灵活变通，顺应一下她的心理？让她爸爸换双鞋来接她又怎么啦？

孩子处于秩序敏感期时，往往会比较固执，非要按某种方式来（类似于强迫），否则他就会感觉难受，此时先顺应为好。这是孩子的心理规律。

家长的情绪影响了孩子

我脾气不好，暴躁易怒，儿子的行为和情绪总会影响我的情绪，而我的情绪又影响了儿子，如此恶性循环，结果总是"两败俱伤"。以前只知道"孩子发脾气，大人要保持冷静"的道理。一般情况下，我还能做到，但每次都是用"忍"来控制自己。有时候，我实在忍不了，就会抓狂、发怒。每次儿子无理取闹，讲道理又听不进去时，我总是很烦躁，难以保持冷静，甚至大发脾气。看了维尼老师讲解的认知疗法，我才知道是自己的认知在作祟，儿子的行为只是引起我生气的间接原因，而我的认知才是直接原因，而认知是可以改变的。慢慢地，我知道应该允许孩子有坏情绪，孩子发脾气，大人要接纳他，这样的话就比较容易保持冷静了。当他听不进道理，转移注意力又宣告失败时，我就只是安静地陪着他。这样我不火上浇油，孩子的情绪通常就较快地平复下来，也就不无理取闹了。

孩子过于追求完美

孩子上小学一年级时，只要听不懂，就会发脾气，以致影响到课堂，经常被老师罚站，我也非常苦闷。在家做作业时他对自己要求也高，比如，字稍稍写得不满意，就会发脾气；如果用橡皮不小心把字擦黑了，就发脾气；如果字写不好，涂改带用多了，整体不美观，也会发脾气；遇到数学难题也会生题的气。

有时孩子因为一点儿事不顺心、不如意而大发脾气，看似无理取闹，实际是因为对自己要求太高，有追求完美的心理。此时责怪孩子是没有用的，需要改变这种过度追求完美的性格。

孩子产生了逆反心理

如果亲子关系糟糕，孩子已经逆反了，那么孩子就会有意和我们对着干，那么自然就看起来不可理喻了。这就像我们对谁有成见，总看他不顺眼，那么和他交往时就难以保持理性了。

以前我总觉得孩子无理取闹，后来维尼老师告诉我：孩子一般不是无理取闹，都是有原因的。我冷静分析之后，发现孩子每一次的不开心，真的不是无理取闹，有时是我们太坚持了，有时是我们的火气让他不开心了，有时是他觉得哪里不顺心了。

以前孩子每次吃早饭，胃口不太好，我们硬逼着他吃，他会很反感，会推我们。现在，我说不吃也可以，只不过吃了以后就长得高，多吃一口就增强一份抵抗力，你觉得呢？如果真的不想吃，那我们可以选择不吃，妈妈不会生气的。结果，孩子还是很乐意地吃完了。所以，只要跟孩子沟通好，他也会乐意接受。现在孩子脾气稳定了，真是越来越好商量，有时也会很乖。

是压力让孩子无理取闹

我儿子上初三，快中考了，我在生活上一直用心照顾他，他也知道自己的能力水平和我对他的中考期望。最近他有过两次无理取闹，对我莫名其妙地抱怨和指责。比如怪我做家务制造出了噪声影响他学习，我便独自待在卧室安静地看书，他却又怪我躺着看书是颓废，还怪我做的饭不合他口味，问为什么我总是待在家里。其实我知道他是需要我待在家里陪着他的。我被他搞得莫名其妙，从而气愤，交流时声音自然提高，他就说能不能说话时不要用这样的语气。我的情绪继续发酵，最终我严厉地指出，是他自己有问题，却总是说我什么都做得不对。终于，他说出来了，事实是最近将要面临的几个重要考试以及我对他的期待过高让他有了很大的压力，让他感觉自己力不从心，因而心情不好。我很快理解了儿子的行为，同时温和耐心地给他分析、开导和宽慰，并把自己对他的期待又降了很多。后来他说，这下他的压力没有了，可以轻松学习了。他的心情也因此好转了。这让我认识到，孩子的一些看似无理取闹的表象之下应该都有其内心深层的缘由。作为家长，更应该冷静应对，细心分析孩子前后的变化，从而找到问题的症结所在，再想办法解决问题才是上策，不要只是一味地指责孩子。

实例：孩子，你为什么咬妈妈、打妈妈？

我儿子今年四岁了，太皮了，脾气也倔，好好说他不听。我的脾气比较急，就经常跟他来硬的，时不时打一下屁股或罚跪。最近他老是要打我，我问他为什么打妈妈，他会说因为妈妈打我了。

有些幼儿生气了会去打父母、咬父母，看起来有些"大逆不道"。这是因为娇惯吗？可父母对孩子挺严厉的啊！那为什么会这样呢？其实也不奇怪，孩子生气了，总会以某种方式宣泄，这是心理的规律。有的孩子会哭闹，有的会抽动，有的摔东西，而有些孩子生气了，就会通过打人、咬人来宣泄。所以，首先考虑的是如何不惹孩子生气，而不是禁止他生气后的行为。而孩子生气，往往是因为父母。

2012 年 10 月 31 日　咨询

妈妈：维尼老师，我孩子现在快三周岁了，有个坏毛病，总爱咬人，不高兴了，就要咬，我都被他咬了好多次。他脾气不好，一不满足他的要求，就大哭大闹。他爸爸总会打他，要镇住他；我不打他，就任他去，不理他。您认为哪种方式好些呢？不过，我家孩子有时候也蛮讲道理的，和他好好说也会听的。

维尼：看来你们对待孩子的方式都有问题。我们要学会适当满足孩子的要求，可以采用"先说好，再说不"的形式和孩子约定，执行时要有弹性。这样，孩子会愿意合作，不那么生气，自然不会咬你了。

妈妈：嗯，您的几篇相关的文章我看了，这两天也照着这么做了，非常有效果。但就是咬人这个毛病不好改。

维尼：慢慢改，只要孩子心情越来越平和，那么这个问题自然会解决的。

2012 年 11 月 13 日　妈妈的日志

孩子，你快三岁了，一天天地变得越来越能干，也一天天地越来越有自己的思想和主见，叛逆期的性格在你身上有所体现。不如意时，你会大发脾气，乱扔东西，常常把我咬得青一块紫一块的。妈妈多次制止你，也多次耐心地告诉你：不能咬妈妈，想咬时就咬沙发、咬毛巾、咬玩具。可是，你总是不听，一生气就想咬人。

最近，妈妈看了维尼老师的文章，同时和你进行了沟通，你告诉妈妈慢慢改，心情一直平和，慢慢就不咬了。维尼老师的建议和许多人不同，别人都告诉我，要严厉惩治，杜绝这一坏习惯。以前有两次我忍不住也咬了你，是想让你记住被咬的滋味。然而，你委屈地看着我，满脸是泪，妈妈心里好难过。事实证明，以牙还牙并不能真起到作用，接下来，生气时，你还是想咬人。

后来，我认真思考了维尼老师这句简单的话："慢慢改，心情平和。"我开始反省自己，妈妈没有做好榜样，在你面前和爸爸经常发脾气，甚至摔东西。你是自由的个体，我们对你的限制太多了，所以让你有脾气、有情绪了，妈妈又没有引导你通过正常的途径发泄出来。

现在我会按照维尼老师的方法来应对你执拗的表现。比如，你想吃巧克力豆，以前我会完全拒绝，那时你就会大哭大闹。而现在你说想吃巧克力豆，我会很高兴地答应你：好的，你可以吃。然后我会问你，你要吃几颗？这时你会高兴地伸出三根手指，要吃三颗，我说三颗太多了，就吃一颗，你会说就三颗，就三颗，我说那好吧，再加一颗，两颗吧，这时，你就会很高兴地接受。当你想再吃的时候，我会蹲下身说，不是说好就两颗吗？妈妈都答应你了，你也要答应妈妈啊。这时，你会深思一会儿说，可是我还想吃一颗。我想可以有弹性，就说那好吧，最后一颗。这时你会很高兴地拿起最后一颗去玩游戏了。后来，很多事情都是通过这种方式解决的。你很少哭闹了，偶尔哭闹我就转移你的注意力，很快就过去了。

　　这样，奇迹出现了，就算没有满足你的要求，你也没有再咬妈妈了，反而是你，每次哭闹完，都会对妈妈说，妈妈，对不起，你不要生气。我的内心顿时感到安慰。平和的心态在育儿的过程中是何等重要啊！

第五节　学会接纳孩子，改变自然会发生

"接纳"这两个字看似简单，却是平息火气、不满的良药。

先接纳，再慢慢改变。

每位父母对孩子都会有要求、期望，认为孩子应该怎么样，如果孩子做不到，或者与自己的要求和期望不符，就容易觉得难以接受，那么气愤、焦虑、烦闷就会随之而来。

如果父母觉得孩子"应该做到"，那么孩子做不到，父母自然会生气。但是，孩子真的就"应该"做到吗？是不是我们一厢情愿，孩子其实可能是"应该"做不到呢？

黑格尔说：存在即合理。孩子没有做到是有原因的，可能是"应该"做不到，或者做不到是很正常的。

辅导孩子学习，看到孩子不会、不懂，又忘记了，又做错了，父母往往认为孩子"不应该"如此，于是，难以接受，生气发火。其实孩子或许就只有这些能力，或者还不懂得方法，或者是因为还没有养成专心、钻研、思考的习惯，所以，出现这些问题其实是"应该"的。父母需要先接纳，让心情平静下来，再慢慢改变，孩子也会更合作。

有的孩子看起来不知道感恩。父母辛苦地辅导孩子，但是他却

不领情，不愿意接受辅导。其实孩子这样做往往是有原因的。可能是以前辅导时发火太多，导致孩子看到父母辅导就紧张、焦虑，所以才会拒绝辅导。所以，需要接纳孩子，先改变自己，让孩子慢慢体验到父母已经变得温和，那么，他逐渐就接受辅导了。

有时孩子会有一些不好的习惯，有一些心理方面的问题。比如有些孩子有强迫的症状，会反复检查，要求秩序，或者不能容忍不完美。对于这些行为，父母只能先接纳、顺应，等待慢慢淡化。如果不能接纳，禁止孩子这样做，孩子会感到很难受，反而会强化这些症状，使问题更难以解决。又如有的孩子怕黑，如果逼着孩子克服可能适得其反，此时不如先接纳孩子的怕黑，多陪伴，孩子可能在不知不觉中就度过这个阶段了。

有些孩子情绪有问题，或者性格敏感脆弱，这些问题都是难以马上解决的。我们需要先接纳，而不是去和孩子对抗，这样有助于孩子情绪的平静。如果不肯接纳，责怪孩子为什么发脾气，为什么这么敏感，一般会使孩子更加崩溃。

有时孩子一时转不过弯来，非要执拗地做某事（与安全无关，不伤害自己和他人），此时如果非要制止他，可能会使他更不理性。父母不妨先接纳孩子的不理性，等孩子平静下来，再慢慢和他沟通。

接纳，是因为改变需要一个过程，孩子目前就是如此，接受孩子的现状，不和事实对抗，这样双方都会平静下来，更加理性和智慧，之后再慢慢想办法解决问题，逐渐改变。

有一位上初三的男孩，以前各方面都不错，现在却经常逃课，不好好学习，也很逆反。我给孩子妈妈的建议是首先建立良好的亲子关系，去理解、尊重他，能够沟通、交流，这样才有可能施加影响。我说："如果你能接纳他的现状，心平气和之后，他可能会更愿意接受你的劝告。"妈妈说："知道要接纳，但是很痛苦，不愿去接纳。"是啊，本来一个很不错的孩子，现在这样的状况，妈妈自然是难过、不情愿的。但是不接纳现状，生气、着急、对立，只能把孩子推得更远。

我告诉妈妈想做到接纳，首先要理解孩子现在的状况是有原因的，其中部分是父母造成的。理解了，就不会过多责怪孩子，心情会平和些。这样才能处理好亲子关系，孩子才会合作，才能进步。不然，和孩子对抗，父母只能越来越心痛。

妈妈恍然大悟。后来她说："孩子有今天，有我自己不少的原因。以前对孩子要求太高、太严，只关注他的学习成绩，说话做事不考虑孩子的感受，也不尊重孩子自己的选择，孩子学习遇到困难也没有及时提供帮助，确实不能全怪孩子。我开始不能接受，后来想到维尼老师说的，孩子的改变是一个过程，不可能马上改变，所以，接纳现状，而长远的目标是促成孩子的改变，这样我就能逐渐不那么痛苦地接受眼下的现实，然后做到不发火，理性、平静地考虑如何去帮助孩子了。在接纳了孩子、改变了自己的态度之后，过了两周，我们的关系就好多了。"

实例：我只想找回健康快乐的孩子

儿子小时候很讨人喜欢，善良、活泼、开朗。我训他，他都是默默地哭。他平时特别听话，在学校也很快乐，受欺负也不抱怨，很快就忘记了。

到了六年级，我们想让他上重点中学，所以对他的学习抓得很紧。那时我发现他在学习上有太多的不足，为了能快速提高他的成绩，我对他很严厉。有时简单的问题他不会，我少不了挖苦、嘲笑，慢慢地，他脸上的笑容少了，我用妈妈所谓的爱把他的开朗弄丢了。

所幸儿子上了重点中学。开始时他的成绩还是班级前十名，可到了初一下学期，成绩考一次退步一次。而且儿子在学校出了很多问题，比如扰乱课堂纪律，废话太多，还欺负女同学，老被罚站，屡教不改……问题严重了，怎么办？我很焦虑，吃不好，睡不着。

后来接触了维尼老师的理念，我才慢慢平静下来。首先还是要理解孩子。自从有了女儿以后，我们忽略了儿子的感受，关心都给了妹妹。而且我经常为学习训斥、嘲笑、挖苦他，他觉得我们不关心他了，关心的是他的成绩，他难过，所以越来越不认真学习了。而且每次成绩退步，我没有安慰他，反而是一顿训斥，所以他越来越不自信。自卑让他脸上的笑容越来越少，也离我越来越远，很少和我交流，问一句才答一句。是我把儿子越推越远，几乎迷失了自己。儿子的问题与我有很大关系啊，也不能怪他。为了找回那个健康快乐的儿子，还是要接纳他，先改变自己吧。慢慢地，我改变了对他的态度，一步步走进他的内心，发现他还是那个善良天真的孩子。

在有些事情上的处理上，我也慢慢改变以前的做法。

有一次学校让交八百五十元资料费，晚上儿子打来电话，说丢了二百元钱，跟班主任借，班主任说要家长知道才肯借给他。如果是从前，我一定会在电话里训他，但是这样做，孩子会有怎样的感受呢？可想而知。于是，我先平静地安慰了他几句，就给班主任打了电话。我知道老师怀疑他撒谎，就请老师相信他，先借给他钱。挂了电话，我对儿子丢钱的事还是感到疑惑的，不知他是否真的撒了谎。但是我想，不管是什么原因，孩子此刻心里也不好受。钱找不回来了，不如先接纳孩子，再去想想怎么样把坏事变成好事。

第二天，我去了学校，感谢了班主任，然后带孩子出来吃了顿饭，钱的事情没有多说，只是安慰了一下。孩子一直低着头，没解释，看来他还是怕我责怪。我笑着对孩子说，丢钱不是很正常吗，丢就丢了，以后自己注意就好了。这样，孩子明显高兴起来了。通过这件事，我让他知道我们爱的是他，不管他做了什么，我和爸爸都是爱他、接纳他的。

经过两个多月的努力，儿子变了很多，现在回到家和我们说话多了，偶尔也跟我们说说学校里有趣的事，月考成绩进步了，脸上的笑容也多了，我很开心。

父母也要学会接纳自己

我曾被"父母是孩子一切问题的根源"这句话压得透不过气，内疚自责，然而孩子的问题依然存在，我情绪失控的情况屡屡发生，都抑郁得快出问题了。幸亏遇到维尼老师，才明白自己不是圣人，首先接纳自己，再去改变孩子。

有人说父母是孩子一切问题的根源，所以过分强调"育儿先育己"，建议父母各方面都要严格要求自己。

我对此深信不疑，开始走上了自我管理的路，对自己很严格，对家人很严格，希望能有很纯粹的高尚品质，对孩子产生更好的影响。但是这会让自己很累，真心很累：事事都要对自己严格要求，如果没有做到或者有点儿私念，就觉得自己很过分，怕被孩子发现。

如果不能理解和接纳自己，不能学会适当宽容自己，就可能不断地去挖掘自己身上的问题，压抑着自己的不满、焦虑、担心、恐惧等各种情绪，把自己批判得遍体鳞伤，一直陷在情绪的旋涡里，导致无力去解决育儿的问题。

当然，父母理解接纳自己，不是推卸责任，只是理性地看待责任。对于孩子身上的部分问题，父母负有不可推卸的责任，但有的问题父母只负有部分责任；有的问题是孩子自己产生的，只是家长不懂得方法，不知如何帮助他解决而已。人的能力总是有限的，家长对自己也不能过于求全责备。

　　比如孩子写作业磨蹭，有家长干扰太多、训斥发火、要求过高、破坏兴趣等原因；也有家长不会辅导，不知道如何帮助孩子改变的原因；同时，也与孩子自己能力不强、兴趣不高、贪玩也有关系。当然，孩子能力不强，有天生的因素（这个不能责怪父母），也与父母早教开展得不恰当有关；兴趣缺失，与父母不会培养有关系。但是，话说回来，又有多少人懂得如何培养兴趣，明白如何改变孩子的习惯呢？父母不懂、不会也很正常，所以，不必太过自责。

　　父母不应该对孩子发火，但如果不掌握消除火气的方法，只靠忍是忍不住的，调节情绪是一种很多人都缺乏的能力，控制不住情绪也算正常。即使是我，偶尔也会忍不住对女儿吆喝一声，这很正常，也是难免的。我发火之后，会先向孩子道歉，之后把主要精力放在如何进一步自我成长上面。

　　理解孩子，也要学会理解自己；接纳孩子，也要接纳自己；不苛求孩子，也不要苛求自己；放过孩子的同时也要放过自己。知道孩子有些问题是正常的，也要知道自己有某些表现也是正常的；知道孩子的能力是有限的，也要知道自己的有些错误也是能力有限所致。

　　当然，理解接纳自己，宽容自己，不是说还是像从前一样压抑、伤害孩子，自己不去学习、不去成长，而是懂得：我们的改变是一个过程，人在当下的能力是有一定限度的，给自己和孩子时间，只要今天比昨天做得好，明天比今天做得好，就可以了。

接纳自己，精神上不压抑，心静了，才有力量去反省自己、改变自己，更好地与孩子一起成长。

在我这里，对待自己和对待孩子的方式是一致的。

以前总为孩子小时候我没给她养成好习惯而深深自责，向维尼老师咨询之后，现在我也原谅自己了。当妈妈的也有成长的过程，过去的就过去了，凡事向前看，努力给孩子最好的爱。

父母无须对自己太严苛

孩子身上的有些问题与父母有关，所以父母改变了，孩子的问题可能就自然解决了。另外，育儿是门学问，不学不会，父母自己也需要成长，比如要学习情绪管理、辅导学习的方法等。从这个角度来看，"育儿先育己"是有道理的。

但是有人提倡父母要严格要求自己，成为纯粹的人，这就过头了，没有必要给自己施加这么大的压力。其实我们并不需要成为纯粹、完美、高尚的人，也不需要自身取得什么成功，就可以把孩子养育好。父母有时做不好也很正常，不必过于内疚，把精力放在反省改进上就可以了。

我自己有时也做不好，比如会说话不算数，制订的减肥计划常

常做不到；我也没有严格规律的生活习惯；在道德方面，我也没有
极致的要求；我偶尔也会对女儿发火、生气。这些不过是人之常情，
不影响我去养育女儿。我们不必苛求自己，不断地去反省、成长就
可以了。

　　要求纯粹的教育理念把父母变得无所适从，我看有些妈妈群里
面，不少人每天都在忏悔，心情很郁闷，努力提高自身的同时，还
希望身边的亲人也要变成高尚完美的人。有一点点小事，就担心是
否给孩子造成了不可逆转的影响，担心在孩子心里留下可怕的阴影。
其实真的是有点儿太过担心了。要求纯粹的理念不仅把上进好学的
父母变得神经质，也严重影响婆媳关系，制造了家庭矛盾。

第六节　父母如何平息内心的焦虑

育儿本该是一件幸福的事情，但是很多父母内心的焦虑却常常挥之不去。为什么会这样？原因很多，比如放大了事情的影响，不懂得如何解决孩子的问题，等等，其中最重要的一个原因是过于执着，而对于优越的学习成绩、良好的生活习惯的过于执着是最常见的。

家庭教育的最大障碍：过于执着

这里的执着，指对某一事物坚持不懈，不能放下。家庭教育，需要适度的执着，但是如果过于执着，就会给孩子的成长带来障碍，也是烦恼的根源。

我是一名老师，在学校对待班里的孩子既有耐心，又有爱心，但回到家里对自己的孩子就忍不住发火。只要孩子有一点点差错，我就会生气发火，尤其是每天孩子一写作业，家里的气氛就会非常紧张。于是我和孩子之间总是爆发战争，每次都是不欢而散。

为什么我对朋友、同事脾气都很好，到了孩子这里，脾气总是无法控制？说起来都是小事，但心里的火直冒，怎么都忍不住。

原因可能是多方面的，但是，最普遍、最深刻的根源就是：太在乎，对孩子过于执着。把一些事情看得太重，想淡定也难啊！对其他人则没有那么执着，对其他事情不是那么在意，能顺其自然，于是，脾气自然不大了。

在家庭教育中，适度的执着是需要的。我成长的那个时代，大部分家长不大管孩子学习，孩子"喝汤"还是"吃肉"要看自己的造化。这样虽然减少了内耗的痛苦，但不利于孩子发挥潜能。所以，如果父母有能力，还是需要适当坚持和努力，去帮助孩子更好地成长。

而现在很多父母则走向另一个极端，生怕因为自己而使孩子失去了"优秀"的机会，把什么事情都看得很重，从而过多地压榨孩子、逼迫孩子。父母过于执着，自然患得患失，忍不住生气、发火，结果和孩子关系紧张，内耗过多，不但大家都痛苦，还阻碍了孩子的成长。

过于执着的影响无处不在。

比如执着于孩子的生活习惯，如果孩子偶尔不按时睡觉、不刷牙、吃饭不专心、不想洗澡，就会上纲上线，放大事情的影响，今天没做好，是否以后都做不好？小事不养成好习惯，遇到大事怎么办？生活上不养成好习惯，怎么会有好的学习、工作习惯？这样一来，生气、发火就难免了。

又如一定要把孩子培养得优秀，一定要考上重点高中、重点大学……有这样的目标是正常的，但"一定要"就过于执着了，让自己压力很大，情绪自然难以控制了。

我毕业于一所师范专科学校。一直以来，我把没有考取名校当作人生的憾事。我坚信只要足够努力，考上名校不是一件难事。所以，从有孩子起，心中就有了一个坚定的目标，认为把孩子培养成功就是我最大的成功，也是最大的幸福。但是我太执着了，情绪化严重，学习上要求孩子尽善尽美，看到孩子一点儿毛病就焦虑恐惧，上纲上线；看到一点儿成绩就欣喜若狂，无限自豪。上初中时，孩子的缺点被我无限放大，焦虑和恐惧充斥着我的内心，自然难以控制自己的情绪，严厉之下造成了孩子逆反。上初二时，孩子迷上了网络，开始和家长、老师对抗，最后辍学了。

有的父母总是急于改变孩子，恨不得孩子马上优秀，问题马上解决。这也是过于执着。其实孩子的进步需要一个过程，有反复，有不如意的状况，是正常的。

我前年在教育孩子上还不知所措，总想让孩子一下子变得很优秀。其实不是孩子不优秀，是我自己钻到一个死胡同里，内心有说不出的痛苦，天天都想哭，那种焦躁不安真是折磨人。还好，我后来慢慢地调整心态，意识到孩子不会一下子变得很优秀，我需要慢慢地帮助他，尊重孩子，考虑他的感受！

引用《斯宾塞的快乐教育》一书中的一句话：教育与自然万物的生长规律是一致的，必须宁静、和谐、渐渐地发展，耐心地等待。

相反，太过剧烈的变化和过于急切的要求，都不可能起到好的教育效果。

维尼小语

　　教育不必只争朝夕，可以慢慢来。放下过多的执着，心才能静下来。减少了内耗，再和孩子一起去努力，结果可能会更好。

不必对培养"好的生活习惯"过于执着

　　好的生活习惯对孩子是有益的，所以需要努力帮助孩子培养。但是如果过于执着，把生活习惯看得太重要，放大了没有养成好习惯的负面影响，那么就是焦虑、愤怒的开始，就是冲突的来源。

　　※ 我以前为了让孩子养成自己收拾东西的习惯，要求孩子玩完了玩具必须自己收起来，每次孩子不想收或者要求我帮忙时，我都会断然拒绝，结果都是孩子哭、我生气。有时孩子不想收，我就威胁把他的玩具扔到垃圾桶里，孩子这时会哭着把玩具收起来。现在想起来觉得自己好残忍啊！

　　晚上孩子喝了牛奶，不肯刷牙，我硬抱着她到洗手间，强硬地帮她刷牙，她死活不肯，无奈之下，只好放弃，我们都是一肚子气地上床了。

孩子上初二了，我俩经常会为一些所谓的生活习惯问题较劲，两败俱伤。

※ 我小时候，我爸经常会因为我把饭弄到桌上、水滴到地上而对我大声喊叫，我心里对他充满了厌恶。

好的生活习惯与优秀的关系大吗？

父母为什么会这样执着？很多人认为生活习惯不好，会影响到孩子将来的优秀和成就。比如，如果连刷牙这类事情都不能坚持，那么是不是什么事情都能随时放弃？生活上不认真，那么学习、工作怎么认真？小事不养成好习惯，遇到大事怎么办？如果把一件小事的影响想得那么深远、那么严重，自然会焦虑、纠结了。

然而，事实并非如此。生活习惯虽然与学习、工作习惯有一定的联系，但是联系并没有那么大。

比如很多"985"学校的大学生的生活习惯看起来很一般或较差，但是这并没有影响他们学业上的优秀。再说说我自己，生活习惯比较随性一些，不大讲究，舒服、自在是我比较在意的，但这并不影响我学习、工作的认真和坚持。再看爱因斯坦，他是以生活上的不拘小节闻名的，但这并没有妨碍他工作上的严谨，也没有影响他取得成就。

有人说：一屋不扫，何以扫天下？连自己的卫生问题都解决不了，如何成大事？可你知道吗？爱因斯坦、乔布斯、马克·吐温、扎克伯格都有一个共同的特点，那就是他们的办公桌面都是凌乱的，不整洁并没有影响他们成为各个领域最杰出的人物。

看来，好的生活习惯与优秀或成就没有必然的联系啊！不是有了好的生活习惯就一定优秀，优秀的人也不一定有好的生活习惯。

好习惯重要，但好的亲子关系更重要

有的父母会一遍遍地催促孩子睡觉，接着升级为一声声呵斥，最后，孩子在哭泣中睡着了。试问，晚睡点儿比孩子的感受还重要吗？有的孩子不爱洗手，父母把孩子硬拽过来逼着洗，搞得孩子很烦躁，难道有一点儿不讲卫生比心理健康还重要吗？孩子时间观念不强，吃饭、穿衣服、写作业前会磨蹭一会儿，引发河东狮吼，说不准还要挨一巴掌，那几分钟的时间，比孩子的感受还重要吗？

一位妈妈在孩子弄脏衣服之后发了火，孩子问妈妈：是我重要还是衣服重要啊？这话听了让人心酸啊！

很多父母执着于孩子习惯的培养，为此破坏了亲子关系，让孩子痛苦、压抑，得到的和失去的，孰轻孰重？

好习惯也不能说不重要，但不要太执着，给予孩子爱的滋养更重要。就像小树苗一样，要是给它足够的空间、阳光、水分等生长必要的因素，自然就会根深蒂固，长成大树后就能抵抗大风大雨。孩子也一样，心灵吸收到足够的营养后，才会有足够强大的内心面对长大后的各种问题，这比那些习惯要重要得多。

　　放下对习惯的过度执着，有助于培养良好的亲子关系，孩子会更快乐、更合作。

　　※ 我要求儿子天天洗澡，好好刷牙洗脸，按时入睡，结果孩子为此很压抑，再加上其他原因，就变得很逆反。维尼老师建议我让他随性自在些，有时可以不洗澡，可以不洗脸刷牙，可以晚些睡，结果他愉快多了。现在想来，如果以伤害孩子心灵为代价来养成这些所谓的好习惯，太不值得了！

　　※ 一年前，我和女儿因为她的学习而冲突不断，隔几天就会有一场战争，从起初的顶嘴到后来的肢体冲突，敌对情绪不断升级。我最看不惯她个人卫生一塌糊涂，常常因此吵得不可开交。女儿认为我没必要管她的房间，又不是我住，而我则觉得要养成好的生活习惯才会有好的学习习惯。后来学习了维尼老师的理念，我不断反思自己，现在可以接受她的房间不整齐了，也可以容忍她偶尔买点儿垃圾食品了，这样我和孩子的对立得到了改变。回过头看看，房间乱点儿有什么关系呢？在这些方面先放低要求，亲子关系搞好了，学习上的冲突也少了。

　　※ 去年的这个时候，我女儿是一个敏感脆弱的小女孩，每天上幼儿园都要闹情绪，成了班里最爱哭的人。老师头疼，我焦急，有

些小朋友甚至都不想跟她玩了。后来，我认真读了维尼老师的文章，才发现女儿的坏情绪大部分是我造成的：我对女儿的各种习惯都有着高要求，尤其是在吃饭方面，她几乎每一餐都是哭着吃完的。女儿从小吃饭就慢，我又要求她吃快些，还要自己吃完，她没有做到，我就批评她，一批评她就哭，那时候女儿才满三岁。因为我处处管着，所以女儿对我的感觉是害怕，而不是相信。从此我开始改变，不再处处管着她，吃饭偶尔会喂一喂，陪她自由玩耍。就在过年的那一个月里，女儿有了很大的转变，过完年开学，她只在第一天小哭了一会儿，之后每天都很开心地上学。女儿的班主任说女儿的改变让她感到惊喜，舞蹈老师说女儿好像一下子长大了，各方面都很懂事。

努力培养孩子的好习惯，但要对结果顺其自然

如果能够培养某些良好的生活习惯，自然对孩子也是有些好处的。所以，父母需要努力去帮助孩子培养好习惯。但是，不用着急，对结果也可以顺其自然。

有人说："三岁看小，七岁看老。"很多父母认为一定要早早养成好的生活习惯。但是，几年内没有培养好，又有什么太大的影响呢？

三岁没有养成的习惯，四岁可不可以养成呢？七岁前没有养成

的习惯，十七岁养成了，损失很大吗？教育孩子是一个漫长而自然的过程，三岁、四岁正常，四岁、十岁受到不良影响，依然可能变坏，而三岁、四岁不理想，五岁、九岁经过一系列帮助和修正，依然可能变好。孩子成长的每个时间段都非常重要，但每一个时间段，都起不了绝对的决定性的作用，每个阶段都有机会。

专家说，孩子最好在晚上 9 点前入睡，曾经数年，我为孩子的睡觉问题伤透了脑筋，孩子却睡得越来越晚，有时甚至超过 12 点。专家说，孩子最好从小培养有礼貌的习惯，于是我曾经循循善诱，让孩子见了大人就问好，结果，勉强之下，孩子越来越害羞，越来越怕见人，甚至家里来了客人，都躲在卧室不敢出来。所有人都说小孩子要多吃点儿蔬菜，这样身体才好。结果我的孩子在我的万般利诱之下，不但不吃任何蔬菜，而且和同龄孩子体重的差距越来越大。那些年，我疲惫焦虑至极，无数次想自杀。然而接触了维尼老师的理念后，我突然明白，这一切不过是我们的执着而已，我们有了先入为主的目标之后，很容易给自己和孩子压力。用同样一个模子去套万般不同的孩子，怎么可能会得到同样美好的结果呢？发现孩子的优点，鼓励孩子的长处，是否比执着于补短更容易、更开心、更有成就感呢？

放下执着之后，孩子不睡，我自己睡，只是早上定时叫他起床，或许他宁愿接受早上的难受，也要享受晚睡的快乐。这是孩子自己的选择，好吧，我接受。孩子不吃蔬菜，我也不再有任何勉强或劝说，只是告诉他吃蔬菜的好处，他偶尔吃了蔬菜，我就积极鼓励。孩子怕见人，我不再劝说，而是给他适应的时间，一般对不太熟悉的人观察一两个小时后，他也就愿意和对方交流了。和大人一样，每个孩子都有自己过不去的坎，面对这些坎，孩子需要的是理解、支持，而不是家长的一味拔高。

每个孩子都是不同的，人家孩子能轻松养成的习惯，对于自家孩子来说却很难，所以不必太勉强。

生活习惯在引导之后，可以慢慢等待。

让孩子两三岁时独立吃饭、穿衣可能有些困难，但是到了五六岁就自然可以了。有的孩子小时候不爱吃蔬菜，长大些自然会有所改善。洗脸也是如此，孩子小时候可能不太爱洗脸，但是只要看起来干净，也就没有太大的关系，等到了青春期，学会了爱美，就自然会把脸洗得干干净净了。

白雪在育儿方面很有方法，但她也有自己的苦恼。

有很多事我怎么努力也做不到。我女儿有挑食、偏食的习惯。在她两三岁的时候，我为此软硬兼施。有一天，她吃一样不喜欢的东西，突然想吐。这时候我才好好反思自己：女儿胃口天生就不太好，而且每个人都有不喜欢吃的食物，我为什么要强求孩子呢？没有哪些食物是必须吃的，只要注意营养均衡就好。我现在不强迫女儿吃饭，虽然她现在还会挑食，但比原来好多了。我要做的就是多做她喜欢吃的，注意营养均衡。

为什么可以顺其自然，这是因为是否培养成所谓的好习惯，结果其实差别没那么大。

很多父母把是否养成良好生活习惯的结果差别看得太大。比如，养成良好的卫生习惯很好，没养成就糟糕；按时入睡很重要，否则会影响孩子的身体、智力、情商；做家务多么有用处，而不做家务孩子前途就堪忧；及早分床睡有利于培养孩子的独立性，分床晚了就对孩子发展不利……很多父母从一些书籍、文章中看到类似观点，就奉为科学、真理，却从来没有好好思考一下，真的是这样吗？

其实，良好的生活习惯固然有一些益处，但是暂时没有养成也没有太大的关系。比如，爱整洁、爱收拾固然不错，但是也容易形成洁癖；东西凌乱，懒得收拾看起来不太好，但是孩子觉得舒服自在不也可以吗？何况，孩子长大了，还会有一些变化的。不爱收拾的可能会变得爱整洁，习惯于整洁的可能会变得随意。我有一位同学，大学四年勤于整理，天天把被子叠成豆腐块，大学毕业之后结婚，从此再也不叠被子了。

有时什么是好习惯也没有标准答案。比如一般人认为吃饭时要专心，但是一家人边吃饭边聊天也挺好的，其乐融融。尤其孩子到了初中，平常没有太多聊天的时间，那么饭桌上的交流就显得宝贵和必要了。

即使养成了好习惯，偶尔放松一下也没有太大的关系，这还能给孩子一些自由自在的感觉。比如快餐吃多了不好，不过偶尔吃吃也无妨；尽量不要太晚入睡，但偶尔放纵一下也没问题；睡前应该刷牙，但有时想偷个懒也没啥；尽量节约，但有时浪费一点儿，问题也不大；平常讲卫生，但偶尔没那么讲究也没事。

当然，凡事不能过度，如果习惯太不好，比如长期睡得太晚、卫生太差、边吃饭边玩，还是需要有所改变的。

关于入睡：是按时入睡还是顺其自然？

很多父母希望孩子养成按时入睡的习惯，就规定他们晚上 8 点半或 9 点睡觉。到了时间孩子不想睡，父母就着急了，逼着孩子去睡，所以争吵因此而起，父母甚至训斥、打骂，大家都不愉快，最后孩子含着泪花睡去了。有的孩子即使听话去睡了，心里也是老大不情愿的。上了床，因为不困，就会翻来覆去很长时间也睡不着。这些负面的影响可能会抵消早些睡觉带来的好处。

为什么家长会要求孩子必须按时入睡呢？

上网查一下就会知道，网络上对规律作息的支持几乎是一边倒。所谓的"科学育儿"这样说：规律作息关系到幼儿智力、身体、情感、认知、行为的发展，保证充足的睡眠对于幼儿发育至关重要。对于上学的孩子，妈妈们还怕孩子睡眠不充足，不能按时起床，吃不好早饭，影响第二天上课和学习。

按时入睡真的那么重要吗？

我做过一个小调查，有 64% 的孩子能够按时入睡，但是 36% 的孩子按时入睡困难。这些入睡困难的孩子在身体、智力、心理的发育上未见明显异常。所以，是否能按时入睡，差别并不大。而且孩子也会自动调整，今天睡得晚，明天可能就早些困了，自然睡得早。另外，孩子各不相同，有的精力旺盛，能玩到晚上 11 点，第二天早起也没事，如果逼着他早睡，那么对他来说也是一种痛苦。

我要求女儿晚上 8 点半上床，那时孩子还不困，经常折腾半个小时才能睡着，看着就让人难受。这样睡觉就对她造成了压力，甚至是压抑。

要求孩子按时入睡，还可能造成失眠。我咨询过一些成人的失眠案例，一个常见的原因就是按时上床，但是不困，又觉得必须按时入睡，睡不着就开始着急。而睡眠最需要内心的宁静，所以更睡不着了，这样一来，容易导致失眠。避免失眠最好的策略就是困了再睡，睡不着也顺其自然。

所以，我的建议是，可以先培养一下试试，如果孩子能较轻松养成按时入睡的习惯当然不错，但是如果孩子按时入睡困难，可以顺其自然，等他困了再睡，这样他上床后就很快睡着了。

※ 我儿子上初中，以前我对孩子要求严，要求他天天洗澡、洗脸刷牙，催着他写作业，之后还要求他按时入睡……结果孩子经常

在床上辗转反侧一两个小时也睡不着，孩子逐渐变得很逆反，心理也出了问题，有时说活着一点儿意思也没有。维尼老师建议我在这些方面放开些，孩子不想洗澡也可以，有时不洗脸、刷牙也随他去，晚些睡也可以，作业放手让他自己安排。孩子晚上忙活到11点，一上床很快就睡着了，和以前入睡的时间也差不多，作业也还是在以前那个时间完成。这样孩子心情愉快，逐渐就不逆反了。

※ 我家孩子从小到现在六周岁了，一直睡得比较晚，最早也要晚上10点，最迟要凌晨一两点，而且都不午睡，她的精力真的是非常旺盛。我们也不怎么催，因为催了也要一两小时才能睡着，不如等她玩够了再躺下去一会儿就睡了。我们只是会告诉她周一到周四和周日晚上要早睡，周五和周六晚上可以迟点儿，这点孩子倒是挺自觉的，都是挺开心地睡着的。

※ 我家孩子现在最早睡觉也要晚上10点多，如果不催的话，可以一个人看书到12点多。我曾经每天晚上为了定时睡觉与孩子扯皮，每天晚上争吵，常常强制关灯，结果孩子在床上还总是睡不着。后来，到时间我自己睡了，不再勉强他睡觉，告诉他想睡了自己关灯睡觉。孩子很开心，大人也轻松，其实将权力完全交给他了，他并没有晚睡多少，反而比我们催的时候更早一些。后来我想明白了，既然人都有不同的生物钟，有人喜欢晚睡，有人喜欢早起，又何必看着人家孩子八九点睡觉，就为自己孩子着急呢？

不过，经常睡得太晚也不大好，所以，可以想些办法。比如睡前避免玩得太兴奋；如果睡不着，听一些有声读物故事是不错的选择，这样不仅有效地利用了这一段时间，而且能让孩子心情安静放松，注意力在故事上就不会胡思乱想，有助于较快入睡。

努力培养孩子的自理能力，但不必太勉强

很多父母重视培养孩子的自理能力，比如做家务、自己的事情自己做，这自然有一定的道理。但是很多父母过于执着，常常因此发生冲突，影响了亲子关系。这往往是因为夸大了自理能力的长远影响，好像孩子现在自理能力不行，将来就会好吃懒做，就不能吃苦耐劳……其实未必如此。

小时候自理能力不强，不代表长大后独立自主性就不行；小时候做家务不勤快，长大了未必不爱做家务，工作未必不勤奋。

我进行过一次调查，发现小学前的孩子大部分爱干家务；小学只有 50% 的孩子爱干家务；到了中学，80% 以上不爱干家务。小学前爱干家务，大部分是出于新鲜感，觉得有趣，而家务毕竟比其他事情枯燥些，所以到了中学自然不太爱干了。

我还做过一次调查，发现目前的妈妈们有一半爱干家务，但是不爱干家务的大部分妈妈也能尽到自己的责任。这些所谓娇生惯养的"80 后""90 后"，这些在中学时大部分不爱做家务的女孩，做了妈妈之后自然能担当责任，干好家务。爸爸虽然家务做得少，但是

在工作上吃苦耐劳的程度也并不比妈妈逊色。

家务能力固然需要引导、培养，但其实对孩子的负责精神、勤奋未必有那么重要的影响，所以，顺其自然地培养就好，不必勉强、执着。

当然，走到另一个极端，父母什么都代劳也不好。

我是"80后"，小时候在家里被父母宠着，父母能代劳的一定不要我插手。我上大学的时候也是走读，基本没有过纯粹的集体生活。开始没看出什么差距、问题，但是一到工作岗位，问题就来了：人家那些从小自立性强的孩子觉得不是问题的问题，到了我这里却成了大问题。生活的锻炼让他们对于一些工作、生活的事情驾轻就熟，但是没有经过什么生活磨砺的我却对此一知半解。

所以，我们需要培养孩子的自理能力，只是需要对结果顺其自然。我建议的原则是，需要引导孩子做家务，学会必要的技能，重点利用兴趣、培养兴趣。比如小时候对家务感觉新鲜，可以抓住时机多锻炼孩子，让他学会干一些家务；长大了，则可以用一起做家务，边做边聊天的方式带动孩子。至于做多做少并不是关键，是否形成习惯也可以顺其自然。

女儿是一岁半左右开始帮我们饭后端空盘子的。这个过程中她只打碎过一个盘子，虽然每次端盘子都把姥姥看得心惊胆战的。她还喜欢和我一起扫地，有时属于捣乱型，但是我一直保留她此项权利。我最喜欢她帮我拿拖鞋，服务很周到。一直以来，关于干家务，我没有刻意地去培养她，只等她兴趣来了顺势引导一下，目前只是作为一种生活体验，她愿意就做，不愿意也不强求。不想为了培养某种行为习惯去执着地要求孩子。就像维尼老师说的，顺势而为，静待花开。

维尼小语

　　我对女儿做家务没什么硬性要求，只是有时鼓励或邀请她干些活儿，她愿意做就做，不愿意做就算了。因为没去逼她，她有时积极性、主动性还挺高。自理能力的培养也需要有个过程，以前削铅笔她叫我们帮忙，现在不知不觉之中她自己就干了。虽然现在家务干得不多，但她每次都开心、感兴趣。

　　如果太勉强孩子，甚至逼迫孩子，那样会破坏亲子关系，让孩子讨厌做家务。

　　从小我妈就让我自己擦我房间的地板，还得蹲着用抹布擦，不让用拖布。我现在三十岁了，仍然很讨厌擦地板。

　　不勉强孩子，亲子关系好了，孩子容易合作，有时反而更容易培养自理能力。

我家孩子上中学，不爱做家务，自己的房间可以说是脏、乱、差。其实我从小就很重视孩子自理能力的培养，没少为这些事和孩子较劲，再加上其他事情，结果孩子逆反，更不干啦。维尼老师建议我先不要为这些事和孩子闹别扭，先从各方面多顺应孩子。后来亲子关系大为改善，我再让他帮助干些家务，他反而痛快地做了。

孩子的内在独立比外在独立更重要

喜欢独立是孩子的天性，到了某些时段，不想让他们独立都不可以，所以，我们只需要缓慢而优雅地帮助孩子自然成长就可以了。急什么呢？可以慢慢来。"自己的事情自己做"固然不错，但有时父母帮帮忙也未尝不可。比如，有一个广受批评的现象：放学时家长帮孩子背书包。有时我去接送孩子，也帮女儿背书包，感觉没什么啊，现在孩子的书包沉重，我身强力壮，帮她背着又如何呢？这也是传递我的关心和爱护啊！女儿也没有因此就娇惯了，当她自己背着书包，上学、放学时，从来也没啥怨言。

很多人认为孩子的独立性很重要，所以对此过于执着。我则认为，能够顺利培养独立性当然好，否则也不要勉强，可以顺其自然。

比如喂饭的问题。

我家宝贝今年两岁半了，总是不能独立地吃完饭。开始吃的时候，自己吃，后来剩下的就想让人喂。昨天爸爸因为这个罚了他两次，还打了他的手。

我们努力引导孩子早些开始独立吃饭，但是孩子各不相同，有的很快能学会，有的则需要等几年。其实，可以顺其自然。两岁半的孩子还需要喂是正常的，四五岁的有时喂喂也无妨，急什么呢？偶尔喂饭也没什么大不了的，大了自然不要你喂了，这与孩子是否优秀关系不是那么大。

我家女儿九岁了，她有时胃口不太好，吃不下时，我还会喂一下，这样她心情好一点儿，吃得也挺快的，好像难吃的也变得很好吃一样，大口大口地吃个精光，还增进了亲子关系。

小朋友之间经常会有矛盾，有人说，让孩子自己解决去。没错，需要给孩子自己处理矛盾的机会，但孩子不是一下子能学会处理矛盾的，也没有能力处理所有的矛盾。发生矛盾后，完全让孩子自己去摸索解决是不合理的。开始需要父母教给孩子如何去做，有时也需要家长出面。

维尼育儿经

我女儿在学校遇到过几次问题，一个小男孩总揪她的辫子，有一个总给她起外号，她不高兴，我教给她了一些处理方法，但是不起作用。所以，我在放学的时候，找到男孩，蹲下来和气地跟他说了说，这些问题就解决了。

女儿上一年级时，有个小男孩老是掀她的裙子，女儿为此哭过好几次。我当时生气地想给他家长打电话告状，后来一想，孩子嘛，根本不懂这样做有什么不好，于是找了个放学的时间，轻轻告诉他，不要和女儿再做这个游戏了，女儿不喜欢，这事竟轻松解决了。

有时我们需要放手让孩子自己应对困难，但是有时需要去帮助他。

儿子换了幼儿园，每当他遇到困难时，我不再像以前那样逼他去和老师沟通了。我在和老师沟通的时候会告诉他："妈妈做个示范给你看，好吗？"一次两次的示范，加上老师的鼓励，儿子也能慢慢地和老师沟通处理一些问题，从开始连教室都不肯进去，到现在能和小朋友开心相处了。

孩子大了，自然会独立，想拉也拉不住。

维尼育儿经

每周五我都接女儿和好朋友小周回家。上三年级时，我把她们送到公交车站，提议她们自己坐车回家，然后我去下车的地方接她们。她们觉得这样新鲜，很高兴。后来，她们独自坐车上瘾，只让我把她们送到车站，不让我去接了。女儿喜欢黏着妈妈，我们也随她去，觉得没什么关系。国庆节我们去崂山玩，女儿一路上兴致盎然。到后来，她自己在前面带路，把我们甩在后面，想叫她停下来跟着我们，也不听了。

以前儿子总跟在妈妈后面，妈妈干什么都跟着。但是从七岁开始，他表现出很大的独立性，比如去做什么之前会先问——去哪里？我们要给他解释清楚行程，他觉得有意思的才会去，如果觉得没有意思，即使他一个人在家，他也愿意自己待在家里。今年夏天去爬长城，他一个人走在最前面，没有说过要抱着或者走不动不走的话。这么大的孩子已经很想挑战看起来有点儿难度的事了，此时，我们顺势鼓励，满足他的成就感，这样孩子会更有信心独立完成更多的事情。

我对于培养独立性采取顺其自然的态度，但我一直注重给女儿自由，多让她做主，尊重她的想法，所以女儿内心的独立性算是不错的。

但是有的家长着急培养孩子的独立性，注意分床睡，培养孩子干家务，让孩子自理，却不给孩子自由。他们严格限制孩子，让孩子听话，却不注重孩子内心的独立，这真是自相矛盾的做法。正确的做法是，注重孩子内心的独立，外在是否独立，顺其自然！

我父母就是这样做的，所以我觉得自己内心独立早，长大后也非常独立。

不必急着分床睡

所谓的"科学育儿"理念大都提倡分床睡，而且越早越好。有人说，为了避免助长孩子的娇气，应该从小就开始培养他的独立性，最简单的方式就是从分床睡开始，而且应该越早执行越好，父母千万不能因为孩子夜里醒来会闹就妥协。

这类观念只考虑了独立性，没有考虑安全感和亲子关系，所以不见得科学。

※ 五岁时尝试分开独睡，但不成功，搞得大人、小孩都神经兮兮的。

※ 孩子快五岁了，我跟他说已经是大男孩了，应该自己睡了。他经常半夜来找我，我能感觉到孩子还是惧怕黑夜的。

如果孩子主动要求或轻松同意分床睡，那顺水推舟就可以了，但孩子不情愿还非要勉强他单独睡，就会损害安全感。

孩子为什么不喜欢分开睡呢？是因为他觉得在妈妈这里安全、温暖，给他很好的安全感，自己单独睡会害怕黑暗。孩子各不相同，没有必要在时间和方式上搞一刀切，可以顺其自然地去引导，等孩子不怕黑了，心智发展到有独立需要时，他自然就会独立了，而充足的安全感会使孩子内心更强大、独立。

培养独立性其实不用着急，顺其自然就好了，就像说话和走路一样，不用着急，自然引导，迟早会具备，将来父母即使想拉住孩子不放，孩子也是不愿意的。

※ 我儿子四岁了，天天跟我一起睡，孩子晚上怕黑是正常的，不要强迫分床睡，我很享受跟他在一起睡。现在不分床睡，他也很独立，什么事都自己做。

※ 我的女儿上小学四年级了，还和妈妈一张床，我们没有强迫孩子单独睡。其实孩子陪我们的时间并不多，孩子愿意和妈妈一起睡就珍惜这份幸福吧！

※ 记得从女儿三岁起，我们就开始着手分床、分房。不夸张地说，分分合合分到六岁都没有完全成功。2012 年初，考虑到她快要上小学了，我开始因为这个事情而变得更加纠结、烦躁、焦虑，当时我下定决心，无论如何都要在 9 月 1 日前分床成功。有时候她晚上哀求我们陪着入睡，我也会狠心不答应，看着她哭着入睡，其实心里不知道有多难受。直到后来看到维尼老师关于培养孩子独立性的观点，我才释怀。我想起自己小时候不是照样跟爸爸妈妈睡到七八岁吗？从那以后，我就安安心心地把她的小床放在我们房间了。

到了小学一年级下学期开学前，她就真正独立睡觉了。但是偶尔周末，或是她爸爸出差，或是看了情节紧张的电影，我还是毫不犹豫地答应她跟我们一起睡。这有什么呢？

※ 与维尼老师的接触恰好在我育儿的困惑期，因为分床问题我和女儿发生了冲突。分床前进行了很多酝酿，比如带她自己选床，讲小鸟长大了要独自飞等故事，她答应要独自睡，但真的执行起来十分困难。最厉害的一晚，她睡到后半夜醒来，要求到我们床上来，我坚决拒绝，结果她就不睡了，边哭边拿本书看，我也很生气，僵持着。女儿从小各方面都还不错，分床却这么困难，难道是我对女儿太娇惯？所以在分床上我更不让步了。那段时间我焦头烂额，把自己的教育方法都否定了。后来看了维尼老师的文章，反思自己在分床上犯了冒进的错误，在放下执着之后，我释然了，对孩子就不那么着急了。调整了做法，比如让她睡上铺（她选的高低床），我睡下铺，比如一周挨大人睡一次，慢慢就好了。

不要逼孩子打招呼

很多家长都很重视孩子是否有礼貌。为什么要有礼貌？道理很简单，尊重别人才能得到别人的尊重。而且，人们一般也愿意帮助有礼貌、尊重自己的人。所以，有礼貌对我们是有益的。

不过一般人所说的有礼貌，其实是指要有礼节。夏山学校的尼尔校长说："有礼貌的实质是能设身处地地为别人着想，不允许伤害别人。有礼貌是真的有修养，而礼节是礼貌的皮毛和表面装潢。"所以，在夏山学校里，孩子们习惯于一视同仁的气氛，不过分注重礼节。

我们不必照搬夏山学校的做法，不过从这个角度来看，礼貌是需要的，而礼节更多的是一种个人的选择。有礼节不错，不表现出礼节也没关系。就像小朋友见面向我问好我觉得挺好，孩子不愿意问好我觉得也无所谓。当然，如果表现得很没礼貌，比如骂人、说话很难听，自然也是不好的。

注重礼节的事情，顺其自然地去推动就可以了，为了家长的面子而强迫孩子，就没有必要了。

小时候我会逼迫孩子去问好，结果孩子对与人交往产生了恐惧，见到别人要躲着走，最后成了一个心理问题。

有发自内心的善意，即使不那么重视礼节也是可以的。

维尼育儿经

我女儿四五岁时，见了叔叔阿姨不大问好。我知道她可能有些羞怯或紧张，所以，我不会逼她问好，不问也就算了，也不觉得有什么没面子的，问好的时候会鼓励一下她。后来，她慢慢放松，也模仿其他小朋友，逐渐主动问好了。虽然现在她

> 还算不上积极问好，我觉得也没什么关系。她与人见面即使不
> 问好，但总是笑眯眯的，也表达了她的善意，我觉得也不错啊。

我从小就被爸爸妈妈要求有礼貌，导致一直到现在，我都不喜欢和不是特别熟的人接触，也会因为不想和别人打招呼而绕道走，害怕见到不是特别熟的人，总觉得自己有交际障碍。然而，我现在对自己的孩子提出了同样的要求，看了维尼老师的文章突然意识到了，还是顺其自然好些。

放下对成绩优秀的过度执着

我们邻居家孩子今年中考。从他初二起，几乎每天半夜11点左右，先是妈妈歇斯底里地指责孩子，然后是孩子大声对妈妈说滚，接着是桌椅倒地和打骂的声音，然后是爸爸一声吼叫，有时候伴着一声清脆的耳光声，最后是孩子呜呜的哭泣声……每晚当妈妈的骂声一起，我的心脏就特别有压迫感，孩子哭的时候我真担心孩子会想不开做傻事。对于孩子成绩的过度执着，让这一家人如同生活在炼狱之中。

学习问题是很多父母最大的一块心病。当下，很多家庭的孩子学习压力巨大。这是一种典型的剧场效应，本来大家都在那里坐着看戏剧就可以了，但是前面有人为了更好的观看效果就站起来了，

后面的人就不得不也跟着站起来, 最后大家就只好都辛苦地站在那里, 其实看到的戏剧画面和以前差不多。学习也是如此, 有的父母用心帮助孩子获得了更好的教育资源, 那么其他父母也不得不加大投入, 最后竞争压力越来越大, 大家越来越累, 其实总的教育资源还是那么多。

如果没有这么大的学习压力, 家庭教育会简单得多。但是, 环境是无法改变的, 只能接受现实, 然后在此基础上努力去调节自己的心态。

期待孩子学习成绩优秀本是人之常情, 然而我们也需要和孩子一起去努力, 争取更好的成绩。但是如果过于执着, 一定要让孩子成绩好, 一定要考上什么样的高中、大学, 就容易让父母陷入焦虑之中。可能孩子一次听写成绩不好就会让父母心里"咯噔"一下, 考得不好就会更令父母心焦不已, 因为这预示着孩子可能达不到预期的目标。这样一来, 父母就会常常陷入焦虑之中。

受到父母的影响, 孩子的压力也会倍增。而且矛盾、冲突更容易发生, 火气、痛苦也会因此而生, 从而造成内耗和阻碍, 不利于孩子学习成绩的提高, 甚至会造成严重的心理问题, 反而与原来的目标渐行渐远。

所以, 可以期望孩子学习成绩好, 但是需要放下过度的执着, 不必给自己和孩子施加那么大的压力——一定要考上什么样的高中或大学。父母需要和孩子一起去努力, 争取考上更好的、更适合的学校，但是对结果顺其自然。这样心态平和，做事更加理性和智慧，少了内耗和阻碍，可能反而有利于预期目标的实现。

核心思维：努力去做，对结果顺其自然

我有一个核心思维：努力去做，对结果顺其自然。这样既保持了积极心态，又可以放下过度执着。

这和"尽人事，听天命"的说法相似。所谓的天命，我的理解是很多事情不是自己所能左右的。听天命，不是说一生下来命运就注定、不可改变，而是说一个人的力量是有限的，不能够左右所有的事情。一件事情能否顺利、如意，是由很多主客观条件共同决定的，其中包括个人的能力。在当下，一个人的力量总是有限的。比如，想控制住不发火却总是做不到，学习方面的很多问题也难以解决，孩子的学习能力当然也同样有一定的局限性。简单来说，人不是想怎样就能怎样的。所以，尽人事之后，就安然接受现实，服从所谓"命运"的安排。

曾国藩年轻时是"人定胜天"主义者，非常推崇意志的力量。他说：志之所向，金石为开，谁能御之？他的确也靠意志和才能做了许多事情。但是，在由"大荣"转瞬变成"大辱"之后，他陷入了抑郁、失眠之中。这才体悟到人力的无可奈何和命运的难以捉摸。而有了这种体悟之后，曾国藩一改过去的急切急躁，在处理大事时变得从容不迫，更有智慧，结果成就更大了。

听天由命，看似是一个很消极的思想，但是在"尽人事"之后"听天命"就是积极的。因为知道很多事情是自己不能决定的、一个人的力量是有限的之后，一个人所要做的，就是在尽可能的范围内尽自己的能力而已，而不必把失败、不顺利的责任都揽在自己的肩上。这样，面对不顺利、失败会坦然，也会坚强，而且，有了平和的心态，反而有助于把事情做好。

家庭教育也是如此，我们都希望孩子更好，有的目标经过努力的确也能实现，所以我们愿意努力帮助孩子争取更好的发展。但是在当下，每个人的能力都是有限的，都有很多不足；家庭教育又是一件最复杂的事情，很多父母难以把握好其中的尺度，不懂得如何解决问题。所以，可以抱着努力之后对结果顺其自然的心态，让心静下来，静能生慧，父母本来具有的智慧会自然显现，这样对孩子的成长更有利。

维尼小语

成功不是靠勤奋就可以得到的，我们需要学会顺势而为。

小米的董事长雷军说过成功需要两个要素，第一要勤奋，第二要运气好。我们以前老讲勤奋、努力，误导了无数年轻人，以为要成功，光靠勤奋就行。我勤奋了几十年，发现也不怎么样，看到别人不怎么勤奋，还老是成功。其实核心问题是，学校也好，父母也好，都没有教大家要顺势而为，把握机遇，顺着风向走。把握机会很重要，小米成功，运气占了80%。我们学校教的都是99%的汗水加1%的灵感，但是那1%的灵感重要性可能超过了99%的汗水。一万小时你是一定要练的，这是成功的基础，但是它不保证你能成功。

这里需要注意的是，我提倡的不是任其自然，而是在努力之后顺其自然。首先，父母不要轻易给孩子贴上不行的标签。很多孩子还是有一定潜力的，他们可能需要父母的帮助，父母也需要不断改进教育的方式，探索解决问题的方法，经过努力，每个孩子在学习方面都会有所提高。

不过，父母的能力终究是有限的，有时即使尽力了，可能也无法解决孩子存在的问题。孩子身上的有些问题，比如玩手机时间过长、学习磨蹭、缺乏兴趣、厌学等虽然不容易解决，但总是有办法的（当然，对很多父母而言，也是很大的难题）。而有些学习方面的难题更难解决，比如如何培养孩子钻研的习惯，如何提高孩子的记忆力、理解能力，如何培养孩子的逻辑思维能力，培养孩子学习的动力。有些孩子自然拥有这样的能力，只要想学，进步就比较轻松，但是如果孩子本身不具备这些能力，想培养往往还是比较困难的。

不是每个孩子都能学得好的，孩子学习的悟性、能力往往有一定的局限性，虽然努力了之后会有所提高，但进一步提高的空间可能不大。比如有的孩子悟性好，父母教育的方法对了，孩子的学习成绩可能会有很大的提高；而有的孩子悟性一般，即使用尽全力，也只能达到中上的水平；有的孩子悟性较差，那么即使很努力，也只能达到中等水平。悟性是可以提高的，但是如何提高，却是一个难题。

所以，选择一个适合孩子目前学习能力的目标，父母和孩子的压力就不会那么大了，也不至于那么焦虑。如果孩子的悟性提高了，开窍了，那么再提高目标也不迟。另外，考试也有一定的偶然因素，即使目标并不高，但是孩子也不是一定能够达到，那么只要尽力了，也只能顺其自然。

女儿上三年级，原来我对女儿的期望挺高的，希望她在各方面都是最优秀的，每次考试都能名列前茅，今后能考上一流的大学，甚至有更高学历，毕业后从事最好的职业。因此我特别关注孩子的学习和成绩，每次考试后都迫不及待地追问孩子的成绩。她考得好，我就轻描淡写地表扬一下；考得不好，我就会很紧张，就会责怪她怎么那么不小心，为什么会那么不争气。这曾经弄得女儿压力非常大，很不开心，也不愿意跟我说学校和学习的事，尤其是考得不好的时候，她都不敢让我在试卷上签名。

后来我接触了维尼老师的育儿理念，更多地关注孩子的心理，在意她过得开不开心。不知从何时开始，我变得对分数不那么在意了，觉得孩子出现点儿状况也很正常，没什么大不了的。现在每次孩子考得不理想，她都会主动地将试卷给我看，我不会再批评她，而是理解和接纳她的情绪，跟她一起分析出错的原因，帮她找到解决的办法。一段时间之后，我感觉女儿笑容明显多了，对我也越来越信任和亲近了。我现在的想法是，我要关注孩子的成长过程、情绪和心理，她过得快乐比什么都重要，至于今后结果如何顺其自然，也不会糟糕到哪里去吧！

考不上好学校就没希望了吗？

初次接触我的理念的父母，可能难以接受对孩子学习的结果顺其自然。这往往是因为他们夸大了不同结果之间的差别。在很多人的观念里，好像学习好，将来就很有前途，学习不好未来就会糟糕；考上普通高中，就不错，考不上，就没有了希望；考上重点高中未来就是光明的，考不上就希望渺茫；考上好大学，就意味着人生会成功，考不上，就意味着失败、艰难的人生。不但父母自己这样认为，还把这种观念灌输给孩子。这固然会给孩子一定的动力，但是孩子学习顺利尚好，如果不顺利，就很容易受挫，背负巨大的压力，陷入焦虑、恐慌之中，这种压力甚至能把人压垮。达不到理想目标的结果如果真的那么糟糕，那么自然是孩子难以承受的。

这种流行的看法也有一定的道理，学习好和不好，考上"好学校"和没考上，结果自然是有一些差别的。通常来说，孩子学习好、考上好学校，机会会更多一些，发展会更好一些。但是，第一，不同结果的差距往往没有看起来那么大；第二，适合孩子的才是最好的；第三，孩子未来的发展，学校固然重要，孩子自身更重要，家庭教育也很重要，只要孩子自己肯努力，总是有机会的。

比如小升初，不同的初中虽然有差别，但是也各有利弊。在教学力量相对较弱的初中，孩子成绩排名相对会更好，孩子的自信心会更强，学习起来相对来说更游刃有余，也会得到老师更多的关注。如果孩子自身学习能力不错，家庭教育到位，结果也会不错。另外，班主任也是重要的，不同的班主任对于孩子学习成绩的影响甚至超过了学校的差别，而这是难以选择的，因为家长不知道哪位班主任更适合自己的孩子，有时需要"听天由命"。

考不上普通高中，未来就没有希望了吗？这也要具体分析。有些地区职业教育确实比较差，还是比较耽误孩子前途的；但是也有一些地区职业教育做得还不错，也有不错的学校和专业，孩子毕业就可获得大专学历。如果本地没有适合的职业学校，那也有一些在省内其他职业教育发达地区的职业学校可以选择。某些职业学校直接升入的大专院校，可能也是普通高中学生在高中辛苦学习三年之后才能考入的院校，而且孩子还能够早三年开始专业方面的学习。大专毕业之后，如果孩子愿意继续深造，还可以参加专升本的考试；另外，不少职业学校还有一些留学的渠道，只要孩子肯努力，继续深造的机会还是比较多的。这就需要父母花时间研究本地区的职业教育资源，早早考虑孩子的特点和适合的职业发展方向。

　　如果孩子在学习上有潜力，自然可以努力考入普通高中，拼搏三年参加高考。而假设经过初中三年观察，父母发现孩子在学习方面的潜力不大，那么如果能找到适合的职业学校和专业，也是不错的选择。毕竟如果孩子学习方面悟性一般，普通高中三年的学习压力还是太大，对父母和孩子都是一种煎熬，少数孩子会厌学、中途辍学、考不上大专，部分孩子经过三年拼搏，也只能考上大专院校。从结果来看，并不比早早开始职业教育专业学习，同样在毕业时获得大专学历更好。大专毕业之后，孩子有了一技之长，如果想成为白领，还是有很多可以选择的岗位的，从各大招聘等平台的招聘信息来看，相当多公司的岗位也只是要求大专以上学历。

　　重点高中和一般普通高中的差别和前面所说的初中的情况类似，重点高中好，固然与老师水平高、学校管理好、教学理念先进有关，但更多的是因为学校里的学生本身学习能力强。相对较弱的学校比如二类高中也有其优势，有时做"鸡头"比做"凤尾"更有利于孩子的发挥。当然，有些学校管理差、学习氛围差，确实是不利于孩子发展的。

　　好大学和一般大学是有差别的，但是差别也没有看起来那么大。好大学自然会给孩子一些光环，不但说起来更加自豪一些，而且教育质量也会高一些，学习条件和氛围也更好。一所大学对孩子的影响，常常体现在三个方面：老师、同学、图书馆。一般说来，虽然老师的水平有差距，但不要期望老师对孩子的人生起到决定性的作用，孩子如果愿意努力，通过自学、阅读完全可以学得好，而且还培养了受益一生的自学能力。至于同学之间的互相学习，应该说，无论进入哪个档次的学校，孩子身边都有身上有闪光点的同学，他们身上都有值得汲取的优点。当然，好一些的大学，学习、进步的氛围会更好一些，学生的格局也会更高一些。现在，大学图书馆的作用在互联网的普及下已经大大减弱，通过网络可以找到所有领域的杰出著作。一个人的综合发展，首先取决于自己，其次才是学校所给予的条件和氛围。如果孩子努力，在什么样的学校都会成长进步；如果孩子不努力，即使进入一所好学校，收获也不会太多。

从就业的角度来看，虽然好大学的部分学生能找到较好的工作，但大部分学生毕业之后从事的工作其实和一般本科生甚至大专生的工作差不多。将来的发展取决于综合能力，与孩子的性格、为人处事的能力、解决实际问题的能力、交往能力关系更大，学习能力只是其中的一个方面而已（这种学习能力对于学校、研究所、科研工作相对重要，对于其他大部分工作则没那么重要）。另外，现在提倡终身学习，大学只是四年，毕业之后二三十年的学习对孩子一生的发展更重要，所以，只要孩子肯努力，就一直会有机会。

一位初二男孩的妈妈一直和孩子说，一定要考上当地最好的两所高中，考上了，才能考上好的大学，意味着将来的人生就会成功、顺利；如果考不上，就难以考上好的大学，那么人生将是失败和艰苦的。孩子相信妈妈的话，也努力学习，再加上他很聪明，一直在

班级里是前两名。但是初二的地理、生物会考之前的几次模拟考试
中，他都没有达到两个"B"，这意味着他可能没有资格参加这两所
高中的自主招生，也意味着以后可能考不上这两所高中。对他来说，
这就预示他考不上好大学，人生也将是艰难失败的。于是，压力之
下他崩溃了，两个月躲在家里不上学。后来我和他交谈了一个多小
时，告诉他妈妈其实夸大其词了，即使考不上也没那么糟糕，他一
直是有机会的。他如释重负，问妈妈："你为什么一直那么对我说？"
第二天他就去上学了。

看到事实的真相，不执着于看起来更光鲜的结果，而要综合考
虑孩子的优势和短板，选择适合孩子的学习能力、潜力的教育路线。
我们可以期望孩子考上更好的高中、大学，但是对结果可以顺其自
然，这样父母的心态就会平和得多，再和孩子一起去努力，争取更
好的成长和发展，也许结果会更好。

孩子厌学怎么办？

当孩子在小学时，很多父母并没有想到高中、大学那么远，只
是希望孩子有较好的学习习惯，学习成绩较好，能够快乐地学习。
这些要求是很正常的，在小学阶段也相对容易达到。但是，有的孩
子可能会出现写作业磨蹭、厌学、上课多动等问题，引起父母的焦
虑。这就需要先理解孩子，知道孩子这样的表现是有原因的，心平
静下来，再和他一起找原因想办法，慢慢解决问题。具体的方法后

续将详细讲到。

儿子上小学一年级，很愿意上学，而且不愿意迟到；回到家，第一件事就是完成作业，学习习惯还不错。后来各种测验接踵而来，开始时他还能得 80 多分，我还能接受，也没有给他太大的压力。可他越考越差，直到班主任老师找我，说他三次测试不及格，我仿佛五雷轰顶。从此，狂风暴雨就来临了。

我给孩子买了很多练习册，放学后，只要他完成作业就做练习，没有了玩的时间。孩子的试卷一拿回家，我就先看多少分，分数高了我就表扬，分数低了，我就板起脸来，然后再给他做练习。讲题开始还有耐心，讲多了，他不明白我就会忍不住发火。后来只要一做练习他就很不耐烦，老是问我有没有玩的时间。我渐渐地失去耐心，开始打他骂他，甚至坐在他旁边哭，打骂几乎成了家常便饭。孩子也变得越来越沉闷，只要坐在书桌前，孩子就会看着我的眼睛，只要我一睁大眼睛，他就不敢说话了。其实，打过他之后，我自己也后悔，可是到了我讲题他听不懂的时候，之前的一幕就又会继续上演。我还打击他，说："你怎么这么笨啊！连这么简单的题都不会。"

直到看了维尼老师讲解的认知疗法，才知道是我的习惯性思维在作怪，导致只要孩子做错题，我心里的火就压不住，就通过打骂孩子来出气，而且越打越气，越气越打。我现在才知道那时的我就像个疯子一样。

后来，我反复看维尼老师的文章。我明白了一个道理，孩子的健康快乐是最重要的。我的父母也开导我，如果我再继续这样下去，会把孩子逼出病来的。维尼老师说过，如果孩子没有好的心理和好的身体，光有好的成绩又有什么用呢？到底是要一个心理健康的孩子，还是要一个心理有问题的孩子？我静下心来思考，痛下决心改变原来的做法。我也理解孩子了，他才读一年级，喜欢玩耍是很正常的。我学着顺应孩子的心理，先说好，再说不，做什么事情也会先问问孩子的意见，我只是给出参考意见，让他自己做决定，不再把我的想法强加给他。在学习和生活上我都多鼓励、多表扬，表扬也不像以前那么泛泛了，具体地说出他哪里做得好，哪里做得欠缺，他很受用，逐渐变得开朗了。

现在，孩子试卷拿回来之后，我也帮助孩子分析，再对不足之处重点加强，而不是一味只看分数。慢慢地，他变得越来越爱学习了，回来还跟我说要当班长。现在，只要有时间，我就会带孩子去锻炼身体，让他有更多的时间来玩……因为我想要一个心理和身体都健康的孩子，这比什么成绩都重要！

我是一个普通人，我很幸福。我和儿子一起努力，他能优秀更好，但是做普通人也同样会幸福。

"高标准、严要求"只是看上去很美

很多父母对孩子期望很高，也信奉"高标准、严要求"，所以，对各个方面要求都会很高，对分数、名次也很执着，这样就容易焦虑，也会给孩子施加过多的压力。

※ 一个七岁孩子对妈妈说："妈妈，我觉得永远都达不到你的要求，我再怎么认真、努力也还是达不到你的要求。我很认真地写字，你说我速度太慢；我努力地提速，你又嫌我书写不够认真……我现在都不会给你当儿子了，你去找一个学习好的孩子给你当儿子吧！"

※ 女儿说："我们班上有个尖子生，你不知道她妈妈有多恐怖，无论她做得多好，她妈妈都不满意。"我问她："如果不是她妈妈要求高，她能成为尖子生吗？"女儿说："我宁愿不要那么优秀。也不愿意要一个这样的妈妈。"

"高标准、严要求"看起来很美，本意也是为了孩子好，但是否真的对孩子"好"还要看是否适合孩子的现状。如果不适合，就像看起来很漂亮却不合脚的鞋子，只会让孩子穿得难受。只有合脚的鞋子才会让孩子舒服，才能走得远、走得稳。

※ 合脚的鞋子比漂亮的鞋子更重要！我们家长也许太虚荣了，往往给孩子选错了鞋子，还在埋怨孩子跑得不快呢！

"高标准、严要求"是柄双刃剑，一旦处理不当，会给孩子带来痛苦和伤害。而学会放下，则会收获快乐和幸福。

我以前太苛求孩子，会斥责孩子，对孩子发脾气，导致孩子遇到事情也会发脾气。近年来，我改变了自己，孩子的性格也好了。为什么要拿自己也做不到的事去苛求孩子呢？就这么一个宝贝，让她开心成长最重要！

现在想起来以前对孩子的要求太高了。要求孩子不受环境的影响，甚至去影响环境，我们大人也做不到啊。我们经常拿自己都很难做到的事去要求孩子，想想真的很对不住她。

我从孩子三个月就开始早教，总想把孩子培养好，虽然不一定会成为神童，但至少要成为比别人强的人。这导致我走进教育误区，高标准、严要求，我自己很累，孩子也很累。在别人眼中，孩子的综合素质是不错的，但她没有得第一或者前五名我就不满意。有了这样的认知，我一度深陷紧张与焦虑。后来学习维尼老师的理念，学到了要放松、顺应，不要天天把自己和孩子搞得那么紧张，得第一怎样，不得第一又怎样呢？只要孩子尽力学习了，就算现在成绩不理想又怎样，我干吗要急着"吃棉花糖"呢？

从另外一个角度来看，孩子的成长需要兴趣、信心和动力，这就像摘果子，如果要求先放低、放松，孩子踮起脚或跳一跳就能摘到果子，就总能有收获果实的成就感。因为进步和成就感是兴趣最好的老师，所以自然会激发他的兴趣和信心。此后再慢慢提高标准、要求，孩子更愿意接受，动力也足。这样经过长期耐心的等待，可能最终也会达到高标准和严要求。这也算"曲线救国"吧！

丝瓜长得快，一天长一大截；水杉长得慢，几年才长一截，但它长得结实粗壮。

如果过于高标准、严要求，导致孩子经常摘不到果子，甚至摘不到果子就被训斥打骂，那么孩子的兴趣和信心受打击了，也就少了成长的动力。

放低期望，降低要求，心静了，父母会更好地帮助孩子。

维尼老师告诉我，孩子现在的成绩好坏，与将来他的生活幸福度并没有绝对的关系，这与我原来的"考不上重点高中，人生基本就是无望"的观点完全不同。我焦虑的内心因为维尼老师的观点而倍感清凉，冷静下来思考，再看看周围人，我开始检讨自己，开始对孩子的要求一点点降低。这样我的心就静下来了，能够平和地帮助孩子，孩子学习的兴趣和信心反而慢慢在增长。

维尼小语

放下执着，也就是放过孩子，放过自己。心态轻松了，育儿更有智慧。

学会放下对面子的执着

希望孩子学习成绩好，自然是因为这样对孩子将来好。但是，当过于执着于成绩的时候，可以问问是不是怕孩子成绩不好，自己会没有面子呢？

儿子上小学五年级时，参加了学校选拔赛。班上十个同学参加比赛，只有他一个人没得到名次，我气晕了，心想，多丢面子呀！儿子心里也很不舒服，但他却安慰我说："妈妈不要生气，我都不在乎，你还在意干吗？我的人生会因为这次考试而有什么改变吗？未来的一切都是不确定的，这次考试只是我人生路上的一个小插曲而已，不会有什么影响的。"听了儿子的话我很意外，没想到小小年纪的他会说出这样富有深义的话。想想儿子说得也对，一次考试失利算什么呢？只要努力，以后有的是机会体现人生价值。其实，我在意的也许只是自己的面子，是虚荣心在作怪吧。自从这件事后，我感觉豁然开朗，对儿子的成绩也不那么过分看重了。只要他努力了，尽心尽力了，无论考得怎样，我都不会去苛责他。

放下自己的面子，是智慧的开始。

维尼小语

有些父母觉得孩子比别人差, 其实仅仅是因为孩子的学习比别人差而已, 而孩子并不是什么都差, 抛开学习孩子可能是不错的, 也有很多优点。

※ 我自己的心静下来以后, 不再急功近利, 发现孩子真的很好。我家孩子是很正直善良的, 只是我过去只盯着孩子的学习, 忽略了这些。

※ 前几年, 常常因为女儿的学习而焦虑、担忧, 似乎没有开心的时候, 看完维尼老师的文章后, 我再不像以前那样压抑, 因为女儿除了学习成绩不太好, 其他各方面都挺好的, 比如喜欢读课外书、唱歌不错、、心灵手巧、身体一向很好, 活泼开朗、单纯善良、人缘好、对人有礼貌……以前我只关注孩子的学习成绩, 看不到这些优点。想到这些, 我觉得真不需要太纠结于孩子的学习成绩, 心情轻松多了。

父母认为正确的, 未必正确

父母常常会过于执着于自己的想法, 一定让孩子按照自己的来, 孩子不听就会唠叨、生气, 发火、强迫。孩子小的时候, 大多最终能顺从父母的意愿, 但是, 这也会引起部分孩子的逆反。大多数孩子进入青春期之后，会逐渐反抗，从而引发矛盾、冲突，导致父母焦虑、孩子烦躁。

一位上高二的女孩在我这里咨询。到了晚上 11 点多，妈妈就着急催她赶紧睡，她睡了妈妈才会安心地去睡。而她并不着急睡，想干点儿自己的事情，所以妈妈就着急了，不停地说她，结果搞得她烦躁、不开心。另外，妈妈的观念是吃饭一定要在一起吃，但她有时想在自己房间吃，妈妈就觉得不可接受，因此也搞得很不愉快。本来高中学习压力就很大，这些事情的发生，让她烦躁、难受，心态更加不好。

父母为什么会执着于坚持自己的想法，往往是因为觉得自己的想法是正确的，对孩子有利。但是，父母所坚持的，就一定正确吗？

这常常有以下三种情况。

1. 我们认为正确的，其实未必是正确的。

孩子毕竟是与父母不同的个体，两代人之间存在着太多的差异，每个孩子的想法，爱好、行为方式都不同。父母认为适合他的，未必真的如此。比如，有的孩子很喜欢买鞋，父母可能觉得这有些浪费，不想给孩子买。但是，如果父母能够理解孩子，会发现孩子在学校一直穿校服，鞋子是唯一能彰显个性、为形象加分的选项，所以，他的要求有一定的合理性，父母的看法则未必是正确的。

遇到新事物时，人的见解常常会有一些偏差。我初中的时候，武侠小说被老师和父母认为是不入流的书籍，可是到了今天，金庸的作品却成了经典。现在，是不是在很多方面也存在类似的情况呢？孩子的世界，有些是我们不懂的。

2. 我们是正确的，孩子可能也是正确的。

这不是一个非白即黑的世界。一件事情本来就可以有多个观察角度，从这个方面来看是合理的，从另一个方面来看也是合理的。比如孩子的一些穿着打扮，被家长认为是奇装异服，觉得不美。但是"美"没有统一标准，孩子觉得美自然有他的道理。家长觉得学习有用，有的孩子却觉得学习没用，其实各有道理：学习对于考学是有用的，但是在学校学习的大部分知识将来其实是用不上的。所以，沟通时父母可以先理解和肯定孩子想法的合理性，再提出自己的意见。

3. 即使我们正确，孩子不合理，有时也不必过于坚持。

适当的坚持是必要的，但是如果过于坚持，甚至逼迫孩子去做，会引起孩子的逆反心理，反而更不容易接受我们正确的意见。所以，有时需要先放一放，不执着于对错，先处理好亲子关系，之后再慢慢沟通。或者不妨让孩子去试错，去体验结果，效果可能更好。比如，孩子上学磨蹭，可能导致迟到，如果父母不停地催促，他可能烦躁、逆反。此时父母在督促一两次之后闭上嘴，让孩子自己体验迟到的结果，可能自然会有所改变。

在家庭中较真是最不值得的

很多人喜欢较真，非要争出谁对谁错。在家庭之中，这往往是非理性的行为。

为了较真，不顾对方的感受和面子，这样的较真值得吗？家庭不是坚持真理的地方。当孩子有情绪时，不要太较真，因为此时孩子是不理性的，如果去证明他是错的，就容易激发他更激烈的情绪。即使孩子的确是错了，如果不是原则问题，父母可以暂时妥协一下，等他情绪好了再澄清也不迟。

有一天我问儿子想吃仅有的一个香芋吗？儿子说不吃，你吃吧。我于是就吃了，结果我吃完后，他又吵着要吃，我说没有了，想吃只能再去买，他就开始闹，说我之前听错了。我觉得他在无理取闹就不理他，结果他见我不理他，闹得更厉害了。这时我想到维尼老师说的顺应心理，忍着没发火，一直保持平静的情绪，没和他较真。我说也许是我听错了，下回再买给他，结果他平静下来，一会儿就不闹了。接着我又问他，妈妈的耳朵是否有问题呢？为什么会听错了？这时儿子却说，不是我听错了，他的确是说了不吃，但后来又想吃，看见我吃掉了，他很难过；见我说他无理取闹又不理他，所以更难过。看来我当时如果非要坚持正确的，局面恐怕就难以收拾了。

对于逆反期的孩子，如果父母太坚持原则，孩子不愿意听，就容易爆发冲突，关系会搞得更糟。父母不妨不去较真，睁一只眼闭一只眼，先顺着孩子，等亲子关系处理好了，再适当有所坚持，那时孩子才会合作。

我孩子上高中，周末回家会玩十几小时的游戏，不过他在学校学习还很自觉，成绩也不错。我知道孩子这样不太好，但是孩子逆反，我无法劝阻，很焦虑。维尼老师也认为不应该玩这么长时间的游戏，但劝我先顺应孩子，保持好的亲子关系。后来孩子在一个本来应该留在学校的周末，以补课为理由向我提出要回家（主要目的是想玩游戏），我温和地坚持了一下自己的原则，让孩子自己想想这样是否适合，孩子就没有坚持要回家了。

不过于较真，不过于坚持自己的意见，是为了以后更好地在关键时刻坚持。

第三章

方法篇：轻松养育孩子的好方法

第一节　如何应对孩子的"不合理要求"

孩子总是有这样那样的要求，其中"不合理"的要求是满足还是不满足？如何满足？孩子得寸进尺怎么办？制定了规则是不是要坚决执行？规则能不能灵活、变通、有弹性？

维尼老师，您好，我是一个三岁孩子的妈妈，我也明白，要理解、尊重孩子，但有时是否要坚持对孩子有益的规则呢？举个简单的例子：晚上睡觉前，不能吃甜食。但是不满足他，他就会哭闹，我就会生气、发脾气。我也明白不该发脾气，但是作为父母，我们明白什么是该做的什么是不该做的。好好说，跟他讲道理，告诉他会对牙齿不好，对身体不好，可他又不听，但是听之任之，又是在害他。该如何取舍？如何处理？

孩子会经常提一些要求。小时候，要求买玩具、零食、雪糕、洋快餐、甜食，看电视、玩游戏、玩手机；大了，看玄幻小说，买手机、买名牌。

这让很多家长纠结：满足多了，是否成了娇惯孩子？不满足，孩子又可能哭闹。和孩子有了约定，坚决执行可能会引起冲突；不坚决执行，孩子得寸进尺，约定或规则是不是就形同虚设了？

不必纠结，遵循下面三个原则，问题就容易解决了。

原则一：适当满足，适当拒绝。

原则二：先说好，再说不。

原则三：约定、规则的执行要有弹性。

适当满足，适当拒绝

首先要理解孩子要求的合理之处。

有人说，对孩子不合理的要求应该严词拒绝。

记得有一次，孩子提出了一个无理要求，我和她爸爸一致认为这个要求不能答应，于是断然拒绝。那时候孩子不满三岁，不能理解我们的用意，于是大哭大闹。我们俩不理她，接着她就发展到在地上打滚，但我们俩仍然在聊天，看都不看她。最后她嗓子哭哑了，眼泪流干了，趴在地上再也滚不动了。地上的脏灰和她脸上的眼泪融合在一起，惨不忍睹，但我们俩依旧谈笑风生。

为什么家长会心肠这样硬？因为他们的潜台词是"你的要求不合理，为了你好，所以坚决不能满足"。但孩子的要求就没有合理之处吗？非也！除了可能会伤害自己、伤害他人、伤害环境的要求，其他要求大都有合理之处。

比如，薯片、方便面、冰激凌、可乐等属于"垃圾食品"，不可多吃，但是适当满足一下也没有大的关系。

　　孩子喜欢花哨的文具，喜欢玩具、名牌，有了还会再想买，这也可以理解，就像成人买衣服并不是因为缺衣服穿。

　　冷天吃雪糕，吃多了对身体有害，但是偶尔吃点儿也无妨；学校周围的零食卫生不过关，不能多吃，但是看同学吃得眼馋，孩子想吃一次也是可以的；手机、电脑玩得太多自然不好，但是禁止玩也不合乎人情；按时入睡虽然不错，但偶尔放纵一下，又有什么关系呢？

　　如果从不满足孩子这些要求，孩子会更渴求。

　　我以前对垃圾食品深恶痛绝，认识维尼老师之前几乎都不给孩子买，导致孩子看见别人吃东西就站在那里不走。最令人震惊的是，有一次孩子在路上捡了一根麻辣串的竹签，因为他经常捡东西，所以我也就没在意，可等我再回头看的时候，竟然发现他在用舌头舔那根竹签。

　　其实满足了孩子的要求，孩子反而没那么想要了。

　　我儿子以前想吃零食，我们都不给他买，他就天天念叨，后来我给他吃了几回，他反而不记挂了！

　　孩子对小卖部的辣皮子很感兴趣，她很多同学都吃过，所以也央求我买。我纠结了一下，同意了，然后我又提议最好去大超市买，她非常高兴，一下买了三大包。我也趁机把包装上的食品配料介绍给她看，告诉她这里面最少有二十种食品添加剂，大超市都如此，小卖部就更没保障了。她听了频频点头，说小卖部的坚决不能买，超市的偶尔可以买。其实她哪里吃得完，一样吃了一些，剩下的都"捐"垃圾桶了。从那以后，辣皮子的神秘感没有了，她再没要求买它吃了。

孩子有时是很容易满足的，答应了他小小的要求，他就很高兴，幸福来得就那么简单。

今天儿子放学叫我给他买一包一块钱的旺旺糖，我考虑到也有几天没买零食就答应了。到小店拿到糖后，他又看中了一个两块钱的手电筒，我也觉得很不错，就同意买了。他拿齐两样东西高兴得很，一路上说："妈妈，谢谢你！你太好了！我爱你！回家我把钱还你（我们约定买零食他自己付钱）。"回家后儿子又给了我飞吻，我也美滋滋的。

孩子有时只是喜欢你说"好"。

昨天晚上睡前给女儿讲了一个故事，讲完女儿意犹未尽，但时间很晚了，我说明晚再讲。女儿说明晚讲两个，我说可以啊，女儿又说讲三个，我说可以啊！最后女儿满足了，乖乖地睡了。其实第二天讲两个她就满足了，但她说最喜欢听妈妈说这三个字——"可以啊"。有时逛街走累了。她要我抱一下，虽然她七岁了，但我也没拒绝，很心疼地抱她，可没抱两分钟她就自己要求下来了，说怕我抱着累……如果我责备她这么大了还要抱，羞不羞，得到的结果肯定是她闹情绪，我跟着生气！抱两分钟换来了被心疼，难道不值得吗？再过几年，想抱都抱不动喽！

看似没必要的要求，其实孩子也有理由。

孩子上高中之前一心一意想要买辆自行车（因为他是住校生，我们考虑根本没必要），我们不知道这辆自行车在他心中有何重要意义，这竟成了他的心病。眼看都要开学了，孩子的情绪欠佳，所以我试着理解他，让他说明理由。谁知一向不善言辞的孩子竟说出了六条堂堂正正的理由，于是我就给他买了自行车。这辆自行车后来成了他学习进步的动力。

有些要求，比如充游戏币、打游戏，也可以适当满足。

儿子上高一，有一天问我："今年的压岁钱能不能给我留一百元？"我说："你留一百元干吗？"儿子笑嘻嘻地说："能不能给我充游戏币？二十元就行！"我说："不能纵容你犯错误！"儿子说："我犯一把错误，给你机会做一把完美妈妈！"大过年的，说得我有点儿心软了，于是，我说考虑一下。此话一出，儿子立马欣喜若狂，表现特别好，帮我干了不少家务活儿。

大一些的孩子，有时满足他的要求，让他自己做决定，他还会理性些。

我女儿上初中，喜欢买新衣服，买新的学习用品。她看上了什么东西，我们如果马上说不好，不要买了，她就会很不高兴。如果我们先说好，东西是不错，她往往就会说，只是看看，不一定买的，等到需要了再买。最后，一般也就不会轻易买了。

如果能去理解孩子，改变自己的认知，看到孩子要求的合理之处，情绪就会平和，就容易理性对待了。

孩子的要求都有合理之处，但是过度就不好了，所以，需要适当满足，适当拒绝。

美国学者做过这样一项实验：两组孩子，其中一组的家长从来不让孩子吃糖；另一组的家长则适当地给孩子吃糖，但不是无节制地给。然后这两组孩子都被无限制地供应糖果，第一组的孩子会不停地吃，没有节制；第二组的孩子则会很好地控制自己，吃了几颗以后会自己停下。

实验表明，没有得到满足的孩子反而愿望更强烈，不容易自制；而得到适当满足的孩子则不那么渴望，行为得当。

※ 以前我把零食控制得很严，因为我觉得这些零食不好，添加剂太多。但是看了维尼老师的文章，现在想通了，孩子们都在吃，

我的孩子不吃，他会很馋。现在我会适当地满足他一下，他对零食的欲望反而没那么强烈了。就算一天给他很多，他也会放在一个小盒子里，留起来，一天才吃上一个，有的时候一天都没吃。但是看着那些零食，他就满足了，不再那么馋，挺好的。

※ 孩子现在得到了满足，就不那么眼馋别人的东西了。以前我给他买零食都是控制他一天的量，每天拿出一两个来，然后其他的藏起来。但我发现孩子渐渐出现了翻箱倒柜的毛病，自己翻柜子找吃的。直到有一天，幼儿园老师反映儿子几次私自拿老师办公桌上的蛋黄派吃，我才意识到事情的严重性。向维尼老师咨询，老师认为问题可能出在孩子的要求没有得到适当满足上。于是，我听取老师的建议，只是控制买的数量，但买来之后，不再藏起来，而是故意放在显眼的地方，并告诉儿子这些东西放在这里，想吃自己拿就好了。起初我们还会担心他会不计数量地猛吃呢，可是结果恰恰相反，他并没有多吃，其实算算一天吃的还不到两个呢。这就是适当满足的力量，满足的不仅仅是零食，也是自由、自然，他翻箱倒柜和偷拿老师食品的现象也没有了。

适当满足的同时也意味着适当拒绝。孩子的要求有时会过度，也可能不合时宜，所以需要适当拒绝。比如完全放开让孩子吃快餐，吃成小胖子的可能性是有的。玩游戏、看电视、玩手机、吃垃圾食品、买玩具、买名牌……都需要有所节制，有时就连课外书也不能看得太多。适当拒绝、限制，孩子得到后也会更快乐。

不过最好不要严词拒绝，而应蹲下来和孩子平和地商量，从而形成双方都接受的约定、规则。不过，父母应谨防假借商量之名，最终推行自己的那一套。

如果满足孩子的要求有难度，可以灵活变通一下。

※ 孩子春天时有几次想买雪糕吃，我怕吃多了会坏了肠胃，所以不同意，孩子很生气。维尼老师建议我变通一下，给孩子买个"小布丁"，或者买一根雪糕，让孩子只吃半根，这样对肠胃影响不大，孩子也满意，皆大欢喜。

※ 有时候完全满足孩子的要求有点儿困难，我不会简单地拒绝，而是跟她谈判，变通妥协。这样孩子也能学到灵活变通的方式，不会非白即黑，太固执。比如我做饭的时候，孩子要抱，我会说妈妈现在抱不了你，但是我可以给你讲个故事，或者让你进来帮我打鸡蛋，你自己选一个吧。她特别喜欢做选择题，总是欢天喜地地选一个，还觉得自己占了天大的便宜。

维尼育儿经

我女儿喜欢穿漂亮的衣服，前些天不是那么冷了，她不想再穿臃肿的羽绒裤，妈妈却觉得春捂秋冻，应该穿暖和些，不同意换，女儿有些不高兴。此时我这个和事佬出面，建议穿一条紧身保暖秋裤＋薄毛裤＋瘦版牛仔裤，既照顾妈妈"春捂"的理念，又满足孩子爱美的要求，变通一下，皆大欢喜。

拒绝的方式最好温柔一点儿，不要断然拒绝。

儿子龙龙两岁，对车子特别感兴趣，因此我们家的玩具车特别多，可是他依然不满足，只要在外面看见玩具车，哪怕家里有个一模一样的，他都想再买一个。我想这需要温柔地适当拒绝。一天中午上班前我和他逛街，当他路过一个摆放着玩具车的小摊时便挪不开脚了，最后他选了一辆"托马斯"，自己抱着就往外跑。我冷静地把儿子抱了回来，蹲下身子跟他商量能不能不买。"不行！"他把车抱得更紧了。我接着说："要不这样，妈妈今天没带包，过两天妈妈带着包再带你来买，好吗？"儿子看着我，我又坚定地说了一次："过两天一定买。""好！"他很有礼貌地跟摊主告别。过了两天，他终于把"托马斯"抱回了家。

适当满足之后，孩子会愿意合作

你不好商量，孩子也学会了倔强，因为只有这样才能满足他的要求。

你好商量，孩子会投桃报李，变得好商量，因为商量就可以解决问题，何必倔强呢？

※ 我女儿原来见什么要什么，每次我都会严词拒绝，只会给她买我认为很适合小孩子的东西，但是她不一定喜欢，或者说不能满足她的愿望，于是她就开始闹。我时常苦恼，有时候不得已答应她的要求，搞得母女很不愉快。后来我接受维尼老师的建议，去适当满足，遇事商量，我发现女儿像变了个人似的，现在遵守诺言，懂事又有自制力。

※ 儿子得到了自己心爱的玩具，晚上表现可好了。回到家主动要求洗澡、主动冲奶喝、主动刷牙、主动上床睡觉……真是比平时省心多了。我们大人可别小看了这些小小的心灵，他的某些要求得到了满足，他会变得乖巧、懂事，甚至连平时最不喜欢做的事情也能主动去完成。

即使在一般人看来好像是娇宠的充分满足，也不见得会让孩子骄纵。

我家是典型的"4-2-1"家庭，孩子相当有人宠，尤其在物质上，四岁之前基本上她想要什么我们就马上满足，延迟满足训练法在我家没有一点儿市场。在外人看来最离谱的一件事情，是她两岁半时对摇摇车上瘾，为此我家在小区小卖部给她包月了，一天坐二三十趟，坐到不爱坐为止。如今四岁半了，她在物质方面非常愿意等待，即使是很喜欢的东西，我们没给她买她也并不太在意，遇事也愿意和父母商量；还爱分享，即使别的小朋友抢她的玩具，她也比较宽容和无所谓。前几天睡前她问我："妈妈，我做什么事情你都同意吗？"我说："有的事情同意，有的我觉得不合理就可能不同意，但是同意不同意我都爱你。"她说："我知道。"

维尼小语

　　不必有意延迟满足。适当经历延迟满足可以培养孩子的耐心，让他学会等待。但是故意制造延迟满足以增强孩子的耐心就没有必要了，因为孩子在成长过程中自然有丰富的延迟满足的锻炼机会。

　　他们从幼儿园起就端正地上课，想玩，需要等待；以前上学前绝大部分时间在玩，现在先去练琴，先去学习；上学之后，上课要求严格，想放松，也得坚持一下；回家，做完作业再玩，有时作业多，终于做完了，可以玩了，却该睡觉了；周末可以放松了吧？不，还有作业、兴趣班……

　　所以，延迟满足就不需要有意锻炼啦。

先说好，再说不

　　先说好，再说不，是先答应孩子，再说话不算数吗？非也。

　　这是指先顺应孩子的要求，适当满足，再和孩子约定，把要求的满足限定在合理的范围之内。

一位妈妈在我这里咨询，她的孩子上小学三年级，有些逆反、倔强，常和妈妈闹别扭。

学校门口有不少卖小吃的，卫生状况一般不是很好。孩子每次都要求买着吃，我不想给她买，孩子的嘴就噘起来了。有时迫不得已，给她买一次，下次却还要买。比如到了秋季天凉了，孩子想吃雪糕，这对身体不好，我不同意，她会不高兴地缠着我要求买。此时应该怎么办呢？

孩子想吃小吃，虽然从卫生、营养的角度来看不太好，但是一周吃一次问题也不太大。所以，可以和孩子商量：我理解和尊重你的愿望，偶尔想吃也可以（先说好），但一周只能买一次（再说不），孩子会接受这个约定。因为是她自己同意的，所以有一些约束力。如果买了一次后还要求，有时也可以有些弹性，答应她，只是同时再约定：这周不能再买了（再次先说好，再说不）。她满足之后，也会知道不该再提要求。即使忍不住再提，因为她已经自觉理亏，所以即使拒绝，她一般也不会太生气。

如果孩子想吃雪糕，可以答应买一次。但同时告诉孩子尽量少吃，不要随便提这个要求（先说好，再说不）。孩子可能就会通情达理地答应，约定也比较容易执行。

过了些天，这位妈妈告诉我：您建议的方法效果不错。孩子一般也就一周要求吃一次小吃，不再为这件事情闹别扭了。上次本来要求买一元的雪糕，我同意了。孩子后来想买两元的，我不同意，孩子也没说啥，平静地接受了。看来，适当满足之后，孩子还是好商量的。大人不"无理"了，孩子也学会讲理了。

两个月之后回访，这位妈妈说虽然孩子有时会"耍赖"，约定好买几次零食，有时还会再要求买，但是因此而产生的冲突大大减少。而且有时满足了要求，她会非常高兴，说："妈妈，我太爱你了！"一点儿小小的满足，就会让孩子那么高兴。

面对孩子的要求，有以下两种应对方式。

直接说"不"，孩子不高兴，闹，可能最终不得不答应。孩子从中领悟到：闹管用，好好说话不管用。

先说"好"，孩子高兴了，觉得商量管用，不需要倔强、闹；再说"不"，孩子因为得到了满足，投桃报李，就较愿意接受"约束"。

※ 以前我对待孩子都是说一不二的，觉得不能将就，特别是在爷爷奶奶面前。自以为对孩子要求严格比较好，其实事与愿违，增加了孩子心理的饥渴和逆反。有段时间小家伙动不动就发脾气，摔东西，抓人，后来我发觉是自己的方式有问题，就学习了维尼老师的理念，尝试遇到问题跟孩子多解释，适当满足孩子的要求，也学着维尼老师"先说好，再说不"的方式：顺着孩子一下，同时提出自己的要求。孩子一般都会爽快答应，这就好像是将心比心，感觉孩子有时候比大人更善解人意。

※我家宝宝以前非常喜欢各种调制乳（不是鲜奶，有添加剂），一天要喝八九瓶，不给她就闹腾。以前我只能屈服，因为不舍得宝宝哭闹。后来，学习维尼老师的"先说好，再说不"，先满足她当下的要求，再约定今天只能喝几瓶。结果短短几天的时间，宝宝真的乖了很多，现在居然白天都想不起来要喝那些调制乳，开始喝水了，我心里的纠结终于放下了。现在我学习维尼老师的方法处理宝宝的各种事情，屡试不爽，宝宝的哭闹少多了，变得懂事多了。原来孩子是好的，只不过我们没有找到合理的途径来引导孩子。

※孩子每天都有很多要求，比如想吃零食、想买玩具、想晚一会儿回家、不想洗漱、不想午睡等，以前我都会断然拒绝，任他哭闹多久我都不会答应。但是经过一段时间，孩子并没有因此明白哭闹对妈妈不起作用，相反越来越倔强，哭闹的时间越来越久、次数越来越多。那个时候我一看到孩子就感到害怕，就怕他提出我觉得不合理的要求。

后来我运用"先说好，再说不"的方式，初期效果并不好，感觉孩子的要求越来越多，心里好烦。继续学习维尼老师的文章，才知道自己没有真正地做到理解孩子，孩子想要东西是正常的，得不到自己想要的会着急也是正常的。改变了认知，在孩子哭闹时我也就不心烦了，心情好了，就不会做火上浇油、和孩子较真的事了，这样孩子的情绪恢复得特别快，等孩子心情好了再去跟他讲道理，他就比较好接受了。

因为我变得好商量了，孩子也越来越好商量，我们之间的关系越来越融洽了。现在在做事情之前，我会先询问一下孩子的意见。以前不管我说什么，孩子都反对，现在他经常会说你觉得怎么好怎么做。这话怎么听着这么熟悉呢？原来这是我在让孩子自己做主时对他说的话！

这种"先说好，再说不"的方式，因为顺应孩子的心理，所以，对于中学的孩子也是适用的。

比如孩子要名牌服装，可以答应买一两件，同时提出适可而止；偶尔要钱和朋友一起玩，可以给予较充足的钱，同时提醒有所节制；想看会儿球赛，可以适当满足，只是不要睡得太晚……这样，孩子乐于接受父母的约束和要求。

想想我们自己也是如此。比如在工作忙的时候有事请假，如果领导直接拒绝，我们会如何想呢？如果领导说这次可以，但以后工作忙的时候少请假，那么我们会觉得领导不错，也会更配合领导的工作。

但为什么这种方式有时效果不好呢？

下午5点多快吃饭了，儿子非要买零食，我想可以适当满足，就答应他买，并同意他自己选，但提出不可以是糖。他自己去选了巧克力棒，四个一小袋，而且他主动说妈妈我只吃一个，其他的明天吃。我说好，剩下的三个放书包里。但是他吃完了拿出来一个，说还要吃。我坚决不同意，他非要再吃，最后哭哭啼啼。这种事情在我家很常见，为什么我适当满足，先说好，再说不，并没有收到好的效果呢？

这是因为执行约定时还需要有弹性。

"有弹性"不等于"说话不算数"

和孩子的约定，是否应该坚决执行呢？

朵朵妈妈在我这里咨询，以下是她说的话。

以前在很多地方看见过一句话：坚决执行定好的规矩才能给孩子最大的安全感。我一度对这句话深信不疑，有一阵女儿很爱坐投币的摇摇车，坐完一次她还要坐，我觉得既然定好规矩每天只能坐一次，那就不能破坏，任女儿如何哭闹，我还是把她抱下来往家走。每天晚上吃完饭，女儿都要出来玩一小时，到晚上8点钟回家，但有时遇到她喜欢的小朋友或者其他东西，她到8点就不愿意回家。以前我不管她怎么哭，坚持到8点就抱她回家，我觉得规律的作息不能破坏，如果每天都晚几分钟，那以后睡觉不是就会越来越晚了吗？女儿一路哭得很伤心，正是这种哭让我开始反思自己的做法。

这也是很多父母的困惑吧。

坚决执行约定符合人之常情吗？

想想我们自己，也是喜欢灵活、变通、有弹性的。

和孩子约定看半小时电视，到了时间动画片还没结束，孩子不想关电视。想想我们自己，喜欢的节目、电影没看完也是不情愿停下来的。如果硬把电视关了，孩子很不高兴，甚至哭闹；而有弹性些，让孩子再看几分钟，或者把节目看完再关，孩子就容易合作了。玩电脑游戏、手机也是如此，到了约定时间可以同意孩子过完这一关，或者把事情了结再停下来。

约定好晚上 8 点之前写完作业可以玩一会儿游戏，但是出于某种原因，预计要 8 点多才能完成作业。此时如果坚守规矩，告诉孩子今天的游戏泡汤了，孩子可能会烦躁，作业也写不好；如果灵活变通一下，找到今天孩子表现不错的方面，奖励一下，即使晚一些完成作业也可以玩一会儿游戏，那么皆大欢喜。

和孩子约定晚上 9 点前睡觉，孩子偶尔玩高兴了，还不想睡，此时也可以让孩子放纵一下，我们有时候不也这样吗？

规定睡前刷牙，孩子刷过牙了，突然想吃香蕉，又不想再刷牙，可以变通一下，吃完漱漱口就可以了。我们成人也不是那么严格地刷牙吧。

孩子该自己穿衣服了，偶尔撒娇想让妈妈帮忙，也可以帮他穿啊。这有什么了不起的？孩子大了你想帮忙穿，孩子可能还嫌烦呢！

本来该按时完成作业，孩子实在困了或者不想做了，商量明天早起做，也可以灵活变通啊。作业本来是孩子自己的事情，有权力自己安排时间。

说好一周吃一次快餐，孩子实在馋了，想再吃一次，我看也行，有什么大不了的？我想减肥，和自己说好了晚上少吃饭，有时看到美食还是忍不住多吃些，人又不是神仙！

所以，约定的规则执行时可以灵活变通、有弹性，不必太生硬。

想想自己，我们需要有所自制，但偶尔也想放纵一下，随性一些。多一些灵活变通，就给了自己自由的感觉。

有了弹性，孩子也会通情达理。

有时，适当做出一点点让步，让孩子的心理得到一定的平衡，你会发现，小家伙其实并不刁蛮任性，而是挺通情达理的。

那么，这是不是说话不算数呢？

面对有些欲望，成人也会说话不算数啊。本来计划晚上 10 点钟就睡，电影看得正高兴，就想再看一会儿；本想早上起来跑步，但实在太瞌睡了，就改睡懒觉了……这些不过是人之常情罢了。

很多妈妈家里已经有很多时装、鞋子、包包，很多次告诉自己不能再买了，可逛街时发现了时尚的款式，自己穿上去之后显得更漂亮了，那么很可能又会忍不住买下来。这和孩子已经有了不少玩具，虽然答应我们不再买了，但看到喜欢的还想买，道理是一样的啊。

所以，这种说话不算数，其实是正常的，可以理解。

朵朵妈妈继续说。

关于坐摇摇车的事情，维尼老师说："虽然规定了只坐一次，但孩子要求再坐一次的时候，我们执行起来可以有弹性，先同意，然后说好下次我们只能坐一次。"我说："那如果下次她还要坐两次呢？"老师说："就算一直要求坐两次又如何呢？大人玩得开心也想多玩几次，更何况孩子呢？为了这么点儿小事情让孩子哭很久值得吗？这样才是对安全感最大的破坏。其实孩子都是懂事知足的，你好商量，他也会好商量的。同样，晚上多玩几分钟回家又如何呢？开心要紧。"向老师咨询后，女儿还是时不时地要坐两次，我都爽快地答应。女儿很懂事，现在坐摇摇车就说："不放钱，朵朵坐坐。"我很欣慰。

现在女儿还是经常玩到晚上8点，玩得很开心，依然不愿意回家。以前我二话不说扛起她就往家走，任她一路如何哭闹，我还觉得自己是个有原则、懂坚持的好妈妈。现在我都是提前十分钟告诉她，再玩十分钟我们就回家了，如果到了时间女儿还是不愿意回家，我就说："那我们再玩五分钟好吗？五分钟后回家。"我说，朵朵早点儿回家睡觉，明天可以早点儿起来玩哦，你看琪琪和优优（女儿的好朋友）都在家里睡觉吃奶奶哦。一般这个时候女儿就会说："好吧，回家。"

有弹性地执行让女儿更加懂事知足，我俩少了很多冲突，关系更好了。

逐渐向孩子渗透规则意识

在多次有弹性地执行规则之后，孩子更容易平静接受。

很多情况下可能需要多次有弹性地执行规则。比如孩子玩游戏，说好玩一小时，到了时间孩子还意犹未尽，不想下线，可以有弹性地执行，约定再玩十分钟；到了时间他还想玩，可以再约定玩五分钟……经过两三次、三四次有弹性地执行，孩子自己也觉得理亏，此时再坚决执行规则，他也不大生气了。

妈妈：以前和孩子（小学三年级）的关系不好，我没有尊重他，没和他商量，两人都犟。所以，有时规矩也执行不下去，强行执行，又容易发生冲突，搞得很不愉快。后来我按照您的建议，在电脑方面实施了适当控制，适当满足，孩子没有过激表现。我们事前约定好时间，执行时也有弹性，提醒几次。不过如果提醒三次还是不关机，不按事先说好的来，而且已经满足了他再玩几分钟的要求，我会去果断关机，而孩子也没有表现出什么不愉快。

维尼：其实他自知理亏，而且已经满足几次了，所以，他容易接受。

妈妈：原来是这样，哈哈。以前我会等着他，不敢给他关机，害怕他闹，现在明白了。

维尼：关系好了，可以适当严格。所以我说先理顺关系，等孩子喜欢你了，你也充分理解、尊重了孩子，就可以执行规矩，他也不大会闹。

妈妈：看来有些规矩该执行还得坚持执行。以前我自己心里没谱，以至于对他一味迁就。

一般来说有这样的规律：最开始孩子会多次要求有弹性，逐渐他接受了规则，就会越来越好地执行规则。

当然，有时孩子会一直要求多次有弹性。比如孩子看手机，说好只看一会儿，但是到了时间，催促他停下的时候，他会说"等一会儿""马上"，此时可以让他再看一会儿，但往往需要说四五次"马上"，才能真正停下来。这其实是正常的，因为他可能没看完当前的内容，或者又被新的内容所吸引，或者和同学聊天还没结束，那么让他马上停下来是不容易的。这可以理解，你看手机时，如果让你马上停下来，可能也不现实。所以，理解了孩子，就会带着平静的心情去看待，可能最后累计延长的时间也不过七八分钟而已。

在多次有弹性的执行过程中，一直"先说好，再说不"，不断以孩子不反感的方式重申规则，逐渐地，规则意识就建立起来了。

约定的执行有弹性，会减少冲突，改善了亲子关系，而孩子并没有那么得寸进尺。

儿子现在五周岁，以前我越是唠叨孩子不要吃糖或其他小零食什么的，孩子越是吵闹要吃。学习了维尼老师的理念之后，带他去超市溜达时，我会主动提醒他买样想要的东西，他有时会选购，有时会说妈妈我今天不需要。有时他即使买了条水果糖，也是放在口袋里一周不会吃。有一次他想要条水果糖，我二话没说——可以的呀。买完单，儿子说，妈妈我现在特别想吃颗糖。以前我和儿子有约定，饭前不吃零食，在那瞬间我想到维尼老师说的，规则可以有弹性，我很爽快地答应了儿子的要求。儿子把水果糖打开之后，取出第一颗糖先是喂给我，我当时很感动，然后他取出颗糖放进嘴里后说句："谢谢妈妈！"之后我尝试问儿子还需要吗？儿子说一颗就够了。

下面是聊天群里进行的一次讨论。

航爸：我家要求每天睡觉前刷牙，如果破了一次例，他以后会不会得寸进尺，接二连三地要求这样做呢？

维尼：偶尔破例是可以的，没有必要那样严格，而且孩子不会总是破例。你好商量，他也会好商量的。

心妈：赞同。最近我试了，真的管用。一旦家长好商量了，你再去跟小孩谈就容易了。

苗妈：是呀，你听孩子的话，孩子就听你的话。

田妈：今天我孩子发脾气，我没有发脾气，他一下子也没脾气了。以前玩电脑我一分钟都不让孩子多玩，到时间马上关掉，现在允许他过了一关再关，有时候过了一关，离结束时间还有五分钟，他就会自己关。我以为孩子会得寸进尺，但他没有。

萱妈：昨天孩子看电视也超了五分钟，但是看完后就很乐意地关了。

妞妈：孩子不会得寸进尺的。其实你宽容了，小孩也会好商量的。

颖妈：孩子非常乐意接受这样的方式，我试过，很管用。

田妈：我有体会，就像刷牙，你和孩子斤斤计较一次两次的例外，当你偶尔不能达到孩子的要求时，孩子也会和你斤斤计较的。

妞妈：前些天我儿子也是刚刷了牙就要吃东西，我和航爸有同样的顾虑，看了维尼老师的文章，我换了一种方法，让他吃完东西，漱漱口，他高兴地同意了，而且还说妈妈你真好！

田妈：关于刷牙的事，我准许孩子刷了再吃东西，也不要求他再刷牙了，因为我自己有时也会犯懒。不过孩子真不会得寸进尺，有时他自己会事先说，妈妈，我吃了再刷一次不就行了。所以少有冲突。打破一两次规矩真的没什么，人之常情嘛！

制定规则要和孩子商量

我提倡约定的执行要有弹性，同样，对于家庭的几乎所有规则，执行时往往都需要一定的弹性，要学会灵活变通。

有的家长觉得建立规则和树立权威是家庭教育的法宝，所以会用坚持、坚决的方式，甚至用惩罚、训斥、打骂的手段，试图建立和维护规则，树立自己的权威。有的效果不错，孩子愿意服从；有的孩子是被迫服从，内心是压抑的；有的孩子则会因此逆反，成为冲突的常见来源。

我一直坚信为了孩子的将来不能溺爱孩子，所以在孩子很小的时候就给他立了很多规矩，并严格执行，没有一点儿商量的余地。在那种为了孩子好的想法里不知做了多少伤害孩子的事，可是那时我全然不知。

以前，我自以为自己是个很随和的妈妈，一直以来也很关注孩子内心的成长，育儿方面的书也看了许多，对待孩子的需要比一般人更懂得该怎么满足和疏导。在同事、朋友眼里，我是个称职的妈妈，连学校的老师都知道我在教育上比较有办法。但就是这样的我，因为太有自己的想法了，又自以为很懂教育，所以当孩子犯了我认为的原则性错误的时候，或者是纠正他的不良习惯时，我总是说一不二，绝不变通，让孩子产生很大的心理阴影，个性也受到极大的压制。

家庭里需要有一些规则，比如要有礼貌、早些入睡、饭前洗手、睡前刷牙、作业及早完成等，这些规则有利于孩子的成长。但是规则最好是和孩子商量之后再制定，这样比较适合孩子的情况，孩子也相对愿意遵守。

"约定"这个词很好，我们家孩子九岁，和他有关的事情，如果没有事先和他商量，他是会激烈反对的。孩子的自主意识很强，只要他事先答应的，稍做提醒就能够做到。当然他也有偷懒的时候，但这不就是生活吗？

有些家长打着商量的旗号推行自己的意志，强加的规则对孩子来说就是一种压抑。

我觉得那些儿子不乐意接受甚至反感的家庭规则，基本上都"见效"了——都变成了我们亲子之间的隔阂，规则越多、越严厉，隔阂就越深。

另外，规则不要太多。限制太多，规矩太多，容易引起孩子的反感。

规则的制定和执行要有弹性

有一句流行的话：定好的规矩不能破坏，否则孩子会像到了一个没有四面墙的地方，不知道底线是什么，心里会很没有安全感。所以，我会坚定地执行规矩，但是这却让孩子经常哭闹，甚至逆反。我在反思，这样一来，孩子能有安全感吗？

　　在我看来，只有两种规则需要严格执行。一是不能伤害自己，危及安全；二是不能伤害他人。其他规则的制定和执行都可以有弹性。

　　有弹性地执行规则就像穿着宽松的外套，既能御寒、防护，又舒服自在，最适合家居。这样孩子不觉得太受束缚，就会愿意合作，也容易把规则内化为习惯。孩子幸福快乐，亲子关系也好。

　　比如，平常不让晚睡，但有时孩子想放纵一下也可以；睡前刷牙，偶尔一次不想刷也可以。宽松一点儿，给孩子一些自由自在的感觉。

　　最好先写完作业再玩，但是孩子想做些其他事情，也可以灵活变通；提倡问好，但不愿问好也不勉强，慢慢鼓励就可以了；衣服一般自己穿，偶尔撒撒娇让妈妈帮助穿也行，这有什么呢？

　　不提倡追求名牌，但是偶尔买几件也可以，这也属于人之常情；写作业姿势尽量端正些，但是放松一下也没什么。

　　有时孩子不愿意遵守规则，往往有内在的原因。比如说好了要按时练琴、按时写作业，但是孩子不愿意执行，这往往是因为孩子缺乏兴趣、信心和动力，或者遇到了困难而退缩。所以，需要找原因想办法才能解决问题。理解了之后，就不必期望用规则推动孩子来做这些事情了。

　　如果您是一个孩子，父母这样做，您觉得喜欢吗？会合作吗？而如果被严格限制，感觉又如何呢？

※ 周五晚上，孩子躲在屋里一个人哭，原来他是想晚上写一点儿作业，剩余的作业明天再写完，可老公偏让他今天多写一点儿，明天早上必须完成所有的作业。老公觉得作业完成时间的规矩不能变，更不能由着孩子。我就给老公讲了一些实际情况，孩子刚上学前班，作业量对他来说挺多的，让他一下子完成，会让他对写作业产生厌烦，进而对学习失去兴趣。老公对孩子学习的武断态度，会让孩子在今后写作业过程中想到这种不愉快的经历，对学习逐渐丧失兴趣，因此应该灵活和有弹性些。我告诉老公维尼老师的观点：先让孩子自己去体验，哪怕是失败的，他自己认识到了，我们再适时地提建议，并和他商量。说通了老公，我又告诉孩子为什么要尽早写完作业，实在不想写，晚点儿写也可以。然后我们又说好，周末作业先由他自己安排时间试试看，体验一下怎么样是最适合的。他开心地接受了。

※ 以前我为了让孩子养成好的习惯，给孩子立了很多规矩并严格执行，但是孩子并没有像我预想中那样越来越好，而是变得越来越倔强、易怒、易攻击别人，为此我特别痛苦。后来我看了维尼老师的文章，学着顺应孩子的心理，很多事不再和孩子较真，只是把我的想法告诉孩子，然后让孩子自己选择怎么做，结果孩子基本会按照我说的去做，偶尔拒绝我的提议我也理解。规则执行起来有弹性，孩子觉得舒服，反而比以前自觉了很多。

当然，如果原来一直采取强制的方式，硬性执行规则，亲子关系不好，那么在变得有弹性、宽松之后，会有一段貌似混乱的时期。不过，如果坚持这样做，亲子关系会逐渐好转，孩子也会越来越合作。

《正面管教》提倡温和而坚定地执行规则，这自然比严厉而坚定有进步，因为后者容易引发冲突，破坏亲子关系，孩子可能不会服从，而会对抗、逆反，结果是不合作。

温和而坚定，对有些孩子来说效果还可以，有时坚定也是需要的；但是对某些孩子来说，这也意味着压抑；如果无论什么时候都很坚定，那么孩子可能也会有些崩溃的感觉。

孩子小的时候是姥姥带的，姥姥非常爱护孩子，对孩子几乎不发火，态度很温和。但是，她对孩子保护过度了，生怕孩子受凉，生怕孩子磕碰受伤，又怕孩子吃不好。所以，她的规矩很多，不让干这个、不让干那个，又会坚持让孩子做她觉得好的事情。时间久了，孩子就像被捆起来了，常常发脾气，不知道如何表达，只好蹦跳哭闹，那种感觉你能体会吗？

想想自己，如果我们想放松自在一下，不那么遵守纪律或规则，如果有人一直温和而坚定地告诉我们，这是不允许的！是不是也会觉得压抑呢，甚至心头火起，想发作一番？

如果父母太坚定，孩子只能按照规则来，无奈地服从。这也许看起来是听话，但对孩子是一种压抑。压抑是心理问题最常见的祸根。

※ 在我儿子小的时候，我和太太认为给孩子立规矩非常重要，以为从小培养守规矩，长大就能更好地适应社会规则。因此，对儿子的要求就非常严格，并制定了一些现在想来非常过分的处罚方式。比如，去商场之前先说好不买玩具，到时哭也没用；要求儿子停止某项活动时数"一二三"，数到三还不停止的话就要处罚；发现儿子说谎或其他比较严重违规的行为，会把他独自关在房间里（虽然时间只有几分钟，但对只有四五岁的孩子来说是一件很可怕的事）；规定他只能周末玩半小时掌上游戏机，如果发现在其他时间玩游戏机，就罚一周不能玩游戏机。现在想来，我和太太简直就是不通人情的暴君。

儿子虽然不太反抗，但内心被压抑。他小时候是一个阳光男孩，上了小学之后，变得越来越不阳光，很少有情绪高昂的时候。上了初中后，儿子和我们的交流越来越少，感觉他越来越不快乐，最后有了心理问题。

※ 我曾经想把女儿培养成心目中的大家闺秀——各方面都优秀，外表漂亮，学业中上，出得厅堂、下得厨房，聪明智慧，文体兼修，温文尔雅，落落大方……可能还有一条我不愿意承认的"循规蹈矩"。所以，我会按照自己的要求去培养她，给她立了不少规矩。

　　记得她一两岁时，性格显得蛮厉害、蛮张扬的，她有一阵痴迷于拿个东西就摔在地上，然后哈哈大笑。我很生气，觉得这是个天大的事，我呵斥她，她哭了，然后我就把她放在自己的小床上还关门走了，十分钟不理她。自此她就不怎么扔东西了，我还得意自己有办法制住她。

　　等她大一点儿，我就开始在言语上暗示她各种行为要守规矩。

　　首先是吃，她吃饭慢、挑食，我没少唠叨、批评，有时候孩子两眼含泪吃饭；吃零食不健康，孩子为了证明自己好，从来不跟我们要零食，偶尔阿姨带她出去买点儿零食，她总是偷偷摸摸吃；我总是给她打扮得漂漂亮亮，每天都换衣服，老师都夸她干净，然后我又担心她爬上爬下摔着，把漂亮衣服弄脏了；要求她要有礼貌，不要让别人觉得她不好（这是我给她埋下了在意别人眼光的种子）；不时要和我们闹一下，立刻就被我制止了，还批评她、训她；如果哭，就告诉她哭解决不了任何问题，呵斥她别哭了，所以即使批评她，她也只是眼圈红了，什么都不说，看着让人难受。她的情绪得不到宣泄，堆积在心里。

　　后来，在不断压抑之下，孩子患了抽动症。

　　现在我终于明白了，这些严格执行的规矩最终都成了压抑孩子的工具，有什么比孩子的健康快乐重要呢？我开始放松这些要求和规矩。其实什么漂亮衣服、干净与否对孩子一点儿都不重要，现在只要没有生命危险，她爱怎么玩就怎么玩，我绝不唠叨，并且明确告诉她，衣服鞋子是拿来穿的，脏了洗洗就行了。现在女儿逐渐恢复了她的本性，变回了那个淘气、灵动的姑娘。每当在外面玩时，别的家长大呼小叫注意这个注意那个，我什么都不说，就笑笑冲她招手。踩一脚泥，弄一身水又有什么呢？

所以，我提倡温和而有弹性地坚持规则，这样更人性化。一方面，孩子更愿意接受而不是抵触规则，她会清楚地知道规则需要遵守，不会困惑；另一方面，灵活变通一下，孩子更能感受到我们的爱意，更有安全感。

当然，在学校里或社会上规则往往是没什么弹性的，此时可以告诉孩子在家里和在学校里的区别，让孩子有严格遵守学校规则的意识。

维尼小语

什么叫宽松？宽松也有要求、规则，不是给孩子完全的自由，只是有弹性。规则可以变通，所以孩子愿意接受。就像孩子冬天不能不穿衣服，但是穿什么衣服需要孩子同意和喜欢，也不要紧紧束缚着让孩子难受，还是宽松舒服些为好。这样的"衣服"（规则、要求）孩子是欢迎的。

养育需要学会变通

妥协是后退，但是后退是为了更好地前进。先说好，再说不；顺势而为，顺应心理，都是一种妥协的艺术。在家里，有很多事情都需要学会妥协、灵活变通。

※ 那天炖了汤，饭菜好了，我让儿子先喝一碗汤，然后吃饭。

儿子说："我只吃饭，不喝汤！"

我回答："好！那你就吃饭吧！"

儿子很开心地吃起饭来，碗里的饭吃得差不多时，我在他碗里倒了点儿汤，他也很开心地喝完了。

以前，我认为汤更有营养，必须先喝一碗汤再吃饭，弄得吃饭的气氛不愉快。妥协一下，等孩子高兴了，再喝汤也不错啊。

※ 在以前，每次吃鱼，儿子不想吃鱼下饭，我们就会对他说不吃鱼下饭就拌酱油去，他吃着就不是很情愿，会有脾气，还嫌这嫌那的。现在学了维尼老师的理念，我不再强求他按照我们的要求来。周日我买了鱼清蒸，还准备给他煎一个鸡蛋。我告诉儿子："我知道你喜欢煎鸡蛋下饭。"儿子眉开眼笑，晚饭吃得很快，也很开心，吃了不少鱼和青菜。我一次小小的迁就换来了他吃鱼的积极性。

变通下，效果很好。

儿子平时晚上9点就应该洗漱睡觉了。有一天晚上写完作业已经 8 点 40 分了，他想出去玩。要是在以前，我肯定坚决不答应，最后就是以我生气他哭收场。我现在想：让他去楼下玩十分钟也没关系，也算满足他了，于是就同意了。没过十分钟他就高高兴兴地回来了。洗漱完了我们还躺着念了一会儿英语，他也没像平时一样哼哼唧唧的，而是开开心心地学完了。所以，稍微变通妥协一下，孩子都是通情达理的。

妥协，也是和孩子商量，灵活变通，比强迫要好。

中午把孩子从幼儿园接回家，他不愿意午睡。开始我强迫他睡，哪怕睡半小时。但是中午睡觉时间短，基本上刚睡着就得起来，孩子情绪就很不好。后来我做了妥协，和他商量，是中午睡觉，还是晚上早一点儿睡，他选择了晚上早睡，我也欣然接受了，并一起协商好晚上 9 点上床讲故事睡觉，他也很愿意。即便有时候拖拉一会儿，我们也很少去催他了，晚那么十几分钟也不是多大的问题，像以前我可是一分钟都不愿意晚的。这样比强迫好太多了，晚上 9 点上床讲故事或听故事，五分钟他就睡着了。灵活变通一下，既尊重了他的选择，也保证了睡眠质量。

在家庭教育之中，我们需要有所坚持，有一定原则，但是也需要考虑孩子的感受、状态，要灵活变通地坚持。学会妥协是亲子关系的润滑剂。

第二节　这样做，不用说教就能改变孩子

很多父母可能有这样的体会，和孩子说教有时是无效的。幼儿常常不听道理；而青春期、逆反期的孩子有时讨厌听道理；对一般的孩子来说，说教多了也会嫌父母啰唆。那么如何不用说教就能改变孩子？

行为主义心理学有一个基本原理：人的行为会受到结果的影响，可以通过改变结果或者体验结果来改变人的行为。当说教无效的时候，我们可以通过体验结果的方法让孩子主动做出改变。

孩子的"问题行为"是如何形成的？

如果去分析孩子某些行为形成的原因，你会发现孩子的部分行为是体验结果而塑造的。

这其实是人类普遍存在的一种心理规律。当你新进入一家公司或单位时，开始时，你有自己的行为方式和个性，但是如果某种行为在这个环境里会令你利益受损，那么你就会根据结果修正这种行为；如果某种行为得到了鼓励和肯定，那么这种行为就会得到强化。这是因为人都是趋利避害的。

孩子也是如此，得到鼓励和肯定的行为往往会被强化。孩子从

一件事情中尝到了甜头就会更愿意去做，如果某件事或某个行为让他经常体验到苦涩的结果，他就可能不愿意去做了。

另外，与父母的互动中体验的结果也会塑造孩子的行为。

爱发脾气、倔强。如果父母对孩子限制太多，不让他按照自己的意愿来，他不发脾气、不倔强就不能实现自己的愿望，而发脾气、倔强了，才能满足自己的要求。长此以往，这样的结果就塑造了孩子爱发脾气、倔强的性格。

逆反。父母管教太严、压制过多，孩子好好说父母不理睬，只有反抗才能获得一些自主自由，孩子体验到反抗的结果有用，于是有意无意中学会了逆反。

说谎。父母严厉，孩子犯了错误说真话会被训斥、惩罚，而说谎可以避开这些负面结果，孩子自然学会了说谎。

偷拿家里的钱。孩子想要一些东西，父母不肯满足他，而孩子又渴望，所以想到去偷拿家里的钱。孩子尝到了甜头后，逐渐成了习惯。

了解了孩子问题行为形成的原因，就可以通过改变教育方式，让孩子体验到不同的结果，从而改变孩子的问题行为。

父母不去过多限制孩子，学会适当满足孩子的要求，好商量，那么孩子体会到原来好好和父母说就可以满足自己的要求，那么他何必发脾气、倔强呢？

父母学会给孩子更多的自主自由和尊重，孩子和父母正常交流就可以，那么何必逆反呢？

孩子犯了错误，父母能够理解、接纳，而不是训斥、打骂，那么孩子何必说谎呢？那样他也是提心吊胆啊。

父母能够去适当满足孩子的要求，他也就没有必要偷着拿钱了。

帮助孩子自己体验行为的结果

孩子有些行为需要改变，但是对于幼儿，讲道理有时是无效的；有的孩子比较倔强，或者有自己的主意；有的孩子逆反；青春期的孩子又不爱听说教，即使你口吐莲花，孩子也不会听。

那么此时不妨让孩子去体验，让他自己去试错，体验有时是最好的说服，通过体验结果，孩子自然会做出调整。

幼儿听不进道理，那么，可以让他去体验。

※ 女儿刚刚学会走路的时候，喜欢到处摸，看见冒着热气的开水和汤也想伸手去摸一摸，那时我总是要时刻盯着她，把她拉开。后来，我干脆鼓励她去尝试摸一摸，她小心翼翼地把手伸过去，触到马上缩回来了，说："好烫！"从此以后，她看见冒热气的东西，再也不去碰了。

※ 昨天在广场玩，绿化带浇了水很泥泞，六岁的儿子要踩泥巴。要是放以前我就阻止了，我一想，不妨让他自己体验一下，反正踩了这次肯定不想踩下次。我说好吧，你试试吧。他一脚迈进去，

脚下一滑，竟然一屁股坐了进去！好了，场面挺壮观的，他脚底全是厚厚的泥巴，屁股和腿上也是，我们就坐在马路牙子上抠泥巴玩了。

我问他感觉怎么样？他说，挺好玩的，不过很糟糕。他乖乖地看着我一点儿一点儿擦泥巴，一脸的尴尬和歉意。我没有指责他，只是问他以后还要不要踩了，他摇摇头说不要了。相信他一定记住了，这比我唠叨一百遍还管用呢！

有的小孩子不愿意和小朋友玩，可能是没有体验到和同伴玩的乐趣，家长可以想办法，采用一些他喜欢的方式，等他体验到乐趣，就会逐渐喜欢和小朋友玩。

孩子有时需要父母的帮助。比如有的孩子胆子小，不敢玩滑梯，那么可以先扶着孩子滑，让他体验到滑梯挺好玩的，不可怕，之后就可以自己滑了。其他诸如不敢骑自行车、不敢去某些地方，都可以先陪伴、辅助孩子，让他体验到不可怕之后再逐渐放手。

对小学生来说，有些问题唠叨、说教了很多次也没有效果，那么父母不妨闭上嘴，让他自己体验行为所得的结果。

孩子早上起来磨磨蹭蹭，如果父母不停地催，那么孩子容易烦躁、发脾气，大家心情都不好。此时不妨闭上嘴，只提醒一两次，之后让孩子按照自己的节奏来，这样大家的心情都不差，如果迟到了，孩子自然会慢慢调整。

　　孩子不太想做作业，不必苦口婆心地劝他，相反可以轻描淡写地告诉他："你随便啦！"等老师批评他，或者他想到老师批评的后果，自然就去写了。

　　孩子觉得不需要在家里练习听写，就让他去试一下，成绩不大好的时候，他就知道练习听写的必要了。

　　想起我上一年级的时候，有一条自己最喜欢的粉色裙子，有一天早上非常冷，我坚持要穿那条裙子。奶奶拗不过我，就让我穿了。之后的感觉，我到现在还记忆犹新——风呼呼地吹在身上，尽管冷得要命，我还是在大人面前装得很潇洒不怕冷的样子。但是，以后我再也不敢有这种想法了。

　　有时我们可以帮助孩子，让孩子体验到良好的结果，从而改变行为。

　　开始写作业没有乐趣，辅助他，等有了进步，他体验到成就感，就会逐渐有兴趣和信心。

　　孩子早早写完作业，不要着急给他布置新的任务，而是让他体验早写完作业可以尽情玩耍的愉快结果，有助于养成及早完成作业的习惯。

　　期末考试不愿意复习，也可以督促他一下，等他考试成绩不错，体验到努力的结果后，下次复习就会积极些了。

　　青春期的孩子自主意识很强，拿定了什么主意有时很难说服。

此时不妨先顺应孩子的想法，让他自己体验行为的结果。

　　为了节约时间，女儿上学一直和同学打车去上学。她有段时间总想坐公交车，我觉得不好。但是她想坐，就让她体验几次吧。坐了几次，她也感受到不如打车方便，就自然不坐公交车了。

　　有时对于某些事情的观点有分歧，我们也不必急于说服孩子，不妨让他自己上网搜索，自己寻找答案。有些题目该怎么做，孩子如果不相信父母的解答，那么不必逼着他相信，第二天上课听听老师的讲解就知道了。

　　一位上初二的孩子，以前在班上成绩遥遥领先于第二名，孩子逐渐有些松懈。爸爸提醒，他听不进去，自己觉得很有把握，家长说多了还不爱听。所以，爸爸闭嘴，让他自己去体验结果，结果期中考试成了班级第二名。这下，不需要说什么，孩子就会做出调整。

　　有个上初三的女孩不想上学，怎么劝也不行。她想让父母帮助她开淘宝店，我建议家长支持她，结果一两个月没有顾客光临。她明白了此路不通，后来又想去打工，过了几天，又觉得太辛苦。几次折腾下来，她明白了，这些都没有想象中那么简单和美好。

体验、试错，好处多多

　　如果和孩子说不通，那就不要霸王硬上弓，不妨尝试让孩子自己去体验结果，这样看似会走点儿弯路，但更有说服力。这就是体验式说服。

我女儿学习还可以，只是以前每天晚上8点多才开始写作业，有时11点多才写完，这让我很崩溃，忍不住要发火。这周我按照维尼老师的建议，不去催孩子。让她自己安排写作业的时间，自己来体验何时开始写作业合理，在这之后再和她商量时间安排的事情。周六下午，女儿告诉我，她周六下午2点就把周末的作业做完了。我觉得很奇怪，她平时周六早上都要睡到10点左右才起床，起来后就磨磨蹭蹭，不会做作业，但那天居然早上9点左右就起床了，起来就做作业。她还说，周日她将有一上午的自由时间，她觉得好舒心，可以做她想做的事了。我问她自己安排时间的感觉如何，她说没有了压迫感，还说平常完成作业的时间太晚了。我说你看早早完成作业的感觉好吧，现在你想做什么都不会惦记着作业了，玩起来就很放松。她觉得我说得很对。

一个上小学二年级的男孩不喜欢写作业，下午4点多回家先看漫画，吃东西，到晚上八九点才开始写作业，到了9点多又瞌睡，写作业就烦躁，父母怎么说孩子都不听。第一周，我建议妈妈和孩子商量，不催不唠叨，放手让孩子按照喜欢的时间表来写作业，让他自己体验；同时妈妈注意改善自己的教育方式。过了一周，亲子关系大为好转。不过孩子写作业磨蹭的问题没有变化。我告诉妈妈，关系好了，可以适当严格要求。

我建议妈妈用上周的体验结果来说服孩子。

妈妈："上周你自己安排时间，回家先看书，然后又干别的，作业到8点左右开始做，结果到10点多才睡，有几天还得早起写作业，这样安排不好是吧？"

儿子："嗯，是不好。"

妈妈："那这周呢？"

儿子："我一定会好好安排，回家马上开始写作业。"

这天下午6点孩子就完成了所有的作业，很是开心！之后虽然有反复，不过逐渐能在6点前完成部分作业。

后来妈妈这样告诉我。

过了一段时间儿子又有拖拉的倾向，多次提醒效果不明显。我决定再让他自己安排写作业一周，结果，他天天很晚才完成作业，早上还迟到了一次。

此时，我再和他商量："上周你自己安排，回家就看书，结果有几晚到9点半才完成作业，10点多才睡，早上醒也醒不来，生活好像有点儿混乱了，是不是妈妈应该帮助你安排？"儿子也挺认可我的话，然后我表示理解他回家想先看书，不过和他约定看书限定在半小时左右。这样，执行时再有些弹性，他会乖乖地把书合上，开始写作业。每天都这样执行，作业也都能在下午6点前完成了。

哈哈，先体验后说服的效果还真不错！

实践是检验真理的唯一标准，当父母和孩子的观点有分歧时，父母的观点不一定是合理的，孩子的观点不一定是错误的。那么，不妨让孩子去体验，让实践证明到底谁是合理的。有时父母的观点确实是有问题的，而有时父母的想法是合理的，但是孩子的观点也是合理的，那么就不妨按照孩子的想法来吧。

让孩子去体验、试错，也是一个成长的过程。父母不可能给孩子铺好所有的路，不可能一直陪伴在左右，孩子总要学会自己思考，在错误中吸取经验教训，即使付出一些代价也是必要的。

不过，有些事情是不能体验的。比如，少壮不努力，等到老大时伤悲就太晚了；又如，有些行为的结果影响很大，孩子的经验毕竟少，按照他的选择可能走的弯路太多。这就需要在小的事情上多让孩子体验，让他明白原来父母说的是有道理的，逐渐建立起对父母的信任，这样在重大问题上就可能会听取或信任父母的意见。

第三节 学会激励，孩子自发变优秀

行为主义心理学在家庭教育中可以有很多应用，其中一个核心就是强化原理，简单来说就是通过改变结果来影响孩子的行为（上一节主要讲到的）。此外，批评、惩罚、奖励、鼓励也是很多父母常用的手段，代币法、情景模拟（游戏）的技术也比较适合幼儿。

维尼小语

要用"鸡蛋里挑骨头"的精神去发现孩子的优点和进步，多多鼓励，当然鼓励也要实事求是；可以批评，不过态度最好平和些，而且要少批评，有时可以睁一只眼闭一只眼；惩罚，要慎之又慎，如果亲子关系不够好，父母又不是很懂教育的艺术，还是不用为好。

好孩子是夸出来的

俗话说："好孩子是夸出来的。"在激励孩子的方法中，鼓励最方便、最有效，也不用花一分钱。很多父母在孩子幼儿时期都会鼓励、表扬，但孩子越大，鼓励却越来越少，批评越来越多。咨询时，鼓励竟然成了我必须专门提醒的"秘诀"。

为什么父母吝啬鼓励呢？

我看不到孩子的任何优点，怎么鼓励呢？

其实在亲戚、朋友、老师和同学们的眼中，女儿很不错了——对人有礼貌、健康、爱劳动、善良，学习成绩虽不算拔尖，但也不差。可我心里最清楚女儿了：什么事情都不愿意动脑筋思考，题目如果长了，她没读完就说不会；成绩好还是不好，受批评还是受表扬，都"宠辱不惊"。在我眼里她简直就是一无是处。

当孩子还是婴儿时，父母的要求较少，心态也比较平和，孩子也比较听话，因此父母能够鼓励。后来孩子没那么听话了，出现的问题父母又不知如何解决，所以容易心情焦虑，再加上逐渐执着于孩子的优秀，在高标准、严要求之下，孩子的长处显得不"长"了。父母还会不由自主地拿孩子的缺点和别人家孩子的优点比，因此短处显得更"短"了。这样，父母自然不能鼓励孩子了。

我小时候经常被妈妈拿来和小朋友比，这给了我很大的压力，所以我痛恨这种比较。有了孩子，我从来不拿他和其他小朋友比。但是，我对孩子有较高的要求，会拿孩子和自己的要求比。总以为孩子有优点是应该的，对孩子的优点视而不见，缺点就看得清清楚楚，这样自然没有劲头去鼓励孩子，还给自己带来了不少压力。

孩子做得差的方面，怎么鼓励呢？其实只要有善于发现的眼睛，有"鸡蛋里挑骨头"的精神，总是可以找到孩子相对好的地方，总能发现孩子的进步。

比如，可以用鼓励的方法来培养孩子认真写字的习惯。有人说，孩子的字那么潦草、难看，怎么鼓励？其实只要肯找，总能找到相对好看、写得认真、有进步的字。每天鼓励十几个字，孩子就能感受到写字的乐趣，对形成认真的习惯有帮助。

一名小学生语文得了五十八分，可班级的平均分是八十二分。我分析试卷后发现这也可以鼓励，比如字写得有进步，第一、第二部分全对了……有些题目本来会做，只是出于某种原因没得分，如果下次注意了，分数会高得多……这样鼓励一下，孩子就不会沮丧，而是信心满满了。

我在女儿的家庭记录本上写上她今天的优点，而以前我真的只看到她的缺点，而且记录的也都是缺点。现在我发现，只要肯寻找，每天都能找出一两个优点来，比如维尼老师说的，字写得认真，哪怕只有一个字也可以鼓励；桌子收拾得干净；学会整理自己的书包。孩子真的是越鼓励越愿意进步。以前我只是泛泛地夸真聪明、真棒之类，她听了好像没什么反应。

如何鼓励孩子最有效

鼓励孩子不可过头

有些话说着过瘾，但是副作用较大。比如，鼓励孩子：你一定能赢，一定能考好。如果孩子具备了能力，只是信心不足，此时需要父母推一把，"你一定能行"这种鼓励是可以的；否则，这样的鼓励会导致孩子压力过大，遇到不顺利时情绪波动较大，反而有负面影响。

比如孩子考试之前期望自己一定能考好，而对于不顺利没有心理准备，一旦有些题目不会做，就可能会紧张焦虑，影响答题。一门考试发挥有些失常，心情沮丧，可能引起连锁反应，影响到下几门考试。所以，家长鼓励不要过头，不如说：尽力就好，顺其自然。

一个孩子成绩较差，心气还较高，妈妈鼓励孩子：我相信你，一定能学得好！孩子也想学好，开学之初还不错，但是没过几天，由于换了一位严厉的老师，对他有些打击，再加上基础不扎实，学得不顺利，孩子一下子觉得自己的期望遥不可及，很失望，挫折感太强，结果连课也不想听了。如果一开始妈妈给孩子制定一个可行的目标，比如到期中考试时前进五名，结果就会好得多。

表扬孩子要具体、实事求是

前些年赏识教育很流行，所以，很多父母经常对孩子大加赞赏。

※我女儿三岁，家人对孩子总是大加表扬，比如：你真聪明、你最棒、你真厉害、你最行……本来小孩子就大都争强好胜，在如此表扬之下，她变得很爱面子，不承认错误，不接受现实；很多时候明明知道自己错了就是死不改口，非说别人是错的，还得让别人承认错误；很多事情做得不如别人就发脾气，怎么和她解释都没用。

※我儿子五岁，从小在识字、数学方面有特长，家人引以为傲。特别是爷爷，对于自己的孙子更是赞不绝口，到处夸赞，满口满心地赞赏，什么你真聪明、你真棒。结果，我儿子对自己要求过高，追求完美，游戏不能输，弹琴不能弹得不好，字不能写得不好，自我压力很大，有了抽动的症状。

这种心理的变化是可以理解的。夸大其词、泛泛的表扬，会让孩子错误地认为自己什么都应该做好，不能犯错误，不能做得不好，不好就意味着失败，这样心理自然脆弱敏感。

有时夸大的表扬会让孩子觉得有压力，也不喜欢，因为感觉自己其实不是那样的。想想我们自己也是如此，我的一位朋友表扬人比较夸张，我被表扬时，总觉得不自在，有起鸡皮疙瘩的感觉，而那些实事求是的夸奖，我还是很爱听的。

有分寸的表扬，对孩子有好处，但是过分表扬就不好了。我儿子在三岁多的时候，有一段时间不喜欢我说他很棒之类的，一说他就生气："我不棒。你老是夸我，我不想听。"我当时很无措。后来看了维尼老师的文章之后，我就对他有针对性地表扬，比如他画画好，我就说："哇，儿子，你画的这个飞机真是好看啊，真不错。"这样，儿子就喜滋滋地接受了。

这个度怎么把握呢？其实也简单：只要表扬是具体的（针对事情），实事求是的，只要真心地赞美、分享孩子进步的喜悦，而不是为了给孩子压力，就可以大胆地、毫不客气地进行夸奖。而且，要拿着"放大镜"找到孩子的优点和进步。

我家有对双胞胎，以前当我们表扬一个孩子某方面（比如画画）好时，另一个孩子可能会表示不满，为了息事宁人，我们可能会说："嗯，你也画得不错。"后来觉得如此表扬还不如不表扬，孩子感觉不到父母的真心，虽然被表扬了，但有被敷衍的感觉，于是就改为表扬孩子真正擅长的方面，或者表扬他们真正做得好的方面。比如，这个孩子画面比例处理得合理，那个孩子涂色涂得漂亮……就像维尼老师说的，尽量实事求是，尽量具体。这样就好多了。

也可以实事求是地夸奖孩子的品德，比如可以告诉孩子："你真是一个好孩子。"因为孩子本来都是天使，即使他有时撒谎，不好好做作业，不小心破坏了东西，也还是一个好孩子。

在《窗边的小豆豆》里，只要碰到机会，小林校长总是对小豆豆说："小豆豆真是一个好孩子啊！"这在她心灵深处树立起了信心，使她确信"我是一个好孩子"。这是一句对小豆豆的一生产生了决定性影响、至关重要的话。

打击孩子不要太实事求是

去年的家长会因为孩子考得不好，老师说了孩子一堆问题，我回到家想都没想就一股脑儿说给孩子听。孩子当时没说话，可是从后来的交谈中我听出，他把自己归于坏孩子、学习不好的孩子里面了。我很后悔，之后我就不断鼓励孩子，孩子的自信又慢慢回来了。

今年家长会后孩子第一时间问我老师说什么了，因为他知道最近自己因为迷恋课外书，老师把课外书都没收了，他估计老师会告状的。老师的确说他上课看课外书了，可是我没有直接说他，我说老师说你爱看书是好事，可是上课看就不对了，应该在该看的时候看。孩子同意了我的观点。

你还记得被批评的感觉吗？

记得孩子说过一句话："你们大人很奇怪，我们做对了事情，你们表扬的时候就那么一句话；而我们做错了事，你们的批评会唠唠叨叨一大堆，没完没了！"初听这话，我还辩驳说："我们大人都是为你们好！"其实，扪心自问，我们大人是多么自负、多么自以为是呀！

我小时候被大人严厉批评后，做什么都特别紧张，生怕再做错，又挨骂。

您还记得这种感觉吗？

与惩罚不同，批评是直接的交流，如果能沟通好，促使孩子的认识有效转变，效果胜于惩罚。

不过，和惩罚相同，在批评之前，我们首先要理解一下孩子，孩子的表现是不是正常的？是不是人之常情？是否有内在原因，批评是否解决不了问题？是否孩子更需要的是帮助而不是批评？孩子的问题是不是我们造成的，该被批评的是不是我们自己？这样一来，很多事情就没有理由去批评孩子了。

当然孩子有时是需要被批评的，我们如果能心平气和地指出孩子的问题，对事不对人，温和地批评、探讨，还是有助于孩子的成长的。

如果能做到先表扬、肯定，再批评、探讨，孩子更乐于接受。如果声色俱厉地批评，孩子自然会抵触，甚至会反驳、逆反。想想我们自己，面对领导严厉的批评时，不也抵触吗？如果上纲上线地批评孩子，而不是就事论事地探讨，甚至去否定孩子，或者将训斥和指责变成父母宣泄情绪的手段，效果更是不好。

我做过一次调查投票，结果如下。

领导声色俱厉地批评时，我心里很不爽或有火　150 票

领导声色俱厉地批评时，我心里较平静　　　　10 票

领导讲究方式地批评时，我很不爽或有火　　　9 票

领导讲究方式地批评时，我心里较平静　　　　154 票

己所不欲，勿施于人。我们自己不喜欢的批评方式，就不要让孩子来承受啦。何况批评不是目的，能让孩子接受才是目的啊！

负面刺激不是一个好办法

有时父母批评孩子，不是为了沟通，而是想刺激一下孩子，让孩子记住，以加深印象。也许这样会有些作用，不过，负面刺激多了，会打击孩子的信心和兴趣，还会破坏亲子关系，导致孩子不愿合作，甚至对着干。

昨晚我又和孩子闹矛盾了！早上，我看见孩子在墙上的一张纸上写"从此以后，放弃理想"。看到这个，我心里好痛好痛。昨晚我批评她学习时坐姿不正确，我提醒得太多，她开始逆反，纹丝不动，这导致我最终发火，随后开始批评。我说："一旦眼睛近视得厉害，长大后什么工作都做不了。比如，你想做服装设计师，如果眼睛近视得厉害，连图纸都看不清，学校还会要你吗？"这句话刺激了孩子，留在了孩子的心里。于是她晚上临睡前，写下了"放弃理想"的宣言。看来我的话的确是刺激了她，但起的是反作用。后来，我们聊天时她告诉我，她讨厌我说的学校不要她的话，说我总是用自己的思维方式去考虑问题。看来还是少去故意刺激孩子，真的会伤人的！

严厉批评真的有用吗？

我有时跟上小学二年级的女儿沟通，问她被我严厉批评时心里到底在想什么，她说觉得很害怕，对我说的话基本没怎么听。所以我想，对孩子严厉地批评可能确实没什么用处。

批评，有事说事就可以了，没必要非让孩子承认错误。

我现在越来越感觉对孩子严厉批评基本上是没什么用处的，其实家长的那些道理，孩子都明白的。孩子做得不好，家长指出来就行了，不用把道理反反复复、严厉地说出来，像我们以前非要孩子承认错误这种就更没必要了。对于孩子犯的确实严重的错误，家长的语气可以很严肃、很郑重，孩子基本上就能够感受到问题的严重性了。

想想自己，被严厉批评之后会如何？

我通过考驾驶证这件事，更能理解孩子遭到严厉批评指责时的心情了。练车过程中，如果教练用包容的态度、激励的语言，学员学起来就比较轻松，没有压力；如果教练着急，态度专横，连吵带嚷，学员学得紧张，放不开手脚，反而学得慢。昨天都考试了，还有教练着急上火，我们几个学员又开始议论，幸好没遇到这样的教练。成年人都那么需要被理解，更何况孩子呢？

态度平和的批评，孩子更愿意接受。

平时我对孩子比较民主，凡事愿意和他商量着来，尽量不对他发火；他外婆是最耐不住性子的，一着急就想训斥批评他，一直主张对调皮捣蛋的孩子要严加管教，打骂是必须的。但是孩子最听我的。把他当成自己的朋友来看待、尊重，他也会回报你的。

　　有一次，他在幼儿园犯了错误，外婆教训了他，他也不听。于是我就去问他，他敷衍地说："我们还是别说了吧。"于是我蹲下去，心平气和地对他说："妈妈不会责怪你，我只是想知道是什么情况，看看妈妈能不能帮你一起想想办法。"他点点头，开始配合地和我说了事情的经过，其实无非就是在幼儿园里与小朋友相处时发生了一些摩擦。然后他问我："妈妈，你能想出什么好办法吗？"我平静地给了他一些建议，他愉快地接受了，并答应我去试试。其实我也不指望和他说一次，他就真能按照我的建议去做，但至少我知道他认真在听，也思考了，这对他慢慢积累与人相处的经验一定是会有帮助的。

为什么惩罚孩子效果不好？

　　我曾经抱着犯了错就一定要受到惩罚的教条对待孩子，结果现在孩子青春期开始抑郁，悔恨啊！其实孩子就是这样，你越纠错，就越有纠不完的错，多关注孩子的"对"吧，孩子会越来越"对"。我特别赞成维尼老师不惩罚的观点，只是相识恨晚，当初没有好好呵护孩子幼小的心，后悔莫及！

　　想想我们自己，有多少人能欣然接受惩罚呢？己所不欲，勿施于人。有的育儿节目中，育儿师提倡可以温和而坚定地惩罚孩子，但是效果如何呢？

我女儿本来不是一个爱哭的孩子。我之前看了几集育儿节目，我想用里面惩罚的方法让孩子吃饭，不管她怎么哭，我都要求她把鸡蛋吃完，后来孩子哭得很惨，总算吃完了鸡蛋。那个晚上，她第一次半夜从睡梦中哭醒，之后的一段时间，都比较爱哭闹。

看育儿节目时，我学会了用里面的方式对待孩子。每次惩罚孩子时，孩子都在撕心裂肺地哭，最终孩子不但没有听话，反而学会了犟嘴。学习维尼老师的理念之后，孩子现在基本不用我吆喝。虽然每个孩子不同，但每个孩子都喜欢被人爱和鼓励。

1. 为什么不应该惩罚孩子？

孩子犯了错误，有了问题不去惩罚，那怎么办？难道听之任之？难道去鼓励犯错？

如果我们能理解孩子，就会发现孩子有些所谓的错误可能很正常，没什么，不过是人之常情，比如丢三落四、有时说话不算数；有些有内在原因，需要我们找原因想办法去帮助孩子，比如不爱弹钢琴，写作业磨蹭、粗心；有些可能是父母不合理的教育方式造成的，需要改变的是父母，比如孩子说谎、偷拿家里的钱、有网瘾等。在这些情况下，您觉得应该去惩罚孩子吗？

2. 惩罚的危害有哪些？

家庭教育中偶尔惩罚一下，把握好度，注意态度和方式，也可能会有些短期的效果。但惩罚用多了效用会递减，必须加大惩罚力度才能再次有效果。惩罚还可能会激起孩子的愤怒、反感，引起孩子的逆反，破坏亲子关系，挫伤孩子的自尊心、兴趣、信心和积极性，与我们纠错的目的背道而驰。

行为主义心理学认为要慎用惩罚，多用鼓励、奖励。因为惩罚反而会强化幼儿的行为。对于幼儿，惩罚有时反而会引起孩子的兴趣。比如孩子说脏话，越是惩罚他，他可能越来劲；往地上摔东西，父母的惩罚可能会使孩子觉得更刺激。此时淡化，不去理他，或者平静地和孩子说说，效果更好。

惩罚有可能会破坏兴趣。进步和成就感是兴趣最好的老师，惩罚则直接破坏成就感，自然损害兴趣。惩罚孩子，将一件需要兴趣的事情（学习）和一件痛苦的事情联系在一起，时间久了，形成条件反射，一想到这件事情（学习）孩子就会感到烦。

惩罚治标不治本。比如孩子写作业磨蹭有内在原因。惩罚只是针对行为，而不是针对原因去解决问题，效果自然不好，还增加孩子对写作业的反感，甚至导致厌学。

到了青春期，惩罚容易引起反抗、逆反，导致孩子对着干，到那时就无计可施了。

惩罚也会逼孩子说谎。孩子为了逃避惩罚，不敢实话实说，就会学着隐瞒、说谎，这样以后你就难以了解孩子的真实情况了，或者需要费尽心思去鉴别孩子是否撒谎，教育就成了一场猫捉老鼠的游戏。而不惩罚、不训斥，孩子就没有必要去撒谎，因为说实话对他来说很轻松。我女儿就是这样，她和我都是说实话，因为我从来也不惩罚她。

有一次女儿拿我的化妆品来"做实验"，我生气了责备她，她马上说："早知道这样，刚才你问我时，我就说我没有拿了。"

3. 可以用自然惩罚法

自然惩罚法就是让孩子自己体验行为的结果，从而自然修正行为。比如，孩子不好好完成作业，不必唠叨，有老师的批评在等待他呢；上学磨蹭，不必不停催促，迟到几次他就知道错了；不想练习听写，课堂检测错得多了，就知道练习有必要了；孩子想去玩火，不妨让他稍微尝试一下，被轻微地烧痛了，就不敢了。

自然惩罚不是故意惩罚孩子，而是当孩子坚持自己的做法时，适当放手让他去体验结果。

4. 不惩罚如何管教

惩罚是一种懒惰甚至无能的方法。不惩罚不代表对孩子的表现听之任之，而是采取更有效的方法。一是找原因想办法去帮助孩子，比如前面讲到的解决孩子不爱弹钢琴、不爱写作业的方法；二是多鼓励，激发孩子的内在动力；三是建立良好的亲子关系，这样孩子会合作，很多以前无效的方法就有效了，比如讲道理、约定、制订计划等。

※ 现在女儿有令我难以接受的行为时，我都冷静温和地和她讨论，发现大多数时候都有她自己的原因，想办法从根本上解决了那个原因，她自然也就不再那样了。我现在觉得惩罚是治标不治本，甚至是有点儿"懒惰"的办法。

※ 以前一味地惩罚女儿想让她改掉粗心的毛病，但收效不明显。后来通过鼓励、不惩罚的措施有一定的进步。虽然不是立竿见影，但想想我们大人要改正一个错误都需要时间，何况一个孩子呢？

大女儿小时候我惩罚得比较多，她到现在就很叛逆，性格也很自卑。有了小儿子，我吸取了教训，基本上不惩罚，而是多鼓励，儿子的自信心很强，现在我觉得对女儿很愧疚。

5. 鼓励远胜于惩罚

我女儿上小学四年级，本来表现不错，后来受过一次打击之后有些提不起精神，上课不认真听讲，经常做些小动作。老师让她到教室后面罚站，但是没有任何效果。维尼老师分析，孩子本来就有些自暴自弃，老师又多次公开惩罚，孩子更加不在乎了，所以，建议我和老师沟通，请老师遇到这样的情况不要再去惩罚她，而改为鼓励她每天的一点点进步。老师后来答应这么去做，过了不久，女儿不认真听讲的问题奇迹般消失了。

6. 不必逼孩子认错

我好像基本没有让女儿认过错。因为所谓的错误都是可以理解的、有原因的，需要做的是找原因、想办法，或者和孩子探讨一下应该如何做，因此是否认错就不大重要了。不针对原因去想办法，认错也没用。逼孩子认错，不但不利于亲子关系，反而可能让孩子对着干；不逼着认错，亲子关系好了，孩子愿意合作，也会愿意去改变。

为人父母总是很紧张，担心这担心那，发现孩子的一点儿问题就抓住不放，一定要他认识错误，及时改正，还要他再三保证不再犯。学习了维尼老师顺应孩子心理的理念，老师教我们接纳和包容孩子，发现很多时候都是我们太过苛求了。现在孩子没以前叛逆了，越来越能体谅父母。这条路很漫长，且行且珍惜！

能不能对孩子实行物质奖励？

很多专家反对物质奖励，特别是金钱奖励。当然，把物质奖励作为主要激励手段是不可取的，效果也不会持久，但是，短期之内，物质奖励能产生诱导的作用，推动孩子去体验某种行为的结果，从而从内心认可这种行为。比如，孩子写作业磨蹭，初期用物质奖励的手段，引导孩子早早完成，奖励一个小玩具，从而体验到及时做完作业的好处，也知道作业不像想象中那样难，这对于培养写作业习惯是有用的。当然，想仅仅依靠奖励解决孩子写作业磨蹭的问题，一般是不可能的，这只是辅助手段而已。

儿子以前总是不愿做作业，我听取维尼老师的建议，跟他约定放学后半小时内开始做作业，作业在规定时间内完成，完成后马上整理好书包，满足这三个条件就可以奖励一个小玩具。这段时间儿子做得不错，至少让他体验到了早些做作业不是一件困难的事情。当然就像维尼老师说的那样，长久来看，还需要培养孩子的兴趣，多去帮助孩子。

能不能奖励钱？

如果不去找原因、想办法，只靠钱来刺激是不可行的，但是偶尔用用也有一定的作用。

我女儿学拉丁舞，跳得挺不错，自己在家经常跳，可就是不跳给外人看。为了鼓励她，为亲戚朋友跳一支舞，我奖励她两元钱，这样她就跳了！也不知这样做对不对。

孩子不愿意跳舞，可能因为心里有些紧张，不好意思，或者是因为莫名的害怕。通过奖励，让孩子跳几次，她就体验到没什么好紧张的，这样，以后即使不给她钱，她可能也敢跳了。

以前早上让我女儿刷牙她很不情愿，后来妈妈告诉她，如果这十几天按时刷牙，每天将奖励她一元钱。她很有干劲地去刷了，坚持了十几天。虽然后来不奖励了，但养成了习惯，叫她刷牙一般挺顺利的。她赚到了钱，还因此学会了如何理财。

钱只是奖励手段之一，没有必要对此过于戒备，作为一种辅助手段，偶尔用用也无妨。教育，其实也没必要有那么多"清规戒律"。

适合十岁前孩子的鼓励法

代币法是一种把物质奖励和精神奖励结合起来的方法，比较适合十岁之前的孩子。通俗地讲，就是用小红花、星星等象征物对孩子合理的行为进行肯定，象征物积累到一定数量，可以换取实物奖品。幼儿园、学校常用，我们也可以学着应用。

维尼育儿经

我家墙上贴了一张很简单的表格，那是女儿的星星榜。每当我发现她有一件值得鼓励的事情，就会让她给自己加上一颗星，并注明原因。

那天，写英语作业时，我发现她自己能动脑写作业、思考，因此，我说快给自己加一颗星去，她喜滋滋地去了。后来我发现她听写诚实，又让她给自己加了一颗星……她高兴地数着自己的星星："我有八颗星了！再得两颗星就又有一本书可以看了。"后来妈妈回来之后，我又把女儿的"事迹"做了"汇报"，妈妈也很配合："不错啊！"女儿看着很淡定，但嘴角的笑意告诉我，她心里美着呢。奖励星星的原因五花八门，只要有一点儿进步，我都去发现，毫不吝啬地加星鼓励。我的奖品是书，其他孩子喜欢的东西也都可以。另外，一般最好一周内就让孩子能获得奖品，不要让孩子等待的时间过长。

我只奖励星星，不罚星星。一位妈妈用了我这个星星榜，但是有时会因为孩子的不当表现而罚星星，没几次孩子就不愿意合作了。

代币法对培养好的行为习惯有帮助，另外，能够激励、鼓舞孩子，增强信心。

孩子上小学二年级，我学着用维尼老师说的星星榜来培养习惯，激发兴趣。

我先从生活入手。生活的习惯容易形成，不出一周，孩子刷牙就认真了，洗漱之后能把脸盆、牙膏、牙杯归位了。从小在家爱光脚的他，偶尔也会心情愉悦地穿上拖鞋了。最让人省心的是，不到一个月，他早晨起床就变得很容易了，我只是把带有音乐的视频打开做闹钟，其他的事情就不用管了。

　　每攒够四十颗小星星，我会奖励他一本书，酷爱读书的儿子怎么能容忍一周才得到一本新书呢？就这样，他的主动性更强了，阅读起来也更认真，他会珍惜每一本自己得来的图书。不过物质的刺激终究是短暂的，在孩子的兴趣减少之前，我和儿子约定好，不用拿他的星星来换取书，我会确保书的供应量，星星也还记着。可喜的是儿子依然很开心地坚持着。通过这件事，我觉得，孩子需要的是更为具体的认可，他并不在乎是否可以得到物质奖励。

　　在学习上，我减少了硬性的要求。只要数学全对，我会给他记五颗星，书法练得好，我也给他记多颗星。他若能用更多的方法解题，我一样会因为他动脑筋而记星；他如果能够预习，我也给他记星。星星涉及了以前被我忽略的许多"死角"。现在孩子的学习兴趣提高了，尤其是数学，在一次测试中还考了第一名。在学习习惯的形成上，我的体会是，不能以成绩提高为目的，而是要"引诱"孩子学习的兴趣，只要有了兴趣，成绩的提高水到渠成。

　　这个学期开始，我鼓励孩子多运动，每天晚上坚持和他到附近学校的操场走走、跑跑，坚持的动力一样来自星星榜。孩子远没有我们家长想象中那么物质，只要对正确的事情加以肯定，孩子便获得了满足，就会非常愉悦。

　　星星榜的本质就是不断、毫不吝啬地、以"鸡蛋里挑骨头"的精神去鼓励孩子。

如何轻松帮孩子养成好习惯

行为主义心理学有一种情景模拟的技术。简单来说，就是模拟真实的情景，让孩子来练习和体验。对幼儿来说，讲道理效果不好，那么借助游戏，通过这种有趣味的方式来改变孩子，常常会收到不错的效果。

维尼育儿经

我女儿对被叫外号很反感，但是这在学校里是难以避免的，其实最好的策略就是不理睬。所以我们就在家里模拟互相起外号、叫外号，同时表现得很放松，让她体验到这其实没什么大不了的。这样在学校遇到这种情况，她就不那么反感了。

我儿子被小朋友碰了一下，就觉得对方是在打他，所以反应激烈，怎么说也不听。维尼老师建议我和孩子模拟相似的情景玩游戏，在游戏中，互相碰一下。先让孩子碰我，我笑嘻嘻地说："碰一下，没关系，碰就碰吧！"我再去碰孩子，也教给他这样说。逐渐地，孩子就会体验到别人只是碰到他，而不是在打他，"碰一下没什么"也就成了他的习惯性思维。这个问题就解决了。

"老师和学生"的游戏，对于培养孩子上课的习惯有帮助。

女儿上课爱小声讲话，所以我们一家三口来玩当小老师的游戏。先是我当老师，问的题目是房间里的哪些物体是长方形，一共有几个，孩子很认真地数着，答对了，我表扬她。轮到她当小老师时，她也学着我提出一些问题，我没理会，跟她爸爸讲话，她很尴尬。后来我们还是配合她，回答了她的问题。我也借机告诉她，上课小声讲话是对老师的不尊重，告诉她换位思考等。从那以后，女儿的听课习惯好多了。

玩"老师和学生"的游戏，可以逐渐培养孩子对于上课的兴趣。当他扮演老师的角色时，就能够体会到老师对于违反纪律的感觉了，他对于"学生"不认真听讲现象的纠正，也是在有意无意地强化规则意识。另外，经常玩这类游戏，还可以慢慢培养孩子坐得住的习惯。对上课多动的孩子来说，是一种有效的改进方法。

第四节　怎么说，孩子才会听

很多父母缺乏沟通的技巧，只会说教和唠叨。孩子越大，这样做的弊端越明显。

沟通，不只是说，倾听也很重要；不着急去讲道理，而是先顺着孩子说，先去理解和肯定孩子合理的方面，引起共鸣，再提出自己的意见。沟通的态度也重要，需要平和，说话考虑孩子的感受。

我在咨询中常常和一些孩子直接沟通，从小学三四年级到高三的孩子都有，他们共同的一个体会就是我懂他们，所以，会愿意和我交流，说很多事情。当然，我是真的能够理解他们，知道他们情绪和行为的原因，懂得他们行为和想法的合理之处。从技巧上来讲，我总会先听他们讲，开始也会更多地顺着他们说，而不是着急说教和改变他们。等到关系拉近了，他们对我有了更多的信任和好感，我才开始尝试给他们一些建议。

有一个上小学五年级的男生，经常和妈妈发脾气，动不动就生气。我和孩子聊天，发现他特别喜欢漫威，我就先和他聊了一些漫威英雄的电影，他感觉和我有些投机。之后，他说一些事情时，我会先顺着他说，比如他很喜欢打篮球，但是班主任怕耽误学习，不让他参加学校的篮球比赛，他有些生气。我没有去告诉他老师这么做都是为了他好，而是说班主任这么做过分了，你生气是可以理解的。得到这些理解和接纳，他的气就消了。之后我和他说，今天是母亲节，你要乖一些，让着妈妈一点儿啊。他答应了，后来妈妈说那天他表现很好。

沟通的第一步是倾听

倾听是沟通的第一步。认真地听孩子说，他会感觉到你的重视，更愿意说出心里话，这样父母能更好地了解孩子的想法。

在倾听的时候，可以先顺着孩子说几句，这样既可以让孩子更好地宣泄情绪，又会让孩子感觉你是懂他的，所以愿意继续沟通。

孩子以前总是说："你从来不认真听我说话。"想想也真是。我上班，孩子上学；我下班，做家务，孩子写作业。孩子今年该上初三了，本来亲子交流的时间就不多，孩子有时候给我说一些他们班上的趣闻呀、同学可爱呀什么的，我都是有一搭没一搭地听着。因为我是初中班主任，所以觉得孩子说的无非和我班上的孩子说的大同小异，于是听孩子说话的神情就不够专注，孩子说一会儿就觉得没意思了。长此以往，孩子就不再给我说学校里的事情了。

我从维尼老师那里知道如果不去认真倾听孩子的话，孩子发现后就会拒绝和我们有更多的交流，这样亲子关系会逐渐疏远冷淡，不利于家庭教育和孩子的成长。所以，我们要做会倾听的家长。

意识到这个问题后，我及时改变自己的做法。哪怕我正在电脑前忙工作，孩子给我说学校里的事情，我也会马上表示关注，并且追问孩子：这个事后来咋样了？孩子现在比较愿意和我交流，我有时也刻意学一些我班上学生的话来和女儿对话。比如孩子们经常说"oh my god"，我说我们"70后"的人也会说呀，我们说的是中文"我的老天爷呀"，你们说的是英文"我的老天爷呀"，意思一样啊。每当这时候，女儿就会和我一起讨论她同学中的流行语，亲子关系非常融洽。

先理解、肯定，再提出自己的建议

一个孩子精心画了一幅画，一个同学很喜欢，花了五十元钱买走了。孩子回家兴冲冲地告诉妈妈，妈妈没有先去理解和肯定孩子的画不错、有价值，而是直接说孩子道德有问题，不应该卖画给同学。妈妈说的话虽然不无道理，但是一盆冷水泼下去，孩子自然不爱听，就不想和妈妈沟通了。相反，如果妈妈先和孩子分享他的快乐，再委婉地提出自己的看法，那孩子是不是更容易听得进去一些呢？

一般来说，孩子的行为和观点总是有原因的，从某个角度来看可能是可以理解的，或者有一定的合理性的。

有一家人在我这里咨询，我开始告诉妈妈沟通时要先理解和肯定孩子的意见，她开始以为这是一种形式，是迎合孩子的想法，虽然她先说了孩子说得很有道理，但是实际上没有认真倾听、理解孩子的意思，就急于改变孩子，因此说的话和孩子的本意偏差较大，孩子自然还是不愿意和她交流。我指出了问题，她才恍然大悟，明白了要用心去理解孩子的意思，真心地发现孩子话语中合理的方面。

比如有的孩子不想上学，这未必是孩子有惰性，可能是因为他压力比较大。所以，只有理解了孩子，才能去和他沟通，了解压力的来源。又如，孩子发了脾气，一般不是因为任性，往往是有原因的，先接纳，再去了解原因，才能好好地沟通。再如，孩子生老师的气，必然有一定的原因，有他的道理，老师应该也有做得不到位甚至做得不好的地方。孩子对某些事情的观点，虽然与我们不同，但是可能也有他的道理，我们需要从他的角度去理解和肯定。

一位妈妈：您好，维尼老师，我儿子现在上大二，每天花很多时间玩游戏，有很多事情跟他沟通不了。我给他提了些建议，他都不愿理我了。怎么办呢？

维尼：沟通的秘诀就是先理解和肯定对方，再提自己的看法，比如游戏的问题，你不要一味地告诉他不要多玩游戏。

晚上妈妈说：谢谢您，照您的方法做了，我首先肯定游戏是可以玩的，玩得开心也不错，但玩游戏时间太久会伤害身体，需要他自己把握。后来他短信回复了我，又重新加了我QQ好友。看来孩子被理解肯定了，还是会和我们沟通的。

先理解和肯定孩子，那么孩子会觉得你能理解他，会把你当作自己人，那么之后的建议自然更愿意听了。

昨天中午女儿回来有些生气，她说默写明明对了，同学还给她判错。我说哪个字呀，她说是"秀"字。我明白了，她经常把"秀"字下边的"乃"字写成耳刀旁。我说："妈妈早就说过你那个毛病，人家没有错呀。"她不高兴地说："反正改完了，过去算了。"下午经过思考，我觉得自己没从女儿的角度出发，直接否定了她，这样沟通效果不好。晚上睡觉前我说："今天妈妈下午又想了想，那个'秀'字不都是你的错。你明明是会的，只是写法不太标准。"女儿也说："就是，大家都有错，我该只罚写一半。"我连忙说："那既然我们也有一半错误，那下回改正不就没错了吗？我们尽量做好自己的事，别人也就挑不出来毛病了。"女儿高兴地答应了。

很多人急于改变孩子，总习惯于先找孩子的问题，指出孩子需要纠正的地方，这就在给自己添堵——堵上沟通的渠道。长此以往，孩子就不愿意和你交流了——谁愿意给自己添堵呢？

实例：孩子愿意和我聊天啦！

小岩上初一，和妈妈交流越来越少，妈妈想聊天时他就忙着干自己的事情，不理妈妈，甚至妈妈一说话他就烦。

妈妈讲了两件事。一次，孩子说有个实习老师（大学本科）留校了（当地很好的初中），孩子觉得奇怪，怎么他能留校呢？妈妈马上说实习老师也是大学生，怎么不能留校呢？孩子不作声了。其实孩子的疑惑是合理的，这所中学一般要求老师有五年的教学经验，所以本科生能留校确实是很少见的。

还有一次，孩子说有个老师水平一般，他上课的时候很多同学都不爱举手。因为老师曾反映孩子上课时不爱举手，所以，妈妈一看机会来了，想趁机教导一下，就马上问孩子你举不举手？孩子识破了，一句话就把妈妈堵回去了。

孩子说一件事情，如果父母愿意倾听，理解和肯定他的合理之处，他说得高兴，自然会愿意和父母交流；相反，如果父母急着去影响孩子，不理会孩子说什么或者急于否定孩子的想法，急于说自己的道理，孩子觉得"堵得慌"，就会反感这种单方面的沟通，多次下来，自然不想交流了。谁爱给自己找堵呢？

所以，我建议妈妈少去想着影响孩子，先放下自己的想法，去理解和肯定孩子，去倾听，这样孩子逐渐愿意聊他的事情，在这之后，再适时提出自己的看法。

过了两周，这位妈妈高兴地告诉我，我的建议有了神奇的效果。她真正放下了，不想着去灌输、影响孩子，而是去倾听孩子，现在孩子很愿意和父母聊天，那轻松的语气就像和他同学聊天一样随意自然。而且亲子关系有了改进，有次妈妈不小心搞坏了孩子的东西，他也不像以前那样生气了，也愿意帮助做家务了。

当孩子对老师不满时，父母应该怎么办？

孩子回家会说一些老师的事情，有时对老师很不满。很多父母会说："老师都是为了你好，你要先找找自己的问题。"这种说法自然是有道理的，但是如果这样和孩子沟通，孩子会觉得憋屈，堵得慌，慢慢地就不愿意和父母说学校的事情了。

一个上初二的女孩很逆反，我发现她的妈妈有一个问题，凡事都从自己、老师的角度去劝说孩子。比如孩子本来一直考试第一，最近考试得了第二名，就被老师罚站。孩子说这个事，妈妈的第一反应就是，老师也是为了你好啊！孩子白了她一眼，不再说话了。

此时，首先应该理解和肯定孩子：这个老师的确有些过分啊！等孩子平静了，再尝试让孩子理解老师：老师太年轻，没有经验，有些做得不到位也正常。

妈妈恍然大悟，她说以前还真没有从这个角度去想过。妈妈从此转变方式，首先去理解和肯定孩子。只是过了一两周，她和孩子的沟通就顺畅了很多，孩子甚至和妈妈探讨起她喜欢的帅哥的事情了。

如果孩子对老师不满，那么自然有一定的原因，老师应该有一些问题。可以尝试以下沟通的三部曲。

第一步：做孩子的自己人，站在孩子这一边，认同老师有做得不好或者需要提高的地方，也允许孩子发泄对老师的不满。

第二步：情绪宣泄了之后，孩子平静下来，就愿意听取父母的意见，此时再去引导孩子理解老师。比如老师忙不过来，可能会搞错或者冤枉孩子，这也是正常的；或者老师的本意还是为了孩子好，只是方式方法需要提高。

第三步：给出合理的建议。以后遇到这种情况该如何处理？比如当面不必和老师过多争辩，可以让父母来和老师沟通；或者既然知道老师有这样的特点，那么就尽量按照老师的要求来。

第四章

心理篇：如何养育出心理健康的孩子

第一节　学会三种思维，坦然面对挫折

孩子抗挫折能力的培养是很多父母关心的。不少孩子敏感、脆弱，承受不了批评和压力，输不起，那么，如何培养孩子的抗挫折能力呢？很多人的做法是让孩子多经历挫折，甚至有意制造挫折。经历挫折自然是有一定效果的，但是有意制造挫折，甚至打着提高孩子抗挫折能力的旗号去训斥、打骂孩子，会造成很多负面效果，有的孩子可能会更加敏感脆弱。

那么，如何更有效地培养孩子的抗挫折能力呢？向孩子渗透以下三种思维是一种不错的方法。

如何让孩子坦然面对批评

孩子小时候大都想争第一，不愿被批评。我女儿就是如此，小时候说她几句就要掉泪。我没有通过多批评的方法来提高她的承受能力，而是去改变她看待批评的习惯性思维。

其实很多孩子之所以受不了批评，是因为觉得"被批评"是个大事情，好像天塌下来了，会夸大为"老师不喜欢我了""是不是说明我不行啊"等。这样想，孩子自然承受不了，落泪、痛苦是必然的。

于是我通过平常和女儿聊天，逐步改变她对于批评的认知。那时我经常和她说"被批评没什么啊，谁能保证自己不被批评呢？你看爸爸妈妈、伯父伯母在单位都会受批评，有时你妈还会批评我呢（很正常，没什么）。批评就批评呗，又怎么样呢（顺其自然）？这只说明这件事我们可能做得不太好，改进就是了，没什么大不了的。"如果习惯这样想，用一个合理的认知来应对批评，孩子就不会那么难过，就容易承受了。

我也设计了一个游戏：一家三口互相批评。有段时间我们经常玩，女儿叉着小腰，找些理由来批评我们，或者我和妈妈互相批评。我们都会说："批评就批评吧，没什么了不起的，很正常。"这给孩子做了直观生动的示范。逐渐地，我们也去批评她。玩这个游戏她常常乐得哈哈大笑，逐渐体会到，被批评确实不算什么，而我们说的话也成了她的口头禅，让她形成了合理的习惯性思维。

我们逐渐把游戏扩展到实际生活中。我当然不会故意找碴儿批评女儿，只是利用自然出现的需要批评指正的事情。不过即使批评她，我一般也是态度平和、就事论事，不上纲上线，只是指出这个事应该注意，以商量的口气让她知道如何做，虽然态度比较严肃，但更像是探讨。这样，孩子自然容易接受。她也进一步从这样被批评的实践中体验到原来"被批评"不代表什么，只是这件事情需要改进而已。

许多父母出于严格要求的理念，喜欢挖掘事情深层次的意义。

孩子出了点儿所谓的错，就上纲上线，提升到影响一生的高度。此时家长批评孩子的表情、态度，自然会让孩子觉得被批评是个很严重的事情，时间久了，就会对批评反应过度了。这还会"传染"，其他人批评他时，他也会习惯性地反应过度。至于父母那些声色俱厉甚至打骂的批评，对孩子影响更大了。虽然这种批评可能会使孩子习惯于被批评，但是结果要么是压抑孩子，要么是孩子表面服从，内心抵触，怎么能让他们做到轻松地承受呢？

有家长问，孩子能坦然面对批评当然是好事，但是如果每次批评都太无所谓，孩子会不会因为批评"皮"了，反而不在乎了，错的事情也不改了呢？

孩子能够淡定地对待批评，并不是让孩子对批评无所谓，而是让他不要把精力用到沮丧、难过或反驳上，让他知道被批评很正常，这样他容易接受批评，会更好地去改进。

如何让孩子能够输得起

林志颖反思自己对儿子 Kimi 的教育有误区："因为我是一个赛车手，追求的目标是赢得比赛，所以我刚开始教育 Kimi 的时候也是不断强调一定要赢，但当他发现自己赢不了的时候，就会发脾气大闹，那时我才发现我之前的教育失败了。"

孩子天生都是要强的，胜则喜，败则悲。女儿三四岁时，玩游戏或参加比赛也是非要赢，输了就不痛快，撇着小嘴就想哭。所以有时和她一起玩游戏，我会故意输，很放松、无所谓地跟她说，我输了，输了又怎么样！这种体验式的认知改变很有威力，不久她输的时候也很坦然了，"输了没什么"也成了她的口头禅。很多读者采用了这种方式之后告诉我挺管用，以前怕输的孩子，现在会说，输就输呗，有什么啊。这样，孩子自然对"输"不敏感了。

维尼小语

> 有的父母在与孩子玩游戏时也是故意输，但目的是为了哄孩子高兴，结果会给孩子造成一种假象——他就该赢，不该输，结果反而更加输不得。所以，看似同样的方法，结果完全不同。

如果孩子大一些，只是简单地这样说就可能不管用了。因为他已经认为输"有什么"了：或者觉得丢人；或者认为这说明自己不行；或者觉得事很大，失去很多。此时就需要父母很详细地告诉孩子，为什么输了也不丢人，为什么输了不说明自己不行；为什么输了没什么损失……有个六岁的孩子总是输不起，他爸爸在我这里咨询，说他向孩子渗透输了没什么，但没有效果。后来我建议爸爸很具体地告诉他为什么"没什么"，不久孩子就有了转变。

这种方法还可以用于改善孩子对失败的恐惧。

我的女儿五岁，有一天我和女儿用积木摆高楼。开始，她自己摆了几次，都不是很高就倒掉了，所以就不肯再摆了，而是要求我来摆。这时我想到维尼老师的一个教育理念：赢了很高兴，输了没什么。于是我摆的时候，也故意摆得不是很高就让它倒了，然后表情很轻松地对她说："倒了没关系，再摆的时候要轻轻地放哦！"几次下来，她受我的感染不再那么抗拒"高楼倒塌"了，又开始自己摆，倒了之后还不忘说句"轻轻地哦"，学得还真快呢！

有家长会问，这样一来，会不会对赢和成功也觉得无所谓了呢？

赢和成功自然会让人高兴，即使孩子感觉输和失败没什么，也不大会影响对于赢和成功的追求和喜欢，淡定的心态更有利于赢和成功。而过于想赢和期盼成功，会陷入执着，自加过多压力，反而对前进产生障碍。所以，理想的状态是赢了很高兴，输了没什么。

如何教孩子应对压力

现在成人的工作压力都很大，孩子的考试、学习压力也很大，怎么应对？

前些年我和同事去北京出差，单位领导来给我们做动员，对我们需要完成的工作提出了很高的期望。年轻小伙子感到压力很大，因为任务艰巨，不知结果如何，完不成领导交给的任务怎么办？

我作为负责人却很轻松，心里没有什么压力。难道我是个不负责任、玩世不恭的人吗？非也。我做事很认真，而且重要的事都力求最好。难道我有超能力，对工作任务胸有成竹吗？也不是，我没那个本事，当时也不知道能不能圆满完成。难道我无欲则刚，对个人发展无所求了？那更不是。为什么没有压力？因为我秉持一个合理的认知：做好我能做的事，其他的顺其自然。因此，我认真去筹划，按照科学合理的方法去组织人员，然后努力地去工作，这样就可以了。至于结果，顺其自然。如此一想，自然没有压力。

孩子也是如此。如果孩子太希望考好，压力太大，会紧张，遇到不顺利时很容易慌乱，甚至崩溃，反而会影响考试成绩。所以，当孩子面临升学、工作的压力时，告诉他：做好你能做的事，其他的顺其自然就可以了。这样，孩子会谈定许多，心情放松平静，反而容易发挥得好。

孩子以前追求完美，玩游戏只能赢不能输，如果输了，他就会大哭大闹，那阵子他在家里整天哭哭啼啼的。后来我学着运用维尼老师的三种思维，孩子像变了个人似的，不但对于这些输赢能坦然接受了，就是别人掐他、打他，只要不是很疼，他都不大计较了。这些变化真是太意外了。

我们都期望孩子能快乐幸福地生活，然而他们总会遇到大大小小的挫折，如能一一化解，幸福与快乐将继续，否则就会陷入痛苦与纠结。如果从小就培养他们坦然面对挫折的理念，教给他们化解压力的方法，无论将来他们走多远，我们都不用担心，因为三种思维会让他们"不管风吹浪打，胜似闲庭信步"。

第二节　如何帮孩子学会管理情绪

孩子的情绪问题很常见，很多家长不知道如何应对，如何减少不良情绪。情绪是有规律的，了解其中的奥妙，掌握方法，有利于帮助孩子管理好情绪。

我们经常会遇到孩子的一些情绪问题，比如生气、发火、烦躁、失望、悲伤、紧张、焦虑等。情绪本身并无好坏之分，比如忧伤的情绪，淡淡的也颇有诗意；适度的紧张，有利于激发人的能量；适度的生气，是自然的反应。如果孩子自己能应付，我们可以放手让他自己去处理、体验，逐渐成长；但是如果情绪反应过度，孩子会感到困扰、痛苦，可能会变得常发脾气，或造成心理问题，此时孩子需要我们的帮助。如果应对得当，每一次情绪问题都是促进孩子心理成长的机遇。

维尼小语

促进孩子的心理健康有一个简单的原则，就是不要让孩子带着糟糕的情绪入睡。所以，帮助孩子学会管理情绪是很重要的。

情绪的生理基础

情绪不是单纯的心理体验，而是有生理基础的，与神经、肌肉、内脏、激素等多方面的因素有关。

情绪受生理状态的影响

比如，小孩子困了、饿了、没睡醒时，相对容易发脾气、哭闹，显得不可理喻。这是情绪的规律，父母可不要错怪孩子任性啊。此时可能需要哄哄孩子，转移注意力，或者暂时顺应他的要求，等待不良情绪消失。

情绪受自主神经活动的影响较大

自主神经虽然在我们的地盘上，但是却不听从我们意志的指挥。所以，如果很生气了，想忍住不发火，有时是做不到的；烦躁了，想马上安静下来也难。

坏情绪赖着不走怎么办？

比如对某件事很生气，当你不去想它时，还是可以感觉到情绪的存在，这与生理有关，有些生理因素不会马上就消失。比如那些让人产生某种情绪的激素分泌出来，总要过一会儿才能被稀释吸收啊。自主性神经兴奋了，会持续兴奋一会儿，不可能戛然而止。

所以，孩子生气发脾气了，不要指望说他一句就能马上停止生气，不妨让他宣泄一下；孩子写作业烦躁了，不可能马上平静，可以看看动画片，玩一会儿转移一下注意力，平静下来再去写作业。

有时家长也可以开开玩笑，逗逗孩子。

儿子发脾气，我会微笑着并用夸张的动作对儿子说："魔法解除，魔法解除！"意思就是告诉他，坏脾气魔鬼来找你了，妈妈帮你解除，一会儿正在发脾气的儿子就会破涕为笑了！

转移注意力的方法，对于情绪的调节简单有效。

维尼育儿经

我女儿上小学一年级时，有一天因为一些事情，晚上 7 点半才开始写作业。她本来情绪就不大高，又看到还有一大堆作业没完成，就有些烦躁，所以连最拿手的生字练习也写错了，导致改了好几次。她因此更加烦躁了，写着写着有点儿想哭。

我劝她不用烦躁，但是不大管用。在烦躁的情绪之下，道理是听不大进去的。如果坚持写下去，不但烦躁不会马上消失，而且可能越烦躁越写不好，越写不好越烦躁，成了恶性循环。

所以，虽然快 8 点了，作业没写多少，但我还是让她先停下来，找了部好玩的电影给她看，看着看着她就高兴得笑起来了。过了七八分钟，我看她情绪状态大为好转，就让她继续写作业。

结果，有了好的情绪，女儿很专心，刚才惹麻烦的生字练习写得很顺利，没用多长时间就把作业认真地完成了。

如果烦躁时还让孩子去坚持，勉强写作业会如何？孩子哭、烦躁，父母发火，不知什么时候才能写完作业；而停下来，用七八分钟去转移一下注意力，看看电影哈哈一笑，直接改变了情绪，一切就 OK 了。女儿烦躁时，我常常给她看一集《蜡笔小新》或《哆啦 A 梦》，六七分钟之后，孩子就不再烦躁了。

改变认知，就改变了情绪

正如认知疗法所指出的，直接决定情绪的不是事情，而是对事情的认知。

笑笑同学与爸爸妈妈玩组词接龙的亲子游戏，由于接错了词，理应接受"刮鼻子"的惩罚，可是笑笑忽然莫名其妙地耍赖哭闹，并以排山倒海之势痛痛快快地发了一通脾气。为什么会这样？这是因为笑笑想赢，想得第一，不想输，有这样的认知自然容易发脾气。

所以，长久来看，如果想帮助孩子摆脱过度负面情绪的困扰，需要帮助他建立合理的习惯性思维。比如可以通过渗透三种思维的方法让孩子坦然面对批评、输赢和压力。

我在做晚饭，宝宝来问我："妈妈，我的小鸡玩具找不到了，你知道它放在哪儿吗？"我："昨晚是你自己放玩具的，我不知道哦，你没找到吗？"宝宝："我忘记放哪儿了。"顿了一下，她说："算了，不找它，到时候它自己会出现的。"我偷偷地乐，宝宝在这类事情上，已经学会了顺其自然。记得以前孩子找不到东西的时候总是着急，甚至发脾气，哭着闹着要我帮忙，无论如何也要找出来。后来我从维尼老师那里学了一个方法，遇到这种情况时总会和她说："东西反正不会丢，想找的时候找不到，不想找的时候自己就出来了。"时间久了，这就成了她的口头禅。所以，再遇到这种情况，她就变成淡定妞了。

改变认知，最好是等孩子平静的时候进行，更容易听得进去。

克制愤怒为什么这么难？

很多父母很生气的时候，可能会冲孩子吼、骂，甚至打孩子。愤怒是一种让人难受的生理感受，会驱动人去发火、宣泄，这样才会舒服一些。那么孩子也是同样的，生气了自然可能会通过哭闹、发脾气、摔东西来宣泄，这其实很正常。

"冲动是魔鬼"，人在生气、发脾气时都是难以保持理性的。我们和孩子可能都会如此。所以，对孩子发脾气时说的话、做的事不要太较真。

有了不良情绪，及时宣泄出来比闷在心里要好。

一位妈妈有时很生气，会和老公说上两小时才罢休。她也意识到这样不好，只是不由自主，难以自控。这就是情绪的驱动作用。

我建议她生气的时候，找一个布艺玩具，尽情地折腾它，把情绪宣泄出来，就不会去烦老公了。过了几天，妈妈告诉我，这个方法管用了。有一次，她很生气，开始和老公唠叨。但是这次老公躲开了她，到孩子房间睡觉去了。她无处可诉说，心里很难受。后来找了个淘汰的玩具，使劲折腾它，拿它撒气，过了十分钟，感觉火气消了，也累了，就不想唠叨了。

孩子因为学校的事情回家时很愤怒，可以建议孩子拿枕头、被子撒气，宣泄出来就会好多了。

有人禁止孩子发脾气、哭闹，这只是把不良情绪压抑住了，它并没有消失，还在孩子体内汹涌澎湃，最终还可能会损害孩子的身心健康。有的孩子会抽动，有的孩子会自残，甚至导致孩子心理、性格的扭曲。这就像PM2.5超标，一两天没什么问题，但是持续下去，后果就严重了。

不良情绪需要及时清理，不要越积累越多，不然可能就会一点就着。

中午儿子和我闹了一通。晚上洗澡前，儿子让我泡菊花茶给他喝，后来我们都忘了。两个人进了卫生间之后，他突然想起来说："妈妈，你忘了给我泡菊花茶了。"我说："哎呀，对不起妈妈忘了，现在你衣服都脱了，等洗好马上给你泡吧。"他说不行。其实若是平常这种情况，我马上会好好哄着他的，但是今天我还没从中午的事情中缓过来，火一下子上来了，冲他大吼："你想怎么样啊？再闹一回是不是？闹吧闹吧，反正天天要闹的！"他也彻底生气了，冲我大叫起来。

孩子有了情绪，父母不要太较真

成人情绪不佳时，容易不理性，孩子也是如此。此时如果去和他较真，孩子不但听不进去，还可能火上浇油。不如先顺应孩子，等他情绪平静下来，再好好和他谈。

孩子有了情绪，父母先理解接纳

※ 女儿回家的路上突然露出很伤心的神色，原来是因为她虽然写作业很认真，但是老师没有肯定她。她说："我好伤心，好失望。"虽说对大人来说这是小事，可对看重老师评价的孩子来说，确实会失望。我表示理解她伤心的心情，认同她的努力、认真。小家伙的情绪稍微好转了些，我趁热打铁地说："老师可能也是忘记了，这也正常；而且不管老师肯定还是不肯定，你都是认真的，所以也没什么啊！"她看来是听进去了。

※ 女儿刚上学时对写作业有兴趣，不久就有些反感了。我理解孩子以前每天都是玩，突然现在每天都要写作业，不适应是正常的，所以她有情绪时，我就跟着孩子一起"谴责"老师："是啊，怎么今天还有作业呢？"有人理解，她的气也就很快消了，同时，我对孩子做的作业大力表扬。过了一个多月，她就适应了，不再抱怨烦躁了。

孩子情绪糟糕时，父母少讲道理

孩子情绪糟糕时，不大能听进去道理。此时最好先引导孩子宣泄情绪或转移注意力。等孩子平静下来，理性了，再慢慢地和他讲。

我家孩子早上起床，莫名地发脾气，对我和姥姥的态度很不好，我批评他，他还掉了眼泪。上学路上，我问他："忘没忘昨天晚上妈妈答应你什么事？"他说："给我买修正液。"我说："对，虽然你今天早上对家长不尊重、不礼貌，但我还是会给你买，因为我答应你了。"然后，他很高兴，我就顺势和他讲了道理，告诉他应该怎么做。买了东西，孩子高兴地上学了。如果是以前，我一定会板着脸说教，答应他的事肯定也不愿去做。接受了维尼老师的理念后，我觉得应该讲究顺势教育，这样取得的效果最好！

想想自己，生气时难以听得进去道理，那么孩子也是如此。

情绪不好时更不要较真

孩子情绪不好时已经不理性了，此时去较真，争论谁对谁错，可能会使孩子更烦躁、脾气更大。所以，暂时放下对错，先处理情绪。

昨晚临睡前，两岁半的儿子非说我的枕头是他的（我俩的枕头一模一样），于是我让他用他自己的枕头，可他不乐意，哼哼起来，最后带着情绪睡着了。早上醒来还记得这事，继续哼哼，不高兴，说枕头是他的。不知所措之际，我想起了维尼老师的理念。于是我笑着说："原来这是儿子的枕头啊，妈妈认错了，还以为是我的呢（因为枕头一模一样，孩子搞错了也是正常的，所以没有必要去较真）! 你高兴点儿，不要生气了好吗？"这时奇迹发生了，儿子笑了，很开心，而且乖乖地穿衣服起床。如果我非说不是他的枕头，恐怕他一早上都会不痛快。

暂时顺应孩子的要求

孩子情绪不好时，提的要求可能会有些不合理，此时可以顺应、满足他，这有利于他情绪的好转。等他情绪好了，又会成为懂事的宝贝了。

多多玩识字游戏只得了四颗星，很生气，非要得五颗星。我告诉他，四颗星其实也不错呀，我们主要是来认识这些字。但他还是耿耿于怀。看看晚上11点了，赶紧熄灯睡觉，他闹着说还没讲故事呢。看他情绪不太好，我就满足他一下，拿出手机打开手电筒，我说妈妈要是知道你这么晚睡觉又要担心，会数落你的，咱们小声点儿。然后我小声给他讲了一个红袋鼠的故事。讲完故事，他得到满足了，就主动说爸爸晚安，然后睡了。顺应孩子的心理，几分钟时间换来他心理的平静。

维尼育儿经

　　一次女儿马上要去上课，发现很喜欢的米妮水壶的密封圈丢了，这样水壶就不能用了，所以她的眼泪一下子就出来了。我也理解她的心情，因为那个水壶的确很可爱。这次我没有说很正常，没什么，而是说："我上网看看能否维修，不行再买一个。"她一听，有了盼头，眼泪也就止住了。但是我后来没有买到，也不能维修，只好作罢。晚上回来，和女儿说起此事，因为此时她情绪早已平静，就说不用买了，上学用另外一个水壶吧！

先关注情绪，再关注对错

维尼育儿经

　　早上7点，女儿想起来今天要交一个课件文档，却突然发现前几天精心制作的课件没有保存好，成了空白文档，她一下子急了起来，我看到这样，心想别去火上浇油了，把到了嘴边的这两句话咽了下去——"昨晚收拾书包时怎么没有准备好呢？怎么会忘记保存呢？"女儿问我："现在做来得及吗？"那天要7点25分出门才来得及坐班车，而且还没吃早饭。不过我说："来得及。"她就赶快开始重新做。我又安慰她，实在来不及，我送你上学，咱们8点走，不耽误上课。她安静下来，居然有条不素地按时做完课件，匆忙吃了两口饭坐班车去学校了。

　　遇到这种情况，我们也会着急，如果别人再冷嘲热讽，会更加着急，乱了方寸，做得就更慢了。此时不去较真，不去批评她的失误，先处理情绪，安慰她，反而会顺利解决问题。

实例：我放松了，孩子也没那么紧张焦虑了

　　一个上小学二年级的女孩有一个不雅的夹腿习惯性动作，妈妈向我咨询。我分析这个动作是紧张焦虑的一种外在表现，就把重点放在如何减少孩子的紧张焦虑上。一个月的咨询之后，孩子各方面有了较大进步，紧张焦虑大为好转，那个动作也自然消失了。

　　有了宝贝以后，我和大多数家长一样，什么都想给孩子最好的。我看了很多育儿书，自认为可以做一个好妈妈了。

　　在上小学以前，孩子的成长之路基本平稳。进入小学之后，问题却频繁出现，如过于追求完美、好胜心强、讨厌写作业、考试或做计时练习异常紧张等。最让我难以接受的是，她出现了习惯性夹腿的毛病。

　　我开始迷茫和焦虑，问题到底出在哪里？看了维尼老师的文章之后，我决定求助老师。

　　第一次向老师咨询，老师给我抛出了许多问题，从这一问一答的环节中老师找到了症结的所在：习惯性动作的原因是紧张焦虑，

而紧张焦虑来自追求完美或过于争强好胜。老师给了我一些建议和方法，后来我也认真地反省了一下。以前我是个自以为是的妈妈，因为看了点儿育儿书，知道点儿皮毛，在教育孩子问题上就变成了家里的权威。天生急脾气的我遇上慢性子的孩子，那叫"冰火两重天"，事事都嫌孩子动作太慢（这无疑给孩子贴上了标签），时常不停地在一旁催促，这使孩子很在意做题的速度；小时候在家玩游戏为了让孩子开心，我们基本都是扮演输家的角色，这是孩子以后输不起的根源之一。细细想来，犯下的错误太多，就不一一赘述了。

　　第一次沟通后，我运用老师教授的方法实践了一周，效果不明显，难道维尼老师的方法失灵了？带着这些疑问我又开始与老师第二次沟通，在这次的沟通中我恍然大悟——我犯了一个很严重的错误，孩子的很多问题因我而起，改变应该从我开始，而不是孩子，只有我自己改变了，孩子才会改变。为什么这样说呢？在接触老师的理念后我常常告诉孩子：不着急，慢慢来；努力就好，结果顺其自然等。可我在说这些话的时候，我的表情和眼神出卖了我，我其实很在意、很着急，我的心口不一让孩子迷失了方向。我在此要反思，要改变自己。

　　三种思维在使孩子变得淡定方面是比较管用的，但是家长要想用这些思维去渗透、影响孩子，首先要做到自己内心真正地淡定，否则嘴里说着很正常，没什么，心里却很焦虑，孩子无法相信啊！

家长的眼神和表情会暴露一切，孩子更多的是在用"心"感受我们传递的理念啊！

恍然大悟之后，逐渐有了不少进步。下面说点儿我和孩子具体的变化吧！

1. 写作业磨蹭

以前我总是高标准、严要求，写不好就让女儿擦了重写，这无疑破坏了孩子写作业的兴趣。孩子对写作业心生厌恶，总是写写玩玩，一小时可以完成的作业磨蹭到一个半小时甚至更久。这样，孩子没时间玩不高兴，我也跟着着急上火，对孩子说教发火就在所难免了。如此一来形成恶性循环。

现在的我真心地做到写作业不催促，只是适当提醒，对于作业不再老是盯着写得不好的，哪怕有一个字写得好也积极表扬，孩子真的改变了，不但速度上去了，对写作业也不那么恐惧了。

鼓励、鼓励、再鼓励，很简单的方法，只要是具体实在的鼓励，百用不厌！

2. 体验胜于说服

一年级孩子的周末作业并不多，我的本意是想让孩子在周五辛苦一点儿都做完，周末就有大把时间到户外玩耍。一开始孩子对我的提议不太理解，作业周五做一点儿，周六再做一点儿（对此我也表示理解，想想也是上了一周的课，有些累了，周五做完全部作业是有点儿痛苦）。可每到周六写作业，孩子都会表现得有些烦躁，嘴里念叨着，要是昨天做完作业，今天就可以畅快地玩了（这时候显然有情绪，我会表示出理解）。这样的情况持续了好几周，说实话，我心里有些着急，怎么体验了几周还是没有达到我预想的效果呢？就在我心里纠结要不要再次游说的时候，转机出现了。前不久的周五，孩子主动提出要在周五完成全部作业，对于孩子的话我有些半信半疑，我只回答了一句："作业是你自己的事，你做主吧。"意外的是，孩子真的做到了。后来孩子告诉我周五做完了全部作业。那个周末玩得太爽了，孩子体验到甜头了。

妈妈不去唠叨，让结果说服孩子，有时效果更好。

3. 关于紧张

以前孩子因为紧张不能做完课堂练习时，我总是会唠唠叨叨地说一大堆道理，结果可以想象，孩子更加烦躁，有时候会岔开话题。这样的说教无疑是失败的。现在我遇到这样的情况会告诉孩子：一般可以做完，万一没做完也没关系，我们再练习就是了（这句话是维尼老师教的）。起初说了几次，孩子没有太大的改变，但随着我说的次数多了，孩子起码在家基本不会为了做题而紧张了。

习惯性思维改变了，情绪也就变了。

维尼老师建议在家里多做计时的模拟练习，这样孩子在多次练习后心里有数，也知道自己大概能做完，就不那么紧张了。虽然孩子在学校里紧张的情况还会出现，但是我想，改变只是时间问题，要耐心等待！

我们无法在课堂练习，但是可以在家做模拟练习，加速形成新的习惯。

4. 不把自己的想法通过"合理"的手段强加给孩子

为了充分体现家庭教育的民主，我遵循着凡事都和孩子商量的态度，可几年下来，孩子却越来越怕我，好多话想说又不敢说，这是咋回事？经过和维尼老师沟通，我才找到"元凶"："民主"的背后隐藏着"强权"。我总是希望孩子凡事可以顺着我的指引前行，在和孩子商量事情的过程中，如果孩子不能随我的心意，我便开始威逼利诱。无奈之下，孩子只好顺了我的意，可孩子的心却离我越来越远。现在我只给孩子一些建议和引导，决定由孩子自己做出，哪怕是不合理的、错误的（原则性的问题除外），也让她自己体验——体验结果胜于说服！

目前我和孩子的状态都在朝着好的方向发展，当然问题有时会反复，这很正常。我在此特别感谢维尼老师的帮助，一个月的咨询能达到目前的效果是我开始没能预见的，可以说是惊喜。

最后我想说：改变孩子，从改变自己开始，只要我们播下健康的种子，一定会结出甜美的果实！

孩子发脾气怎么办？

孩子发脾气是一件让人头痛的事情，那么如何管理脾气呢？首先要理解孩子发脾气的原因，这样才能接纳，平静对待。要想从根本上使孩子的脾气变好，需要改变家长教育的方式，并且逐渐改变孩子的认知。当孩子发脾气时，先处理情绪，比如转移注意力，顺应孩子，鼓励宣泄等，之后再处理事情。

如何理解接纳孩子的脾气

孩子偶尔发脾气很正常，但是如果经常哭闹、发脾气，就需要想办法改变。

我们先来理解孩子的脾气。

孩子发脾气有时是正常的，比如"起床气"现象、困了、饿了、累了都容易发脾气。

孩子发脾气的某些表现也是正常的，比如生气了可能通过哭闹、摔东西来发泄；又如发脾气难以马上停下来，也会有些不理智；已经生气了，一件小事就会一点就着，引发脾气；学习压力很大时，也容易发脾气。

孩子发脾气有时是有原因的，比如从性格上来说过于追求完美、过于争强好胜，会因为一点儿小挫折、不顺利就发脾气；遇到一些事情不能合理应对或者面对，也容易发脾气。

此外，可能是我们导致了孩子发脾气。

大家可以体验一下，当孩子发脾气时，我们内心是不是烦躁，也想发火？那么我们着急发火时，孩子的感觉也是如此。所以，如果我们经常对孩子发脾气，孩子自然容易生气烦躁，可能就学会了发脾气。

有时我们的情绪直接引发了孩子的脾气；有时是我们的做法让孩子生气、发脾气。谁也不喜欢被强迫，如果总是强迫孩子按照家长的要求来，孩子自然可能发脾气。家长对孩子的限制太多、要求太严，孩子得不到自由，自然要通过发脾气来反抗，以获得自由。谁也不喜欢被惩罚，不喜欢被严厉地批评，为什么觉得孩子就能心平气和地接受呢？

有时我们太死板，不知道灵活变通也是孩子生气的原因。

今天孩子说一天都过得很开心，晚上睡觉前聊天，他突然想起明天下午的美术课作业没完成，那时候已经10点，我说太晚了，明天早上起来画或者明天中午回家画。他说不行，要马上画一会儿。因为昨天晚上也是10点睡，6点多就起了，我就没同意。

孩子很不高兴，大叫大嚷，还打我，我生气了，就打了几下枕头。后来孩子也是带着气睡着的。事后想想又挺后悔的，如果让他画，估计也就晚睡半小时，没有什么大不了，我还是太执着了。这样让他生着气睡觉，比晚睡更不好。

如果能够理解孩子，父母就会发现孩子发脾气可能是正常的，或者有内在的原因，或者是父母造成的，发脾气之后的表现也属于可以理解的，那么父母就容易接纳孩子，心情相对平静地应对孩子的脾气了。

我家小儿子（平时挺爱生气的）上学前班，在下午接他放学回家的路上，会经过一个小广场，边上有几个秋千，他很愿意玩。这天我和他说，你提前跑，跑到那里可以玩一会儿。结果玩秋千的人太多，没能玩上，他就生气了。我问他，没玩上是不是很不高兴啊？是不是很想玩啊（先理解接纳）？他说是。我慢慢和他说，人这么多，没玩上很正常啊，改天妈妈提前来接你，早点儿去玩就可以了。他一下子就不生气了，还说回家自己做个荡秋千的手工。就这样，我们有说有笑地回家了。自从读了维尼老师的文章，我先从改变自己开始，尝试理解孩子，这样就能平静下来；再顺着孩子说，去接纳他的感受，再和他商量解决问题的方法，这样孩子很愿意听。慢慢地，孩子的情绪越来越好了。

如何让孩子的脾气变好

要想改变孩子的脾气，首先要改变我们自己。

父母学会心情平静，孩子少受到父母不良情绪的冲击，脾气自然少了；这种平静的处理方式，也是一种身教，孩子也会逐渐受到影响。

　　父母学会合理地应对孩子的要求，学会灵活变通、有弹性，考虑孩子的感受，学会和孩子商量，给孩子适当的自主、自由，少一些惩罚、少一些严厉，那么孩子的脾气自然会变好。

　　面对孩子的要求，我学着应用维尼老师说的三种思维，还真让我和孩子改变了不少，孩子显得通情达理了，不再动不动就哭闹，我好像也没有那么多脾气了。我家住在小高层，没有电梯，孩子有时候会要求我抱着他上楼，以往我会一口回绝，孩子哭闹，情绪不好，我心情更不好，大家都不愉快。现在我先和他商量："你再爬两层，妈妈再抱好吗？"他都会高兴地自己爬几层，然后再让我抱他。有时候在我的鼓励下，他也会自己爬到家，这样下来皆大欢喜。他现在去超市也很自觉，不会闹着要买东西，也会克制自己的欲望，其他方面改变也很大。所以，不需要冷暴力或冷处理了。

　　其次，渗透三种思维等合理的思维模式，孩子逐渐不那么脆弱敏感，学会合理地应对不顺利和挫折，脾气也会变好。

实例：孩子过于追求完美，经常发脾气怎么办？

　　追求完美是人类前进的动力之一，很多孩子天生就有追求完美的倾向，比如三四岁的孩子大都想争第一，输了会哭，被批评也会哭。如果家长不会引导，甚至鼓励孩子争强好胜，那么孩子就会变得过于追求完美，并体现到各件具体的事情中，比如写字、背单词、做题都会过于追求完美，形成不合理的习惯性思维。这样，孩子就会因为一点儿小事没做好、不如意而发脾气、烦躁、哭闹，显得很脆弱。如果想改变，就需要父母在一件件具体的事情上持续渗透合理的思维，让孩子形成新的习惯性思维。

我的儿子小河今年上小学四年级，他从小有些追求完美，常常莫名其妙地大发脾气。比如，上课时只要听不懂，就会发脾气，以致影响到课堂纪律；在家做作业时对自己要求也高，字稍稍写得不满意，就会发脾气；如果用橡皮不小心把字擦黑了，也发脾气，甚至打自己的头；作文想写得更好，总要改来改去，导致心情不好；遇到数学难题还会生题的气；经常担心考试考不好，成绩不好就会大哭一场。总之，孩子的心情总处于烦躁之中。

我们在北京找了一些知名专家，但一直没有效果，情况甚至有加重趋势。后来决定在维尼老师这里咨询，没想到只经过几次的咨询，孩子就有了质的改观。

第一次咨询，维尼老师先给我讲了用认知疗法来改变孩子追求完美的习惯性思维，从而从根本上解决情绪问题的思路，也让我去理解孩子发脾气的不由自主。这让我猛然醒悟，以前我没有理解、接纳孩子的脾气，每次孩子在发脾气时，我总是不断地让他学会克制情绪，现在我才明白这是错误的。

　　在老师的指导下，我们慢慢去改变孩子的习惯性思维。比如，孩子每天都因为写不好字而生气，于是每次做作业前我和他爸会告诉他，其实字好不好看没什么，这不是什么大事，爸妈写得还不如你呢。刚开始孩子不能接受字写得不好，会生无名火。当他有情绪时，我们会去接纳他的情绪，理解字写不好对他来说是大事，告诉他有情绪不用控制，让他打枕头。这样很奏效，孩子的情绪一般会很快平静。等他情绪平复后，再去做作业。中途我也让他用看电视去缓解紧张情绪。这个过程中我不批评他，等他做完作业，我会鼓励他今天表现不错。等他的情绪慢慢有了改观，我和他爸继续渗透淡化的思维：字有时写得不好，很正常，没什么大不了的，只要我们逐渐有进步就可以了。孩子也说："其实我字写得挺好的，好多同学还不如我呢。"慢慢地，孩子不再为字写得不满意而发脾气了。

　　改变过于追求完美的性格，需要结合具体的事情，一件件地去具体地说服孩子，改变孩子在这件事情中的习惯性思维。比如字迹工整的问题、题目做不出来的问题、英语背诵的问题……在这些具体的事情中，用三种思维来说服孩子，使孩子学会放下，不再纠结。解决七八个问题之后，三种思维逐渐会成为孩子的新的习惯性思维。比如，孩子遇到不会的题目会抓狂，等孩子平静时，爸妈可以用三种思维有针对性地详细分析为什么不需要纠结，使孩子信服：不会就不会吧，没什么了不起。以后再遇到不会的题目时，让孩子逐渐运用新的思维说服自己，这个问题就解决了。

　　孩子大发脾气之后也知道这样不好，他说："虽然明知道这样纠结于'字写得好不好'不对，但好像内部有个小人在拉着我要这样做。"维尼老师说这是孩子真实的感觉，他很理解。其实没有小人，是对于完美的追求驱使孩子不由自主地去为了看起来工整而改来改去……孩子明明知道这样不应该，却忍不住地去做，这就是心理的不由自主。所以不要去批评，不要靠吼叫去压制他，而是理解、宽容、接纳他的脾气，再去改变他的认知。

　　这样做的效果渐渐显现。在以前，孩子背英语单词和课文时总会因为背不会而发脾气。后来有一次背英语课文，孩子有点儿不熟练，就立刻放下书对我说："妈妈，我快着急了，可能要生气。我现在先不背了，休息一下，一会儿就好。"我说好，过了几分钟，孩子就好了，没事了，又继续开始背英语了，结果这次就没有发脾气。

　　当他慢慢地改变自己的认知时，事情发生了改观。每次背诵英语，即使背得不好、不顺利，他也会说很正常，没什么，重新来，不会因为肯不下来而发脾气了。每次我们都会鼓励孩子——你现在每天都有进步。

　　在我们的不断鼓励和认可下，现在他的情绪问题基本解决了，孩子不再焦虑、发脾气了，每天都能快乐地上学。

孩子发脾气后，如何处理才科学

"孩子越发脾气，我越不理"，行不行？

我家孩子原来也爱发脾气，我的处理方法是，你越发脾气我就越不给你解决，让孩子知道发脾气没用。现在他都是以商量的语气跟我说话，因为他知道发脾气只会什么都得不到。

这种处理方式看起来取得了不错的效果。但是，每个孩子是不同的，有的孩子虽然服从了，但内心是气愤或压抑的。

记得小时候我很想吃小白兔糖，很希望妈妈买，可妈妈怎么也不肯买，那时候我虽然服从了，但内心也是很愤怒的。

有的孩子个性强，则会直接反抗，哭得更凶，脾气更大了。

我的儿子虽然只有五周岁，但是事情不如愿时会发脾气，摔东西，或自己摔门去别的房间。起初我和老公都用不理他的办法对付他，后来我发现这样根本不解决问题，并且孩子下次遇到事情还会发脾气。孩子生完气，等他冷静了之后，我们必须要去引导，和他一起分析事情的原因和经过。其实，我发现孩子发完脾气后，一直在等待我们大人去他身边搭话，也就是说孩子也需要台阶下。比如昨天晚上，我们一家三口一起做游戏，儿子几次三番地想把游戏从头到尾独立完成，但是中间老出错，爸爸就提醒他了。这时候，儿子就恼羞成怒地责怪爸爸提醒他，干扰了他，让他没有顺利完成，之后就生气摔门去了别的房间。我开始没有理他，听见儿子在房间摔被子，嘴上还说："都怪爸爸，不用他提醒，得批评爸爸。"三分钟后，房间里没有声音了。以前我会说："爸爸是为了你好，你乱发脾气干什么？"这次我想应该先理解接纳孩子的情绪，就进去想抱着儿子。儿子很惊讶，问我："你干什么啊？"我说："我知道你很生气，所以抱抱你，安慰你一下啊（先接纳）。"儿子受宠若惊。之后我和儿子说："爸爸提醒你也是好意，为了你能够在更快时间内完成（我们做游戏有时间限制）。所以，你也要理解爸爸的好意，是不是啊？我知道你想更好地表现给爸爸妈妈看，我也理解你啊。"儿子开心地笑了。于是我顺势说："你是不是和爸爸道个歉啊？"儿子爽快地答应，走到爸爸跟前说："爸爸，我做错了。"之后整个晚上都笑声不断。有了矛盾，家长要比孩子先迈出第一步，没有必要和孩子较劲。

面对孩子发脾气，家长采取对抗或压制的方法，在孩子小时候相对还有些效果，但等他们到了青春期，效果就不好了。

孩子从小就被我压制，不允许他乱发脾气，有些事情他不好好跟我说，我就不同意，不理他。这样的结果是，现在孩子变本加厉地发脾气，可以说把小时候没发的都发出来了。

小时候我们发脾气，孩子忍着；到了青春期，孩子发脾气，我们也只能忍着。

是冷处理还是冷暴力？

孩子发脾气，有时可以冷处理，但不要冷暴力。

冷处理是在孩子情绪激烈的时候，暂时走开，让自己和让孩子都冷静一下，等情绪平静下来再商量、处理；冷处理也是等孩子情绪平静了，或者在孩子主动示好时，我们再微笑面对。

有一次女儿发脾气，对爸爸有意见，用白纸画了个猪头，打了"×"，上面写了"猪头滚开"几个字，贴在她的房门上。我知道她很生气，按照维尼老师的理念，我先冷处理，没去管她。过了几天，姨妈到我家，看到了她房门上的画，说可以想象出她当时的愤怒。等姨妈回家，我和女儿说姨妈来过了，看到你的这个作品，也感觉到你的愤怒了。她很不好意思地说："你们为什么不把它拿下来？"第二天那个作品就不见了。冷静下来后，孩子就能认识到行为有问题，自己会去思考是否应该改变。

什么是冷暴力？

维尼老师，我每次教育批评孩子后，没多久就跟他和好了，像没那回事一样，这样好不好？婆婆和老公都认为，要么不说，要么说完就两天不理他，让他好好记住。可能大多数人都是这样的吧，他们说得对不对？

冷暴力就是用不理睬的方式逼迫孩子同意我们的要求，或者是让孩子战战兢兢，印象深刻。所以，即使孩子平静了，也要继续对他表现冷漠。老公的建议就属于冷暴力，这也属于惩罚的一种。我不建议惩罚，所以也不建议使用冷暴力。

孩子对冷暴力是什么感觉呢？

※ 小时候，妈妈在我伤心地哭泣时，每次都选择漠然无视，最后也不沟通。这种冷漠深入骨髓，至今只要想起，还会让我觉得浑身充满寒意。

※ 我也是从小在冷暴力的环境中长大，每当这样的时候，我的内心就非常痛苦，甚至想过一死了之。现在有了家庭，和老公有矛盾时，也会用冷暴力对待他，直到他主动认错。自己小时不愿承受的，现在却原样给了老公，想想这有多么可怕！如果我的孩子长大后，她会怎么做呢？

※ 曾经我也把冷暴力当作冷处理，女儿发脾气，我就不理她，她主动找我说话，我也不理她，不跟她一起上学放学，不跟她一起出去玩。我自以为这是冷处理，没想到带给女儿的杀伤力还是很大的。看了维尼老师的文章，我才真正清醒地认识到自己的过错，才下定决心改变自己，给女儿无条件的接纳和关爱。现在女儿开朗、阳光了好多。

那么，父母应该怎么做呢？

别火上浇油

孩子已经生气、想发脾气了，父母最好别去较真，别去惹他，那样可能火上浇油，让他脾气更大了。

午饭前孩子大闹了一回，起因是没有找到小玩具，他一直在生气，不肯吃饭，我们不理他，他大哭。后来我把他的玩具找到了，我也很生气，一下子甩给他，还说了他几句。他更生气了，手里还拿着玩具大刀乱舞。看来我这是火上浇油了啊！

更不要对着干

试图用发脾气来压制孩子，孩子可能哭闹得更厉害，或者被压抑。

以前宝宝一哭，我就发脾气，于是宝宝哭得更厉害，局面难以收拾。通过学习维尼老师的理念，我渐渐变了。宝宝哭了，我试着转移他的注意力，顺着他，哄哄他，再给他唱首歌，或者跟他一块唱，他很快就乐了。宝宝总是会说："妈妈要对我温柔。"我就笑笑对他撒个娇："还不够温柔吗？"哈哈！

不妨哄哄孩子，转移注意力

对幼儿而言，转移注意力是一种缓解孩子情绪的有效方法。

我女儿四岁，一个半月前还每天哭好几回呢。我崩溃到了极点，一个人带孩子什么都不能干，还总是带着坏情绪。看了维尼老师的文章，我在她哭时不再冷处理了。因为我家孩子不吃这一套，下次她会哭得更频繁、更狠。现在她一哭我就先哄哄，转移注意力。这才发现原来她一哄就不怎么哭了。然后，她想干什么或要什么时，只要那些对她不构成伤害，我一般都会满足她；需要节制的，我会适当满足。想想我小时候也会顽皮，也会馋嘴，这没什么大不了的。如此一来，她就乖了不少，哭闹少多了。

也可以去抱抱孩子，哄哄孩子，告诉他我们知道他很不高兴，让他倾诉心中的不快。有人理解、关注，有人倾听，孩子的情绪就容易平静，这也是心理咨询中共情的方法。我们烦恼时，有人愿意听我们说说话，心里就会舒服得多。

※ 今天女儿（三岁）午觉醒来，我发现她因为出汗，衣服湿了。但她还没彻底睡醒，就不想换衣服。我觉得不要逼她，所以笑着抱抱她，然后说火车钻山洞啦！女儿还是不想换衣服，我又拿出玩具小熊去钻她的衣服，这下她可完全醒了，开心地穿好衣服上学去了。孩子没睡醒，闹腾一阵很正常，大人不妨哄哄，用我们的冷静和智慧让孩子更开心快乐吧！

※ 以前儿子发脾气的时候我们都不理他，觉得晾他一下就好了。但慢慢发现这种方法并不是很有效，甚至适得其反，孩子的脾

气越来越大，一发起脾气来就要很长时间才会消气。后来我看了维尼老师的文章，慢慢地理解孩子的心理，他生气时其实是希望得到我们的关注，所以适当地表示关心和慰问还是很必要的，不要认为孩子生气时去哄他就是惯孩子、纵容孩子，孩子的心是敏感的，我们的冷落会让他觉得我们不爱他。哄哄孩子，让他在生气时尽快地平复下来，这个更重要。

顺应孩子的心理，是否会让他脾气越来越大？

有家长曾问，如果按照我说的方式教育下去，孩子最后是不是脾气会更大？虽然不赞同"棍棒之下出孝子"之说，但是一味忍让和迁就，还有所谓的理性教育，是不是会让孩子不知道尊重别人的感受，自己想什么时候发脾气就发脾气？

其实父母学会理解孩子，孩子也会理解父母；假设父母不去理解尊重孩子的感受，怎么指望孩子能理解尊重别人的感受呢？

又有家长担心，现在我们"迁就"孩子，在家里这么认同理解孩子，将来走上社会了，谁还会买孩子的单呢？

我的教育理念并不是一味忍让和迁就，而是顺应孩子的心理，先说好，再说不，先接纳孩子的情绪，理解孩子的合理之处，然后在合适的时机适当地引导孩子。这样教育出来的孩子，有足够的自信、自尊和自强之心，脾气也会好起来，懂得理解、尊重和包容他人，自然也就会得到更多人的认同和理解。家长千万不要因为担心以后有人会"损孩子"，就自己先下手"损孩子"！

孩子为什么这么生气？

女儿的性格脾气都不错，不过那天晚上回来却有些异常，写作业容易烦躁，隔一会儿就大声说："讨厌！"我莫名其妙，谁惹她了？过了一会儿，她又说："请你们不要和我提××的名字！"我这才知道，原来她是和好朋友闹矛盾了。既然不能硬拽着她去追问，那就看看她自己能不能把情绪处理、消化掉。我只是给了一个毛绒玩具让她撒撒气，一会儿她的情绪就稳定了，后面就一直笑呵呵的了，当时我觉得事情就算过去了。

第二天晚上，女儿开始写作业时表现还正常。不过，有时还会蹦出一句："讨厌！"后来她妈妈没有按约定的时间回来，有了这个导火索，她的小宇宙终于爆发了，发了挺大的火，哭了。

她说："我一直忍着，憋着，现在憋不住了。"原来今天好朋友又好几次惹她了，再加上昨天的委屈没有及时帮她疏导清理，叠加起来她就觉得分外委屈，所以才会一直说"讨厌"，现在终于爆发了。

我搞明白缘由之后，赶紧去帮助她应对情绪。安静地听她诉说这几天发生的事情，有和好朋友的事，有和托管班其他同学的事。我主要是倾听，理解她的委屈。偶尔插几句，有的事情会肯定她是对的；有的事情也让她理解好朋友和其他人。倾诉本身就是对情绪很好的一种宣泄，事情说出来，影响情绪的动力就少多了。最后我又让她宣泄，拿被子来撒气。

一会儿，她不哭了，表情轻松多了。问她感觉如何？她说舒服多了，不再憋着难受了。我说以后如果有委屈别憋着，回家赶紧告诉我们，我们会帮助你的，她答应了。在这之后，她就一直高兴了。

第二天早上，我问女儿："还生好朋友的气吗？""不生气了。""原谅她了吗？""原谅了，还要一起玩。"情绪过去了，人也就理性了。在有情绪时不宽容是正常的，我们也不必对孩子要求太高。

实例：孩子哭闹怎么办？

儿子非常喜欢汽车。有一天，我们同意他坐在汽车驾驶员的位置上，他开心地摸着方向盘，伸出小手去按每一个他能看到的按钮，最让他高兴的就是按喇叭时发出的嘀嘀声。由于担心会吵到邻居，所以我们只让他按了两下就催促他出来了。没想到他回家后找个由头就哭了起来，他爸爸感到莫名其妙，想要发火。

这时，我搂着儿子说："你是不是没玩够汽车呀？"他点点头，哭得更厉害了。

我又说："这是我们第一次摸真正的汽车。方向盘、油门、刹车的踏板，还有那些按钮，特别是喇叭一按还能嘀嘀响，真的是太好玩了，可惜我们不能多按，不然邻居该受不了啦（理解孩子）！"

他哭着说："我好伤心呀，我还想接着按喇叭。"这时我没说什么，只是搂着他（接纳孩子，允许宣泄情绪）。

他哭了一会儿，我感觉不像哭得刚才那么厉害了，就说："要不咱们看一会儿动画片吧（转移注意力）！"他同意了，过了一会儿，他的情绪就好转了，我问他："现在感觉怎么样？好些了吗？"他说："好多了。"于是我们讨论了一下，让他知道为什么不能在小区里不停地按喇叭。他明白了，说好下次在没人的地方可以多玩一会儿（改变认知）。

实例："小魔鬼"是怎样变成"小宝贝"的？

我的孩子今年六周岁，性格比较追求完美，遇到事情不知怎么解决就会哭闹。他也会执着于一件事情，我不同意，他就一直哭，一直闹。有人会说，哭几次没人理他，以后就不会哭了。但从小时候起，如果他无理取闹，大发脾气，我都会跟他说："你哭吧，想哭多久就哭多久，你要知道哭闹对妈妈来说是没用的！"他如果不好好商量，想用哭闹达到要求，我基本上不会屈服。照理来说，如此教育下长大的孩子，他知道哭闹没用，应该是很讲理的，但是并非如此。我自认为是个称职的妈妈，有原则，不溺爱孩子，孩子的事亲力亲为，从未假手于人，但是孩子还是朝着与我希望的相反方向发展，我也觉得自己越来越无力。

春节那段时间，孩子脾气非常火暴，每天一点儿小事就大哭大闹，又不懂礼貌，不讲卫生，简直像个"小魔鬼"。这让我们全家都手足无措，我自己极其焦虑，一想到孩子的种种问题就想哭。所以我决定到维尼老师这里咨询。

维尼老师与我讨论我和孩子之间每天发生的事情，这让我慢慢看到了自己的问题，学会了管理孩子情绪的方法。

1. 不要用自己的不良情绪去影响孩子

谁都不喜欢别人带着不良情绪对自己说话，孩子也是如此。有一天，我们吃蛋糕，孩子把蛋糕上的红豆都挖掉，丢得满地都是。

以前，我心里马上就冒出这样的想法：这孩子怎么教都教不出来，又乱扔东西！有这样的认知，情绪肯定不好，说话也不好听了；孩子听到我带着情绪的话，自然也很烦躁，哭闹就难免了。

现在，我改变了自己的认知，理解他：孩子可能是着急吃，没大注意，所以很平静地说："怎么能这么乱扔呀，地上多脏呀！"孩子也很不好意思地笑了。我要求他捡起来丢掉，他也很干脆地过来捡，只是要求我帮忙，我也答应了。我们两个人高高兴兴地把地板清理好了。

有时我们的烦躁、着急就是孩子哭闹的导火索，我们的情绪会直接影响孩子的情绪。

2. 碰上事情先理解孩子，和他共情

有一次，孩子说他在学校做错题，同桌说他了，所以他不高兴，不要再理同桌了。

以前，我会说："有什么大不了的事，值得你这么生气啊？"孩子本身就委屈，我再不理解他，他就更放不下情绪了。

现在，我会抱抱他说："是啊，妈妈能理解的，本来题做错了，自己就不开心，别人还说你，当然会不高兴了。"还会跟他开玩笑说，"女孩子嘛，总是会啰唆点儿的，你看妈妈不是经常挺啰唆的，你就这只耳朵进去那只耳朵出来呗！咱们男孩子不要和女孩子计较了，你看爸爸从来都不跟妈妈计较的。"孩子听了就乐了，这事也就过去了。

这就是共情的力量，孩子感觉父母理解接纳他，就会感觉好多了，父母再劝他就容易接受。

3. 对孩子的情绪、行为，要先理解接纳，再寻求改变

儿子在外面玩，旁边有个和他一般大的小朋友在玩玻璃弹珠游戏机，儿子很感兴趣，凑上去看，那小孩不让看，推开了他。儿子不高兴，发脾气，哼哼起来。我劝他别急，公众场合要排队，等别人玩好了你再玩。儿子还是不高兴，看来劝的话不在点子上。过了一会儿，儿子趁那家长不注意，重重推了那个孩子一下。我大声说道："你不能这样，下次再这样，我要打你了。"这时儿子更气了，朝我也拍了一下。我顺势冷静了一下，想了想儿子为什么会有这样的表现，我蹲下握着他的手问他："你刚才是不是因为小朋友推你，你生气了，所以你也推了他？"儿子说："是的，我生气了，所以推了

他。"我接着说："哦，原来是这样，那下次要用嘴巴说，让小朋友不要推你，不要动手好吗？"儿子瞬间情绪好转，这事就过去了，一会儿又开心地玩起来，别的小孩凑过来，他没拒绝，哈哈大笑起来。站在孩子的角度理解孩子的行为，孩子的坏情绪很快就调整好了。

4. 气头上不要火上浇油，等冷静下来再讲道理

有一天，孩子写作业时，有不懂的地方问我，他对我的讲解不太满意，有些生气。我和他说了很久，他也不听。以前，我肯定要压一压他的脾气，在气头上训斥他，结果导致孩子越来越生气，最后两败俱伤。

现在，我走开，让他和我自己都冷静一下。过了一小会儿，他跑过来，拿走了桌上两片面包，还把手上的小玩具丢在厨房地上，跑开了。我让外婆不要说任何话，免得火上浇油。又过了一分钟，外婆悄悄和我说，孩子躲在客厅门口往这边偷看呢。我也乐了，然后我们两个笑着过去找他，孩子也笑了，乖乖地过来吃饭。我发现对待孩子的脾气，短时间的冷处理还是有效果的，你越和他说话，他越冷静不下来。还有维尼老师所说的不要火上浇油非常正确，事后我和他说扔玩具不对，让他把刚才扔掉的玩具收好，他也乖乖地去收好了。

别去火上浇油，先处理情绪，再处理事情。情绪平静了，孩子就好商量了。

5. 妈妈学会放下，不过于执着，孩子就开心了

向维尼老师咨询的一个月，我想通了很多事，很多东西都放下了。比如孩子睡觉和讲卫生的问题，还有玩具乱丢不收拾等，这些我都放下了，觉得都不是很重要，慢慢来吧。退一步讲，就算他长大了也改不了这些毛病，但只要心理健康、阳光，又有什么大不了的？我现在对孩子要求很少，不要求他收玩具；晚上睡前如果他不愿意洗澡，随便抹一把也就上床睡觉了；偶尔我也允许他在床上吃面包，吃完简单漱口就睡觉。这些在以前的我看来都是溺爱啊，都违背了培养孩子好习惯的原则。但是我觉得身教大于言传，家里人都不是什么坏人，只要不是无原则地宠，孩子也坏不到哪里去，所以没关系。

我对自己说：慢慢来，不着急，孩子这样很正常，没什么。心态放平了，倒也不觉得怎么样。摊了一地的玩具，我帮着收也挺开心的，而且唠叨批评也少了。

唠叨少了，给孩子放松自在的空间，孩子自然开心了。

想起去年的这个时候，天热了，孩子一定还要穿着棉毛裤，我觉得太热了，坚持不让他穿，他闹得厉害。现在想来自己真是可笑，他自己爱穿就穿着呗，这么大的孩子了，自己不知道冷热吗？小时候有一次我给他理发，他不愿意理，我就发脾气，把他关在浴室里，说今天一定要理；有段时间孩子特别不爱洗澡，我软硬兼施一定要他洗。现在想想真难过，我真的伤害了孩子。是我太在意的性格，

才导致孩子追求完美。幸好，现在改变还来得及。

看来孩子以前发脾气有这位妈妈教育方式的原因啊，妈妈太过执着。这位妈妈现在放下执念，去掉执着，顺其自然，让孩子舒服自在，孩子自然没有那么多脾气了。

6. 慢慢渗透三种思维

针对孩子追求完美的性格，我慢慢给他渗透三种思维等淡化的思维，逐渐有了效果。有一天，爸爸给孩子买了个机器人，孩子说："以前那个机器人好像比现在这个还要好，可惜坏了。"我说："以前那个没坏的话，爸爸怎么会给你买新的呢？以前那个坏了不也挺好，有什么大不了的。"我还想继续说下去，孩子抢了我的话说："对，只要不是我故意弄坏的就行了，是不是？"我突然很感动，孩子进步太大了，以前因为这种事，他隔很久想起来都还要闹一下的。孩子慢慢对很多事情不那么过分在意了。那天晚上他让我找一本书，我没找到，他自己去找也没找到，他也没怎样，顺手拿了另外一本叫我讲。这在以前肯定又要闹得天翻地覆了，而那天他却是一副淡定的样子。

有了合理的认知，孩子就会逐渐变得淡定，情绪自然稳定了。

7. "小魔鬼"变成了"小宝贝"

经过一个月的咨询，孩子越来越开心了，发脾气他自己也不乐意啊！以前那个"小魔鬼"好像已经渐渐走远了。

咨询之后过了半年，孩子又有了不少进步，淡定了很多，脾气有了很大的改善，玩具摔了也不大哭闹了。亲子关系更是有了很大的改善，孩子有一次还说："我真幸运，有这样的妈妈。"

孩子是"天使"还是"小魔鬼"其实在于父母不同的教育方式！

维尼老师让我面对孩子时不再觉得手足无措，虽然我有时还是会烦躁，会发脾气，但是我也能接纳这样的自己，觉得挺正常的，是人都有脾气的，努力去改变就行了，今天比昨天好就行。

接纳孩子，也要接纳自己啊！

第三节　如何改善孩子的性格

孩子的性格中有天生的因素，但是受后天环境的影响也很大，其中受父母的影响最深。解铃还须系铃人，所以，孩子的性格改善首先要从父母的自身改变做起。如果父母掌握了改善性格的方法，就可以事半功倍。

改变孩子的性格，从父母的改变开始

孩子的性格受后天环境的影响很大。父母、同学、老师都会影响孩子，其中，与孩子朝夕相处的父母对孩子性格的影响最深。

1. 问题性格，父母造成

孩子会不知不觉模仿父母。

我女儿一岁多时，有一次我训了她。后来发现她跑阳台上学我的口气教训玩具乌龟。

父母对孩子挑剔、苛责，那么孩子自然可能对自己苛责，对他人不宽容。

我以前太着急，不懂得理解和接纳孩子，每当孩子的行为不合我的意，我就会发火，导致儿子遇到事情也是采用同样的处理方式。孩子真的是一张白纸，你在上面画什么，他就呈现出什么。

父母的情绪会影响孩子的情绪，时间久了，相应的性格就形成了。比如父母经常对孩子发火，这会让孩子烦躁，所以可能导致孩子脾气暴躁，在父母言传身教之下，他可能也学会用发火的方式来解决问题。还有一种可能，孩子害怕父母发火，内心压抑，可能形成自卑、胆怯、压抑的性格，也可能学会撒谎以躲避父母的怒火。

我对待孩子没有足够的耐心，有时候会对孩子发脾气。现在孩子长大了，对我们动不动就发脾气，我才意识到自己曾经的粗暴已经影响到孩子了。

因为我经常对女儿发火，现在她不高兴也会发火、吼人，甚至会破坏家里的东西，踢门，猛开或猛关衣柜门。

家长会很容易把自己夸大的思维模式复制到孩子身上，即使家长不打不骂，什么也不说，家长紧张的表情、沮丧的态度也会让孩子感到事情很严重。

一位高中女生告诉我，她对此深有感触。

维尼："你有这样的经历？"

女生："不是有，而是经常有。虽然父母嘴上说没什么，但是他们那种失望的表情总是让我很紧张。"

有一位高二女生在我这里咨询，她因为脆弱敏感，顾虑的事情太多，以致在学校压力太大，不能上学。我发现她父母做什么事情都要考虑许多，事无巨细考虑周全才做。朝夕相处，父母的这种思维模式必然会影响孩子。

在父母的严厉苛求下，孩子会在意别人的眼光，内心胆怯；或者追求完美，总是不自信。

童年父母对我的苛求给我的性格留下了一些伤疤，成年后的我很敏感倔强，不愿听到别人的否定，所以我经常牺牲自己的感受去成全别人，这一度给我的工作和生活造成困扰。

在母亲的冷暴力和压抑之下，我学会了看脸色行事，内心很压抑。长大后，不自信，在乎别人的眼光，面对领导会有诚惶诚恐的感觉，和陌生人说话怕遭到拒绝，有时还会产生无来由的抑郁感。

2. 改善孩子的性格，从改善自己的性格开始

※ 在没认识维尼老师之前，我随心所欲地教育女儿。认真阅读了老师的文章之后，我开始改变自己，孩子也有了很多变化。以前外甥来我家，我发现女儿训我外甥时说的那些话，和我以前训她时一样。我特意告诉她应该怎样和弟弟说话，同时我也改变了对女儿的教育方法。现在女儿经常指正我对外甥的教育方法，俨然是一个小小教育家，说得很有道理。

　　※ 儿子上小学五年级，有一天，他回来兴奋地告诉我："妈妈，我的同桌这次数学考了九十二分呢！老师夸他进步很大。他请教我应用题时，我还称赞他解题思路很好，只是要讲究解题方法。"这个同桌虽然成绩不出色，但是很刻苦。他妈妈对他的期望很高，要求他每天还要做课外作业，孩子的手都写出老茧了。虽然孩子心里很反感，但是又不敢违抗。后来，在我的鼓励下，儿子主动写了封信给那位妈妈，或许是被儿子的话语感动了，那位妈妈再也没让她的孩子做额外的作业，而那个孩子的成绩反而提高了不少。维尼老师的理念在潜移默化地影响着我，让我以平等、理解、宽容、欣赏的眼光看待孩子，我的孩子自然也会以同样的心态看待别人，还有什么比这更让人欣慰的呢？

　　※ 儿子很倔强，以前的我是"你犟，我更犟"，甚至动过手。有了维尼老师的六字箴言"很正常，没什么"之后，我也释然了，跟孩子较什么劲啊！你跟他犟就是教他跟你犟，孩子就是家长的复印件，还真是这么回事。对待很倔强的宝宝，更不能跟他犟。其实没什么，不妨先适当满足他，等双方都冷静一会儿再说。现在儿子明显比以前能调节自己的情绪了，因为"很正常，没什么""顺其自然"的思想，妈妈天天都在给他渗透。

实例：我改变了，孩子的性格也改善了

家庭教育真是"种瓜得瓜，种豆得豆"。播下苦涩的种子，就会收获苦涩；播下甜蜜的种子，则会收获甜蜜。一位妈妈看了我的文章，改变了自己，用了几个月的时间就让自己和孩子从苦涩走向甜蜜，孩子的性格有了很大的变化。

维尼老师，您好。看了您的文章，不但对孩子有很大的帮助，对我自己的心态，对我生活的各个方面都有很大的帮助。就如您所说的，孩子最大的问题是家长自身，没有教不好的孩子，只有不懂得教育的家长，对此我深有体会。看您文章改变最多的是我自己。女儿在 2005 年出生，我们把她带大。那时我们不懂教育，我的脾气本来就急躁，生活压力又大，常常心烦意乱。我对待孩子不是疼爱和呵护，而是把她当作出气筒，轻则骂，重则打，而且打的时候从来都是很用力的。如今想想好心痛，那么小的孩子，当时承受了多大的委屈和伤害啊！

不过虽然我的脾气不太好，但是从心里来说对女儿还是很疼爱的，只是我这个人太苛刻，太追求完美，太不懂得理解和尊重孩子了。而且我敏感消极，很多事情总是往坏的一面去想，也总是以大人的标准来要求一个才一丁点大的孩子。

孩子本来还是很阳光活泼的，胆子也很大，可后来我们处处管着她，要求她，不让做这个，不让做那个；不要吃这个，不要吃那

个；总是担心这个，担心那个，弄得她胆子越来越小了。

再加上我野蛮粗暴的教育方式，不懂得理解孩子，总是把自己当作判官来主宰她的一切，孩子稍有不从非打即骂。孩子虽然聪明伶俐，可做什么事情都是畏畏缩缩的，总是担心我会骂她，很多想法不敢对我说。孩子也不敢在我面前撒娇，因为知道撒娇没有用。妈妈说不准做的事情，她都不敢去尝试，很多孩子吃的零食她没有吃过，孩子们最喜欢的玩具她也不敢找我要，看到别人的孩子有很多钱可以买零食和玩具，她心里痒痒的。

虽然我号称买东西可以商量，可实际都是我在做决定，所以后来她就偷偷拿我的钱出去买东西。哭也许是每个孩子的天性，当她委屈和不开心的时候，也会自己躲在房间里蒙头大哭，可我不但不去安慰她，当我听得烦的时候还会让她憋着不准哭，如果还哭我就会大打出手，越哭越打，打到不哭为止。想想孩子多可怜，受了委屈没人理解、安慰，还不让哭，她的心里是多么难过、多么无助啊！

在我的身教之下，对待其他的小朋友，女儿也像我一样霸道，不懂得去理解别人。出现了矛盾，她也像我一样用简单粗暴的方法来处理。我渐渐发现孩子不但性格改变了，而且经常会说很无聊。这么大的孩子应该是很开心、很快乐、无忧无虑的，为什么会感到无聊呢？

性格有天生的成分，但是后天也会受父母的影响。这个孩子就是在严厉粗暴的管教和压抑之下，由快乐活泼变得感到无聊，由胆大变得胆小，也变得霸道、不理解别人。

幸运的是，我看到了维尼老师的文章，每一篇文章我都很喜欢，觉得每一篇文章里面好像都有我的身影在晃动，那个张牙舞爪的自己，是多么丑陋！

我明白是自己出了问题，开始反省自己。孩子真的没有错，如果我能宽容一些，理解一些，能站在孩子的角度去想，也许孩子就不会这样胆小，就不会来骗我，就不会在受到委屈时一个人偷偷地哭泣了。

猛然惊醒之后，我改变了。

现在很多事情我都放开手让她自己做决定；出现问题时，我不再着急上火地打骂；我学着尊重孩子、理解孩子、宽容孩子，现在孩子不再动不动就哭泣了。

早上睡不醒，我不再着急地骂她快点儿起来，而是慢慢地哄着她，理解她，我自己还不是一样赖床不想起来，何况是孩子呢？以前如果孩子打破了一只碗，我就会骂她那么不小心，总是毛手毛脚的；现在打破了一只碗，当她无助地望着我的时候，我会笑着摸摸她的头说，没关系的，不就是一只碗吗，没什么大不了的。

孩子以前很少让我抱，因为我不想抱她，我觉得孩子不能娇宠。

现在我的想法不同了，我觉得孩子很快就要长大了，以后我想要抱也抱不动了，我要多抱抱她，享受这种乐趣。

以前孩子比较喜欢爸爸，因为平时爸爸很少骂她。倒是我常常骂她，总是感觉女儿哪里都不好，都没达到我的要求。现在看看别的孩子，其实很多还不如她呢！我改变了之后，女儿现在比较喜欢我，以前睡觉前她要爸爸讲故事，现在她要我讲。因为爸爸会责怪、强迫她跟着读，她用哭来抗议。现在我看了维尼老师的文章，我理解孩子，晚上都要睡觉了，哪里还有精神去思考问题，去跟着我们读，她想要的只是静静地听。

我现在睡前和她谈谈心，问问学校的情况，问问她开不开心，这些都是在她愿意的情况下引导她说的。有时她也会告诉我她不开心，因为我说她了。

她不怕我了，也不怎么哭了，对很多事情也不再那么执拗了，很和好商量，而以前的好商量其实是因为惧怕我而被迫服从。

对于她的一些要求，我会适当满足，不像以前用没有弹性的规则来要求她了，所以她也不再偷拿我的钱，她想要买什么东西会征求我的意见。我尊重了孩子，孩子也同样尊重我。有些时候，我们会坐在一起看电视。如果是以前，她会自己坐在另外的凳子上，现在她都是直接跳到我的腿上，让我抱着一起看。

虽然现在我的心态有了很大的变化，但有时还会忍不住发火，语气带有责怪的味道，但已经不打她了，已经慢慢地学着用欣赏的眼光来看待女儿的一切了。

改变孩子的性格要顺势而为

孩子不太爱说话，在回答问题上，有时并不是不会，但就是不吭声。讲故事、唱歌这些他都挺擅长的，但是不喜欢在大众面前表演。

我家孩子太低调了，我说带他去参加聚会，他回答："不高兴。"我让他在亲戚朋友面前表演节目，他回答："不愿意。"我让他参与班委竞选，他回答："我不想。"我让他积极举手发言，他总不愿举手。怎样才能让孩子变得勇于表现自己呢？

孩子的性格总需要完善，如果方法得当，性格的确可以逐渐改善。但完善成什么样子，是首先需要考虑的。很多人希望孩子外向、健谈、敢于表现、善于交际，因为这样会"吃得开"。但这是否适合孩子，是否太过勉强呢？性格不是橡皮泥，想怎么捏就怎么捏，勉强去改变反而会适得其反，性格的改变需要顺势而为。

所谓顺势而为，就是要顺应孩子的特点和愿望，不要只按照自己希望的标准去塑造孩子的性格。孩子本来是一棵小苹果树，园丁可以做些修剪，除掉有病虫害的枝叶，施肥浇水，让它结出甜美的苹果，但非要把它变成自己喜欢的梨树就不好了。

是啊，我们总想按照自己的想法去改变孩子，而不是按照孩子的特点来顺应，结果往往事与愿违。

性格只有不同，没有优劣

有些人生阅历之后才知道，不同的性格倾向各有长处和短处，并不是可以断言优劣的。比如外向和内向，勇于表现和低调，张扬和谦虚，热情和沉静，浪漫和现实，个性十足和随和，多愁善感和理性平静，到底哪种好？很难说啊！在同样的工作单位，不同性格的人都可能发展得好；不同性格特质的人都会有适合的工作和爱情。只不过，对于具体的工种，某种性格倾向的人可能会更适合一些而已。

一种性格在这个场合可能如鱼得水，在另外一个地方可能就不适应了。比如勇于表现自己，在需要彰显个性的公司可能合适，但在某些单位就可能会被解读为爱表现、不谦虚、不踏实。

我儿子之前就是很多人喜欢的那种外向性格，很阳光。但因为敢于表现，上课经常插嘴，被老师定性为哗众取宠。现在他内向了许多，不插嘴了，但老走神。

其实，没必要勉强孩子在性格上动大手术，在现有的基础、特点上顺势完善就可以了。孩子天生会具有些性格特点，成长中也会形成一定的性格倾向，如果孩子自己觉得舒服自在，对学习和生活又没什么障碍，那就不必做大的改变。

什么情况下，孩子的性格需要完善？

1. 过度

过于爱表现自己，过于争强好胜，过于自信，话太多，都不好；不敢表现自己，没有信心，自卑，不敢说话，也不好。过度，可能就需要适当纠偏。

2. 构成障碍

如果性格倾向构成障碍，就需要改变了。比如发脾气太多、过于追求完美、过于犹豫、不敢当众发言、表演太紧张、社交恐惧症，如果出现这些问题，就需要帮助孩子克服。

3. 是否喜欢自己

有的孩子不喜欢表现自己，不喜欢说话，喜欢安静，不喜欢交际，这没什么。但是有的孩子不喜欢自己不敢表现的性格，不喜欢自己不会说话、不会交际，不喜欢自己说话没底气等，此时就需要帮助孩子，让他学会欣赏、接纳自己的特点，或者帮他寻求改变。

孩子跟我抱怨过，说为什么班里某个同学人缘好，一下课大家都围着他？为什么我的朋友少？我了解了一下，那个孩子比大家大一岁，性格大大咧咧，见识也多，经常带新鲜好玩的玩具去学校玩。而我的孩子性情安静，偏内向，但是脾气挺好，跟同学相处得也好。我告诉孩子朋友多了很好，但你也有好朋友，朋友在精不在多，虽然不被很多人簇拥着，但你依然能拥有幸福快乐的人生。

改变性格要慢慢来

性格的改变有时需要一个漫长的过程，不必只争朝夕，可以慢慢来，不要去逼迫孩子，不要去勉强他改变。

有个孩子小时候见到叔叔阿姨一般不问好，妈妈觉得孩子没礼貌，就逼他必须问好。结果孩子逐渐心生恐惧，发展到对一切交际都排斥。我女儿小时候也不大问好，我随她去，只是偶尔在她问好的时候大加鼓励，她没有心理负担，逐渐体会到问好没什么可怕的，过了两三年也就常常问好了。

改变性格不能靠硬性要求，要讲方法。比如孩子爱发脾气，需要找到孩子发脾气的原因，或者改变父母的做法，或者改变孩子的认知。如果只是要求孩子不能发脾气，或发脾气时进行压制，就会让孩子受到压抑，而且问题还得不到解决。

改变性格要顺势而为

依靠孩子原有的、与众不同的特质，顺势引导发挥他的优势是最有效率的做法，在此基础上再顺应规律去完善、发展他的性格。

儿子到了陌生环境，碰到陌生的人，都需要适应一会儿才和别人打招呼，而我希望孩子去一个地方就和小朋友打成一片，就和陌生人打招呼，导致每次出门孩子都不高兴。认识到这个问题后，我知道儿子需要预热一下，就多陪陪他，等到他预热好之后，再让他去和小朋友玩或和别人打招呼，这样他开心多了。

苹果树、梨树，都可以结出甜美的果子来！

我的女儿从小活泼调皮，做事迅速但马虎。而我特喜欢女孩子文文静静的，于是给孩子提了很多要求，试图改变她，最终闹得我和孩子都疲惫不堪。在经历过很多次失败后我才明白，还是顺其自然为好。于是，再遇到孩子的行为不是自己期望中的样子时，我会对自己说顺其自然，慢慢来。现在女儿长大了，爱打扮，爱漂亮，文静了，女孩气十足。以前想当然认为的缺点却成了孩子的优点：活泼调皮，思维就敏捷；做事迅速，雷厉风行，敢作敢为。前几天，孩子参加了一次拓展运动，所有的项目她总是一马当先，冲锋在前，获得了老师的赞赏和同学的赞美。想想自己在孩子小时候对她提出的一些不切实际的要求和勉强改变孩子性格的举动，是多么可笑呀！

"三岁看小，七岁看老"也有偏颇之处

很多人是在孩子出了问题之后才开始学习家庭教育的，但是醒悟的时候，孩子已经上了小学或中学了。所以，有些人很没有信心，是不是来不及了？孩子的性格已经形成，童年的创伤是否无法抚平了？

※ 孩子不想当众表演节目，不想举手，我就把这当作不自信的表现，心里想：小时候不自信，长大也是这样可怎么办？所以我非常焦虑。

※ 我孩子已经上五年级了。以前我对她过于严厉，打骂训斥太多。当时对孩子可能会有一定的伤害。现在觉醒了，每次想到这些，我都会深深自责、焦虑，真担心会给孩子带来不可逆转的影响啊！

父母的这些担心都放大了童年事件对于孩子性格、心理的影响。我国有"三岁看小，七岁看老"的说法，这有一定的道理，因为七岁时，一个人的性格有了基本的轮廓。但是在整个成长期，包括小学、中学、大学，孩子的性格和心理都是可以改变的，青春期之后的变化更大。工作之后，甚至四五十岁以后，性格也是可以改变的。对我自己来说，高中以后的经历对我性格、心理的影响更大。所以，如果孩子目前的性格有些不如意，不必沮丧，在整个成长期都会有改善的机会。

如果以前父母对孩子造成过伤害，只要现在改正了，就还来得及。孩子都希望和父母相亲相爱，只要父母真正改变了，亲子关系几周就会有大的改善，温暖的家庭环境有助于抚平那些伤害。如果我们勇于向孩子承认错误，让孩子尽情倾诉以前他所受到的伤害，那些伤痛就不会一直埋在他心里，造成持久的痛。

当然，孩子性格、心理的改善需要方法，也需要长期的努力。

孩子高中没住校，每天回家都热烈地告诉我们他班上发生的事情。在我的引导下，孩子的性格变得越来越开朗，学习也慢慢适应，成绩慢慢在提高。维尼老师说，不要过分强调童年对一个人的影响。说得太对了，我都四十多岁了，不也在老师的指导下改变很多吗？更别说一个刚刚十五岁的孩子了。

实例：如何改变孩子倔强、爱发脾气的性格

我以前自认为是一个讲原则、负责任、有奉献精神的母亲，无奈孩子性格太倔强。看了维尼老师的文章之后，才发现正是自己造成了孩子这样的性格。我按照维尼老师的理念去做，经过三个月，孩子的性格一天一天变得像天使，现在懂事了很多，听得进去家长的建议，对家长的要求也越来越合作了。比起以前那个性格刚烈、倔强、爱发脾气、爱哭闹的孩子来说，就像换了个人似的。

限制太多只会让孩子脾气变坏

孩子小的时候，可谓体弱多病。因为怕生病，所以我对孩子过分地关注，不让他这样，不让他那样，主要是怕有危险、怕生病。而孩子却偏偏是一个好奇、喜欢冒险、淘气的小男孩，不让他干的事情他偏要干，后来大人着急了，强行制止，他就大哭大闹，在地上打滚，嗓子都哭哑了。

限制太多，孩子不能按照自己的意愿去做，没办法，只能闹，因为只有这样才能满足自己的心愿。因为经常被拒绝，所以自然会发脾气、哭闹。相反，如果给孩子较多自由，家人也好商量，孩子通过和家人商量就可以满足自己的要求，就没有必要犟、哭闹了。

因为他如此爱哭闹、叛逆、犟，所以我经常感到心情焦躁。因为任何道理他都不听，哄也哄不好，所以我的心情很差，经常发火、批评他。那时我的想法和很多家长一样："我也不能因为他哭闹就依着他啊，什么事都依着他，无原则地溺爱，以后长大了脾气更了不得，所以我得压着他，树立自己的威信。"

这的确是很多家长的习惯性思维，总怕溺爱孩子，总怕惯坏了孩子，结果走向反面，去压抑孩子，严格地按照原则、规矩办事，结果孩子脾气越来越差。

我一直以为这样做没什么不好，因为我不想纵容他的坏脾气，不想对他溺爱，我要对他"讲原则""严格要求"，期望他最后能改掉自己的坏脾气。但是这样的做法，非但没有让他的脾气变好，反而越来越坏。

现在孩子快五岁了。三个多月前，看了维尼老师的文章，我开始逐渐意识到，不是孩子有问题，而是家长有问题，家庭教育有问题。我开始有意识地改变自己的习惯性思维。说实在的，要改变自己，并不是容易的事情，有时还很痛苦。

1.改变了做法，孩子的反应就不同了

我开始有意识地改变自己的教育方式，并且惊奇地发现，好像有效果。

吃饺子　一天晚上，姥姥做了丰盛的晚餐，孩子却非要吃饺子，快要发脾气和哭闹了。换作以前的我会说："你自己不早点儿说要吃饺子，姥姥辛辛苦苦做的饭比饺子有营养，怎么这么不懂事？快给我吃！"孩子一定是哇哇地哭，然后说什么也不吃饭，哭闹一晚上，大人生气，局面失控。

那天的我，心里念叨着"尊重、理解和接纳"，说："宝贝，我知道你很想吃饺子（要理解孩子，确实很想吃饺子），咱们去饭馆吃新鲜的好不好？"孩子说："太好了，我终于能吃到自己最喜欢的饺子了！"他高高兴兴地跟着我去了，吃了一大碗饺子，然后高高兴兴跟着我回来，一晚上没闹事。

孩子看似不合理的要求也有合理之处，暂时顺应孩子的心理，皆大欢喜。妈妈这样好商量，孩子就学会了商量。

洗澡事件　叫孩子到浴室洗澡的时候他还在玩贴画。我叫了几次，他还要找一张贴画，而且请求："妈妈，你跟我一起找吧！"

以前的我会说："洗了澡再找，要不水凉了。"孩子会说："不行，

我现在就要找到！"我开始生气："已经耽误这么多时间了，怎么这么不听话！"孩子又会说："我就是要现在就找到！"我肯定是越来越生气，开始发火，最后孩子开始哭闹。

那天的我学着顺应孩子："好吧，那我帮你一起找！"找了一会儿，还是没找到，我说："看，我们两个人找了半天都没找到，要不洗了澡再来找吧！"孩子说："没找到，好难过啊，你重新给我买吧。"以前的我会说："自己不收拾好东西、找不到了又要买，浪费钱，不给买！"然后孩子又是一顿哭闹。那天的我"先说好，再说不"："好吧，我答应你，你确实很喜欢那个贴画，找不到了很难过。妈妈答应你合理的要求，但是你也得答应妈妈合理的要求，就是现在去洗澡。"孩子说："好吧。"

一晚上相安无事。

其实以前妈妈非要坚持自己的意见和做法，也是一种犟；现在能去听听孩子的意见，不再犟，那么身教之下，孩子就能慢慢学会不犟。有时我们只是看到了孩子的犟，没想到自己也是这样。

打水枪　孩子拿起水枪，装了水在屋子里开打。以前我会禁止他在屋里玩，孩子却非要玩，然后我发火生气批评，夺过水枪，孩子哭闹打滚。这次我先让他玩了一会儿，然后去替代性满足，说："咱们到楼下去打树叶，看谁打得准。"

孩子说："太好了！"一晚上都玩得兴高采烈。

灵活变通，替代性满足，孩子也就合作了。

2. 常见问题的处理

爱吃零食、爱看动画片、爱买玩具，是很多孩子的共同特点。

吃冰激凌　天凉了，孩子受吃冰激凌，我想起了"先说好，再说不"。

我："好吧，但是答应妈妈，因为现在天已经很凉了，以后会越来越冷，今天吃了以后咱就不吃了，行吗？"

孩子："好！"

之后果然很长一段时间孩子都没闹着要吃了。前几天晚上在楼下玩，他看到一个小孩在吃冰激凌，他反而批评那小孩："这么冷你还吃冰激凌，你还要不要你的肚子了？"

买玩具　孩子要买陀螺，以前买过两个，但这次我还是答应他了，只是约定以后不再买陀螺了。后来他又要买无极战车，我也答应了，只不过约定两周之内不买玩具了。过了两天，他又要求买，我拿出约定和他商量不能买了，他也痛快地答应了。

适当满足，适当拒绝，先说好，再说不，这样会发现孩子挺好商量的。

3. 孩子的变化

其他还有很多例子，比如孩子午睡睡不着，就不强迫他睡，只是事先约定好晚上早点儿睡；比如在家时，孩子仍然喜欢让我喂饭，让我穿衣，让我擦屁屁（在幼儿因这些事情他都会），我都会答应，但会对以后提出要求。这样先说好，再说不，不去断然拒绝，顺应孩子的心理，他没有被惯坏，反而变懂事了，性格变好了很多。

有一次，我没控制住自己的情绪，严厉地批评了他，但是他并没有哭闹，只是说："妈妈，我不这样了，你别生气好不好？"然后向我解释，其实他是不小心跑到路边上，不是故意的。后来我也向他道歉："对不起，妈妈不应该对你发火，但是妈妈生气是因为担心你。"不管怎么样，在面对我激烈的情绪时，孩子没有像以前那样采用激烈的情绪跟我对着干，而是如此冷静理智地向我解释，我已经很感动、很感动了。我突然发现，这个小人儿真的长大了很多，进步了很多。我也经常表扬他的这些进步，由此进入良性循环。而这也仅仅是在采用维尼老师的教育方法三个多月后。

有好的亲子关系，即使偶尔发火也不会引起孩子的强烈反应了。而如果亲子关系不好，每一次发火都会引起孩子哭闹。

当然，孩子现在有时还会发脾气哭闹，以前的我，一是只看到孩子哭闹的表面，没有深究其哭闹的原因；二是不了解"孩子每一次的不良情绪，都是促进心理成长的机遇"，所以往往严格要求他不能这样发脾气。哪知越是压抑，孩子越是气不顺，越是火气大。现在学习了维尼老师的理念，如果遇到他实在要哭闹，那就平静地让他发泄，一般十五至二十分钟（最多三十分钟）后，尽情哭闹、发泄完了不良情绪，他就又是一个很懂事的孩子了。这个时候再平静地跟他讲道理，告诉他生活中总会有一些不尽人意的事情，哭闹不解决问题，遇到不顺心的事要积极寻找解决问题的方法，他就很容易地接受了，从而逐渐形成"遇到问题积极寻找解决办法而不是发泄情绪"的思维，希望对他长大以后的做事方式有帮助。

如何培养孩子的自信心

孩子的自信心是很重要的，那么如何培养呢？

什么样的养育方式会让孩子不自信？

父母想培养孩子的自信，首先要知道什么样的养育方式会让孩子不自信。

不给予孩子充分的理解和肯定，孩子容易不自信

我的童年印象最深的是父亲的呵斥与打骂。印象中父亲从没抱过我，没夸过我一句，甚至没对我笑过。我的大部分童年时光在恐惧中度过，不知道父亲什么时候会大发脾气，不知道将会为什么事而挨打。三十多年过去，我尽了最大努力，依然没能得到父亲的半句肯定。在几十年的生活中，我一直没有自信。总希望获得别人的欢心，希望能让他人高兴，过分在意他人的评价，许多时候，活得太累。

如果父母总是批评打击孩子，孩子一直战战兢兢、提心吊胆，

那么不自信就是自然的了。

父亲对我生活上很关心，但在精神上很苛刻。在我做错事或者让他不满意时，他不会顾及我的尊严，在众人面前说我是猪脑袋，智商低。当时我怎么都接受不了，感觉自尊心受到严重的创伤，越来越自卑，因为这种话听多了还真以为自己很笨，做什么事都不如别人。

有条件的爱容易让孩子不自信

这会让孩子认为自己不配得到，他会患得患失，没有安全感，他会习惯于在乎别人的看法，不自信。

被父母无条件爱着的孩子会有安全丰满的内心，呈现出来的状态也会比较自信。对孩子无条件地接纳，孩子就可以坦然做自己的事情，没有恐惧，自然不会太在意别人的看法。

要求太高容易不自信

并非优秀的人就自信。如果一个人对自己的要求很高、很严，达不到就会觉得失败，那么他就容易不自信。同样，如果父母对孩子的要求又高又严，总觉得孩子表现好是应该的，表现不理想就大做文章、上纲上线，那么孩子自己也会忽视自己的优点、放大自己的缺点，自然容易不自信。

看了维尼老师的理念，我终于知道自己为什么不自信了。我就是一个追求完美的人。我觉得做得好是应该的，所以常常觉得没有达到自己的要求，说话做事都没有底气。

小时候，妈妈对我要求很高，想让我出类拔萃，总希望我可以做到像她想象中那样好。这导致我心理压力很大，总觉得我已经努力在做了，却始终达不到妈妈的要求，最后让她很失望。高中时成绩中等，我感觉自己是个笨小孩，很自卑，上课注意力不集中，考试的时候心理素质不好，成绩和自己的努力不成正比，最终没考上自己理想中的大学，直至现在都很自卑。我现在也做妈妈了，我会努力当一个好妈妈，用鼓励、赞赏、肯定的语气和孩子交流，我不希望她有多大的成就，只希望她能有一个自信、快乐的人生。

如何帮助孩子树立自信心

自信来自成功或进步的体验，这种体验可以来自实际的成功或进步。这需要孩子自身的努力，也需要父母帮助孩子取得进步。

另外，认知疗法告诉我们，直接决定"成功体验"的不是事情本身，而是对事情的认知。事情就在那里，在不同的认知之下，会有不同的体验。所以，我们要学会帮助孩子去发现成功、长处，淡化失败、挫折。

1. 学会用三种思维淡定、积极地看问题

遇到挫折，先去淡化消极的体验，再去寻找进步或积极的方面。比如，孩子看到别人舞蹈跳得好而自卑，可以告诉孩子，每个人有自己擅长的方面，比如孩子的性格好、体育好等。而且别人可能专门训练过，孩子没练过，舞蹈跳得没那么好就很正常了（很正常，没什么）。

孩子考试成绩不理想，可以告诉他，成绩波动本身是正常的，我们顺其自然，考得不好也是发现问题的机会（坏事变好事），而且总可以找到有进步的方面。如果孩子形成了这样的习惯性思维，就会淡化挫折感，从而获得更多积极的体验。

2. 父母发自内心的欣赏，会让孩子更自信

自信的人有一种习惯性思维——更多地关注自己的优点、进步而非缺点、不足；自卑的人则相反，总盯着或放大自己的不足，而对长处和进步视而不见，或觉得不值一提。这种思维模式与父母的引导有关。父母多去实事求是地鼓励和肯定孩子，孩子也会习惯于关注自己的优点和进步；父母淡化孩子的缺点和失败，孩子面对挫折也会有平常心。

我的孩子原来非常聪慧，但我以前控制不好情绪，孩子有一丁点儿做得不好的地方我就发脾气，加之我和老公吵架冷战，孩子逐渐变得很敏感脆弱：见人都躲着走，别人跟他打招呼能把他惹哭；快三岁了，不会说话；买来玩具都不敢去探索着玩；一点点小事就哭闹……那时我很不理解他为什么不自信。维尼老师的一句话震撼了我："孩子的自信来自成功的体验。"这真让我惭愧，因为我是一

直在给孩子失败的体验！从那之后，我用认知疗法调节自己的情绪，允许孩子犯错，多鼓励他。他逐渐开朗自信起来，见人就说话，能玩好各种玩具，还用自信的语气说："这是我的，不是妈妈的，妈妈你别乱碰！"而且他会在我生气的时候安慰我，在我发脾气的时候，镇定地说："别吵了，别喊，妈妈！"时不时还会逗我。我的心情也好了很多，内心的痛苦、对孩子的愧疚和自责少了许多。

父母发自内心的欣赏，会让孩子更自信。

当我心态平和不再着急，就能感觉到孩子的进步。孩子看到我发自内心地欣赏他，更觉得自己不错，信心十足，现在进入了良性循环。

我现在回想起父母的养育，感觉我是在爱中长大的，环境宽松而简单，而且耳边一直有妈妈对自己的肯定。从小，妈妈就夸我能干，心灵手巧。渐渐长大的我早已经了解自己并非出类拔萃，而且现在也没有别人成功，但骨子里是自信的，朋友说我自我认可度高。这样的我，一直做着我自己，保持自己的本性，我感到很幸福。感谢父母给予我这么好的养育！

反之，如果父母看到孩子的长处、优势觉得理所当然，不进行肯定，孩子也会觉得那不值一提；如果父母对孩子的缺点、失败大做文章，那么孩子也会过分关注自己的缺点、失败。

温和平静的批评，会让孩子理性地看待自己的缺点、不足；严厉的批评则会让孩子放大自己的缺点，而这正是自卑者的思维模式。

以前我觉得孩子不听话，老师也说孩子好像总是满足于现状，也就是说不怎么上进，当时我还百思不得其解。看了许多维尼老师的文章，突然有一天想明白了，这是因为我总是觉得孩子做得不够好，对他的鼓励太少，孩子缺少前进的动力，自然也就无所谓了！再看看现在，因为经常鼓励孩子，孩子好像总是很有信心，还说他要怎样怎样。家长怎样做真的太重要了。

需要注意的是，表扬或鼓励要实事求是、具体，泛泛、夸大的表扬，比如"你真棒、真优秀、真聪明"，会让孩子对自己有错误的感觉，以为自己真的卓尔不群，真的很优秀。而当他进入真实的生活中，体验到别人的真实评价时，就会有挫折感：原来自己不是那样优秀啊！继而就可能焦虑、沮丧，时间长了，反而不自信了。

3. 帮助孩子树立合理的自我形象

我们都知道要自信，但"信"的是什么呢？是相信自己优秀吗？是一定能做得比别人好吗？如果是这样，那么大多数人不会自信了，因为优秀的一定是少数。

自信，首先要对自己无条件接纳：不是觉得自己一切都好，而是诚实地认识自己的缺点和优点。对于优点，可以反复说服自己，真心地"相信"这是自己的长处；对于缺点，安然地接受，就像接受夏天的炎热和冬天的寒冷一样。承认自己在某些方面可能不如别人，这"很正常，没什么"，这样放低姿态、脚踏实地，忐忑、焦虑、纠结会少许多。同时，也要有发展的眼光，相信自己会比原来有所进步。这样反复说服自己，经过多次训练，就会逐渐形成一个自信的自我形象。

我二十多岁时还不太自信，所以有一次花了几个小时去分析自己的优点，相信这些确实是自己的长处；对于缺点也老老实实地承认，不过我认为某些缺点是可以通过锻炼改进的。这样做了几次自我剖析、说服之后，就逐渐坦然自信了。

4. 让孩子体验到自己的力量

如果父母能够理解和尊重孩子，多让孩子自己做决定，多让孩子自己去尝试，适时放手，去体验自己的力量、能力，那么孩子的自信会自然生长。

实例：鼓励，让孩子变得自信

我儿子今年八岁半，我很注重孩子的学前教育，上小学前他各方面发育得不错，是个健康活泼的孩子。但上小学的第一天老师就给我打电话，说你家孩子太活泼，喜欢接老师的话。老师还曾评价他：骄傲、自满、满不在乎。

我听了心里难过、伤心、失望，孩子真的那么差吗？我对他进行批评教育，严格要求，但老师还是说孩子自制力差，上课爱说话。

我用心去改变孩子，但换来的还是老师对孩子的不认可。老师一再强调，孩子是个资质很好的孩子，有天赋。但要是放任下去就会养成骄傲放纵的坏习惯，学习光靠聪明是不行的。

后来我对孩子的学习很焦虑，看他写得慢时就不停地催，看他写得不好时就在一边呵斥他，甚至还动手打过孩子，我想让他成为老师喜欢的好孩子。

慢慢地，我发现孩子变了，变得沉默，变得爱发脾气，变得不自信，变得对新鲜事物没那么大的兴趣，变得写作业慢慢腾腾、磨磨叽叽了（虽然孩子每次考试成绩都还不错，能达到门门优秀）。我开始担心起来，也更加焦虑，而我的焦虑也时刻在影响着孩子和家人。每天只要我在家，就感觉家中气氛很紧张，孩子做什么都缩手缩脚的，因为他做什么都达不到我的要求，我总能在不经意中找出孩子的毛病、缺点。我也会为孩子的一次小小的错误睡不着觉，为老师一次无意中说孩子犯下的小问题而焦虑。

后来看了维尼老师的文章，觉得这些文章好像是针对我写的。我开始认识到自己的心态有问题，太在意孩子的一举一动，太在意老师对孩子的小小评价。

我慢慢去改变自己：孩子写作业慢了，我就偶尔提醒他，不再当监工了；老师再说孩子有这不足那不好时，我也能客观地对待了。过了一段时间，感觉孩子真的进步了，又变得活泼了，我的焦虑也缓解了不少。孩子又喜欢和我聊天了，每天放学时我去接他，他都会喋喋不休地对我讲学校的趣事。

到了三年级，孩子表现得特别好，上课认真积极，作业也积极地去写。但是在第一次月考后，我又开始焦虑了，孩子的数学、语文都只考了九十二分，刚达到班级平均分。说实话我当时很失望，但受维尼老师教育理念的影响，调整了一下认知，我又变得很淡然，没有批评孩子，而是先看看孩子的试卷，从试卷中找出孩子的问题。我告诉孩子考试成绩不重要，重要的是他能从这次考试中得到教训。

之后，只要孩子有一点点小进步我就鼓励他，以增强孩子的自信心。在和老师的交流中，我也委婉地请求老师，在孩子有小小进步的时候也适当地表扬他，让他知道自己不是差孩子，只要努力就会有进步。

孩子在慢慢地变化着。昨天孩子上学以来第一次主动问我老师有没有表扬他，以前都是担心老师批评他，怕我回家训他。看来家长的态度、老师的认可对孩子影响很大。令我欣喜的是，经过沟通，孩子的班主任老师的说话方式也在变化，用她自己的话说就是先认可孩子，再指出孩子的不足，给孩子信心。

我自己改变了，孩子就自信多了。

实例：我如何改变了孩子脆弱敏感的性格

儿子今年不到六岁，上幼儿园大班。孩子比较活泼聪明，有时候会追求完美，是个稍微有点儿较真的孩子，有时候手工做不好，或者玩具拼不好，就气得直哭。平时和孩子玩纸牌，孩子都是喜欢赢，不喜欢输，输一次两次还行，多输几次后就不高兴了，有时候还会哭。所以一般玩牌时，为了让他高兴，我们都会让着他。每当看到孩子哭时，我都会很担心，觉得孩子的心理太脆弱了，需要采取什么措施慢慢纠正。

于是，我开始采取维尼老师的方法，运用"没什么大不了，那又怎样"等理念，对孩子进行潜移默化的渗透。对于孩子的教育，我个人认为不可急躁，要慢慢来，做到"润物细无声"才会有比较好的效果。和儿子玩牌时，在我连续输了几次后，儿子说："妈妈，你又输了。"我说："输了就输了，没什么大不了的，不是吗？下一次我会赢。"听到我这样说，儿子也笑了，等到他再输时也会说："没什么大不了的，下次我会赢"。经常给他渗透这些观念以后，儿子再遇到这样的事情，就不会急躁了。如果什么东西找不到了也不强求，说过两天它自己就会跑出来了，不再像过去那样，找不到就哭，闹着让你必须替他找到了。

昨天晚上写老师布置的拼音作业，由于刚开始写字，儿子还没有掌握好规律，写"舀"的时候，音调标在了两点之下。我让他把所有标错的音调擦掉重写。写了一遍之后，儿子有些累了，不愿意写，我说："你看，你写得这么好，只有这一个写得不好，你看着好看吗？"儿子说："其他都写得很好，就那一个写得不好，那又怎久样？没什么大不了的吧？"他倒是挺会学以致用的，会用我的话来教育我了。我笑了，是啊，就这一个写得不好有什么大不了的呢？这会儿不想写就不写吧，大不了吃过饭以后再让他重写就是了。

运用维尼老师的理念，我跟儿子的关系很好。我平时比较尊重孩子的意见，多跟他商量，尽量不骂孩子，用孩子喜欢听的声音跟他讲话。每当我用温柔甜美的声音跟儿子说话时，儿子就笑了，变得很好说话，孩子还是喜欢温柔的妈妈呀。

如何让孩子学会宽容

宽容的性格对人的心理健康和人际关系都很重要，那么如何让孩子做到宽容呢？

首先，父母对孩子做到宽容了吗？有人要求孩子宽容大度，自己却对孩子苛求、挑剔，要求太高、太严，一点儿也不宽容。朝夕相处，这种思维、行为模式自然复制给孩子，让孩子怎么学会宽容呢？如果我们能够习惯于理解宽容孩子，那么孩子自然学会理解宽容我们，将来也会理解宽容同学、朋友、同事、爱人。这就是身教！

宽容的基础是理解。

一位妈妈说："我和孩子说了很多次要宽容同学，但是好像没有用。"是啊，如果孩子觉得同学很有问题、差劲，那自然难以宽容了。

回顾一下父母如何做到宽容孩子。如果父母不理解孩子，觉得孩子捣乱、使坏、不懂事，那么自然难以宽容孩子；如果能理解孩子，明白他的"问题"表现有内在的原因或是父母造成的，或者本身是正常的，那么就容易宽容了。

同样，想让孩子学会宽容大度，就首先要帮助孩子去理解同学，理解了，就容易宽容了。

另外，当孩子因为和同学有矛盾而愤怒纠结时，我们要先理解他的合理之处，顺着他说，待孩子宣泄出心中的不满，情绪稳定了，再尝试帮助他理解同学的合理之处，这样他就容易宽容了。

影响孩子宽容的因素

1. 太较真

有些事情确实要认真、坚持，但是同学之间的事情有时是难以说清楚谁是谁非的，也大多是小事，没有必要太较真。

2. 太要强

孩子太过争强好胜，会把很多小事放大到胜败、输赢，或者有无面子的高度，这样自然会纠结、在意，就容易发生矛盾，难以宽容。

这两种情况都可以渗透三种思维，让孩子把事情看得淡些，不放大事情的意义，学会顺其自然。

我们可以看看以下这个真实的咨询案例。

聪聪是个上二年级的小学生，常和小朋友有些冲突，虽然能忍住不动手，但他心里很生气，有时气得哭。

聪聪妈妈说了一件事情，班上的孩子排队玩打沙包游戏，孩子打完之后要赶紧跑到队尾。聪聪跑到队尾之后，下一个孩子小杨紧跟着跑过来，但没站在聪聪的后面，而是跑到了聪聪的前面。聪聪认为小杨搞错了，觉得自己有理，所以坚持让小杨到自己后面去，而且找了前面的孩子做证。小杨不肯，两个人就吵起来，都很生气，后来就发展为打架，鼻子都打出血了。

妈妈不知道问题出在哪里？只是觉得孩子应该忍住，不要去打架。

其实这不是问题的关键。生了气之后，人都是不理性的，难以宽容，所以吵起来，甚至打架就是自然的事情了。那么怎么能不生气呢？

如果聪聪能够站在小杨的角度考虑，小杨可能匆匆跑过来，没有看清楚聪聪在他前面，所以搞错了。这样理解小杨，不那样较真，可能就宽容了，也就不会生气，后面打架的事情就自然不会发生。

孩子为什么太较真呢？细问之下，原来妈妈以前告诉孩子要讲理，要坚持自己认为正确的观点。这会让孩子太较真，自然容易闹矛盾。我建议妈妈告诉孩子有时不要太较真，并逐渐向孩子渗透三种思维，如果孩子能做到心态平和，不那么容易生气，自然会宽容些。

坏事变好事：有些事情看似吃亏了，但所谓"吃亏就是占便宜"，一个人能吃亏，对人际关系也有益处。

很正常，没什么：如果聪聪想，小杨插到我前面是因为没有看清楚，这很正常，没什么大不了的，自然就会平静了。

顺其自然：插队就插队吧，也没什么。

如果有这样的习惯性思维，孩子心态平和，就容易宽容，就不会经常和小朋友闹矛盾了。

一个多月后。

维尼：孩子最近人际交往如何？

妈妈：嗯，好多了，好像很久没听到他和同学有什么不愉快了。

维尼：那就好，看来还是有些作用的。

妈妈：偶尔也有不愉快的情绪，但一般过一会儿自己就好了。

维尼：不愉快时，要及早主动帮他宣泄，不要让同学间的矛盾积累。

妈妈：好的，他现在比较能站在别人的角度思考问题。另外，他也会找老师帮助解决，不像以前一根筋了。

如何改变孩子急躁的性格

维尼育儿经

　　我女儿三四岁时脾气有些急，有时急得又蹦又跳地哭。有时一个小玩具找不到了，她就急得要哭了。此时，我会和她说："东西又没有长腿，跑不出咱们家，所以不用急，等你不找的时候可能就找到了。"渗透得多了，她再遇到这种情况自己也会说："找不到算了，不找它自己就出来了。"逐渐不着急了。

　　有时孩子会为一些小事而着急。比如东西忘记带了、东西弄坏了、拼图拼不好了、作业不会做了，都会着急。为什么着急呢？就是因为放大了事情的结果，觉得不得了。想想我们自己，如果觉得一个事情不得了，也会着急的。尤其是如果家长不能接纳孩子出的差错，批评训斥，孩子就更容易放大事情的后果，从而急躁。

　　所以，想改变急躁的性格需要让孩子逐渐认识、体验到有些事情很正常，没那么严重，没什么大不了的。

　　我们也要做好身教，当孩子因为小事而着急时，常和他说：这很正常，有什么啊？东西坏就坏了呗，可以再买，以后小心就可以了；忘了就忘了，没什么，下次记着就可以了；拼不好就拼不好，没啥，谁都有拼不好的时候；作业写错了就写错了，改过来就是了。同时，我们的态度也要是很放松的，让孩子逐渐体验到有些事情没那么严重。逐渐地，这也成了他的习惯性思维，遇到这些情形他会自己说，没什么，慢慢来；丢就丢了呗，又怎么了。所以，孩子一般不太急，比较从容，因为没什么可着急的。急什么呢？人生的从容淡定比那些小事情重要多了。

其实这个方法对于成人同样适用。

有家长会问，这是否会让孩子觉得什么都无所谓？不珍惜东西？

对已经发生的事情要先接纳。是这些无所谓的小事情重要，还是孩子的心情重要呢？急躁的孩子大都过于执着，所以纠偏是需要的；而对于太大大咧咧的孩子，就需要反过来，适当教育他们要珍惜东西，适当执着一点儿。

第四节　如果孩子已经出现了心理问题

　　家庭教育中孩子可能会遇到一些心理问题，轻微的如害怕、多动、抽动，严重的如强迫症、抑郁症，如果能够及早预防、及时识别、合理应对，会帮助孩子更顺利地渡过难关。

接纳孩子的心理问题

　　人的心理有时是难以驾驭、不由自主的。所以，孩子的心理问题不是想解决就能解决的。理解了孩子，才能接纳，才能平静、理性地对待心理问题。

　　孩子的害怕常常是莫名其妙、不由自主的，不是想不害怕就能不害怕的。孩子的紧张，比如不敢举手，不敢当众发言，上台表演紧张，也是一种心理障碍，不由自主。越逼迫，孩子可能越害怕、紧张；接纳、顺其自然，慢慢让孩子去体验、锻炼，反而会更容易取得进步。

　　心理困扰更是如此，不是说解决就能解决的，往往需要合理的方法和长期的等待。

　　有位高二的女生，从慢班转入快班，暂时很不适应，成绩下降，情绪低落，不想上学。妈妈告诉她不要管那些，专心学习。听起来很有道理，但是这种心理困扰是不由自主的，不是想摆脱就能摆脱的。妈妈这样说是隔靴搔痒，只能让孩子烦躁。后来我和孩子制定了一些现实可行的解决方案，比如作业怎么做，英语怎么学；又帮助她改变了对于高考、就业的一些过于悲观的看法，缓解了由于成绩下降而感觉没面子的窘迫，她的情绪才逐渐好转。

此外，抽动症、强迫症、焦虑症、抑郁症等心理问题都是不由自主的，靠孩子自己可能难以战胜，需要专门的方法才能解决。

当孩子有心理问题时，理解、接纳会帮助父母和孩子先平静下来，至少不会产生新的干扰，之后再慢慢想办法解决。更多方法请参考我的心理成长类专著《内心的重建》。

如何让孩子爱和小朋友玩

多与小朋友玩对于幼儿的性格发展、心理成长都有好处，但如果孩子不爱和小朋友玩，怎么办呢？

我女儿五六岁以后很喜欢和小朋友一起玩，有时间就和小朋友们泡在一起，开心地玩各种各样的游戏。看着他们玩得不亦乐乎，笑脸绽放，我心里也是暖暖的。但以前她可不是这样。由于老人以前很少让她和小朋友玩，两三岁的时候她在外面很拘谨，小朋友一起玩她从来不参与，最多在旁边看着，常说的话是："我不和小朋友玩，只和爸爸妈妈玩。"

"爱和小朋友玩"本来应该是孩子的天性，但是女儿为什么不喜欢呢？解决问题，总要先找到原因。我分析，是因为她没有体验到和小朋友一起玩的乐趣，也不知道如何去玩。但是和她讲道理，告诉她和小朋友玩如何有意思，即使说得天花乱坠，她也不为所动。所以，我开始借助游戏，吸引她参与，让她体验到玩的乐趣，也学会如何去玩。

那时女儿看到小朋友们在那里玩游戏，也喜欢站在旁边看，但是让她参与就退缩了。此时就需要我出手加以辅助啦！我和女儿一起参与到孩子们的游戏中。那时，有个流行的游戏叫"老鼠偷油"，谁都不愿意当猫，孩子们看到来了个大人愿意当猫，自然欢迎。有我在，女儿也放心地和她们一起当老鼠，玩得非常开心，哈哈大笑。我也"返老还童"，玩了好多种孩子们的游戏。这样，女儿逐渐喜欢上和小朋友一起玩游戏，体会到一起玩的乐趣，逐渐和他们熟悉起来，性格也比以前大方了。开始她需要我陪着，后来我逐渐减少参与的程度，她可以在我看着的情况下，自己和小朋友一起玩游戏了。

有了进步之后，我又为女儿创造了一些游戏之外的交往机会，比如互相串门，约小朋友一起玩，找同学家的姐妹们玩等。慢慢地，她逐渐学会并喜欢上这种集体玩耍。后来，搬来了两个小朋友，她们年龄差不多，有共同语言，能够玩得起来。我帮助女儿和她们交上了朋友。开始我带女儿去小朋友家，她非要我陪着，后来我逐渐减少了陪的时间，最后她们自己玩得很开心，把我甩到一边去了。至此，大功告成。

其实，孩子不和小朋友玩，是因为对交往有一种莫名的恐惧，这需要家长的辅助，帮助他们逐步克服，这在心理咨询中叫作系统脱敏法，也就是逐步减少孩子的恐惧。

小时候多和小朋友玩，孩子开心幸福，在玩中学会了如何和别人相处，如何解决相互之间的矛盾，如何处理事情，如何合作，也会模仿其他人的优点，辨别别人的缺点。这些都是重要的学习过程，一生受用，而且孩子性格自然也会大方开朗些。这种游戏的方法对于自我封闭、有交往行为问题、貌似自闭症的孩子同样是有效的。

我儿子六岁，他经常打、拉、拍、搡、抱其他小朋友，所以五次被幼儿园劝退。他的社会交往能力弱，从来不主动参与游戏，小朋友做游戏他能从人群中间穿过去而视若无睹，跟眼睛完全没看到、耳朵完全没听到一样。再大一些的时候，有小朋友主动和他交流，他看一眼就走开了，然后自己玩自己的，对于别人和他说的话没什么反应，基本只和我们说话。维尼老师建议我用游戏的方法，带着他一起和小朋友玩，这样他会有兴趣，也可以及时纠正他的行为问题。开始他没兴趣，慢慢找到了他喜欢的游戏之后，他也能渐渐参与进来了。在交往中，我也告诉了他一些需要注意的事情，这样他慢慢有了不少的进步。以前一直没有想到带着他一起玩，和他说了很多次，一点儿也不管用。

不必逼迫孩子克服"害怕"

凌晨 1 点钟的时候，我和老公刚刚睡下，就听到六岁的女儿喊我们说要去厕所。我们就说自己去吧，把手电筒给你。她不肯，非要我们陪着去。我们就说我们不睡觉，在床上看着你。但无论怎么说她就是不肯去，在床上哼哼唧唧的，我感觉自己火直向上冒，然后就说，要去就自己去，不然就拉在床上。她听后就大声地哭起来了，我越听越是火冒三丈，然后就把她骂了一顿。我潜意识里知道自己不该发火，可就是控制不住，总是觉得那么大的孩子了，也太娇气了，连自己上厕所都不肯，总是和我说怕鬼、怕坏人，我也无数次告诉她世界上是没有鬼的，所有关于鬼的一切都是人们自己编造的。至于坏人嘛，我们的门都锁着，锁得死死的，坏人没有那么容易跑进来。再说了，爸爸妈妈也都在家里，有情况了你叫一声就好了，干吗非要爸爸妈妈带着去呢？

这位妈妈不理解，害怕是不由自主、莫名的，靠讲道理是不管用的。我记得大学校园附近有一条窄河沟，体质不如我的同学轻松越过，可我就是不敢跳；体操课有跳马项目，我总不大敢跳。道理都明白，但我就是莫名地害怕。成人如此，何况孩子呢？所以，对于孩子的害怕，我们应该先接纳顺应，再慢慢寻求改变。

先接纳顺应，孩子放松下来，慢慢就淡忘了害怕。女儿有段时间因为看了鬼片而害怕一个人下楼，我们就先陪着她，直到她逐渐忘了这回事。

女儿从小怕狗、猫。五六岁时她走路看到猫和狗都会紧张地让我抱起来。我心里觉得好玩，就笑眯眯地抱她起来，放松地和她说："那猫狗还怕你呢。"后来回老家，家里养了一条狗，女儿觉得好玩，又有些害怕，她就让我去逗狗，自己远远地看着。我也没嫌她娇气，就去逗狗玩，她看着觉得有趣，后来回青岛她还想念那条小狗呢。逐渐地，她现在看到狗不用我抱了，只是有点儿紧张地抓着我的袖子，等狗晃悠过去，她还冲人家比画。这样，虽然还有些怕，但比以前好多了。

这是一种系统脱敏的方法。所谓系统脱敏，通俗地说，是把克服恐惧分成很多小步，每一小步都能较轻松完成，之后进入下一步。

大学时上体操课，我对跳马总莫名地害怕，助跑到马前就不大敢跳了。后来我首先练跳山羊，先让跳板近一点儿，完全不怕之后再把跳板移远点儿，直到距离达到标准，这样就能放松地应对跳山羊了。再练横马，跳板的距离也是逐渐加大，直到在标准距离时也能放松跳过去了。最后练纵马，用同样的方法，最后在很远的距离上起跳也不害怕了，而且动作很飘逸，竟然在全校体操比赛中荣获冠军。

有一个孩子刚上小学一年级，他对于上课有些紧张和恐惧，不肯进教室。我建议妈妈和老师沟通，先不去勉强他。最初妈妈陪着在教室外走廊溜达两节课，能自己进去了；后来逐渐变成一节课后能进教室；再后来妈妈不陪，一节课后可以进教室；过了两周，体验到原来进教室没什么，就可以正常上课了。

　　说实在的，小时候谁都有过害怕的体验。有些东西在大人眼里莫名其妙或者不值得一提，但是在孩子的世界里却是充满恐惧。那种感觉我有过，小时候怕鬼，妈妈还不停地说："哪儿有鬼？赶紧睡觉去。"越是这么强调，我就越在想到底哪儿有鬼，鬼是什么样子的，然后自己发挥无穷的想象力把鬼再刻画一遍。

　　理解接纳孩子，孩子害怕的感觉慢慢就淡化了。

　　解决孩子害怕的问题确实需要先顺应孩子的心理，而不是去逼迫他克服。年前因为家里进来了小偷，我女儿本来都是一个人睡觉的，从那天开始一定要家长陪着才能睡，可能被吓得不敢一个人睡觉了。我刚开始担心养成习惯改不过来，后来咨询维尼老师，老师建议家长先陪孩子一起睡。其实时间长了，她就逐渐忘记这件事了，现在已经能自己睡觉了。

　　还有一种暴露疗法，就是让孩子充分经受恐惧的冲击。比如恐高症，暴露疗法就是让孩子置身于高处，去体验没什么可怕的。这种方法有时治疗效果不错，但是有的则更恐高了。因为效果不确定，所以我不推荐这种方法。

孩子自慰怎么办？

自慰是一种正常的性行为，与道德关系不大，所以，现在一般不称为手淫。孩子越大，自慰的现象越普遍。

玩弄生殖器

孩子从两三岁起，就可能会有玩弄生殖器的现象。这种情况的出现有偶然因素，越是制止、批评、惩罚，越会激起孩子的兴趣，反而被强化。说白了，这不是什么坏行为，无关道德，最好淡化或温和地提醒一下，可能不知不觉中就消失了。

前段时间我也为儿子这样的行为头疼苦恼过，开始是提醒、说服，甚至动过粗，我请幼儿园老师也天天提醒他，但还是一天比一天厉害。后来求助维尼老师，老师告诉我这很正常，要淡化。所以现在我和老师都不太关注他这件事情，儿子这样的行为反而几乎看不到了。

夹腿综合征

学龄期儿童，特别是女童，可能会有夹腿综合征。这属于一种自慰行为，有的是不由自主的。

一个上小学二年级的女孩，在课堂上做测试卷以及在家里写作业时，常常不由自主地夹腿，身子扭动，妈妈提醒了多次也不见改变。经过讨论分析，我发现这种情况都是在孩子紧张焦虑的情况下出现的，本质上是对紧张焦虑的习惯性宣泄，和抽动的原理相似。所以，我建议妈妈不要给孩子施加压力，也不必有意去纠正这种行为，反而应该理解和接纳，减少孩子因此而产生的自责和压力。我和妈妈想了些办法，孩子的紧张焦虑逐渐减少。这样虽然没有直接纠正夹腿的行为，但是夹腿现象自然消失了。

青春期自慰

青春期自慰很正常，很普遍，与道德无关，无须指责。只要不是太频繁，对身体也没什么太大影响。而最大的影响其实是孩子因此而自责、有罪恶感，觉得做了见不得人的事情，导致恐惧、压力太大。如果孩子知道这很正常，就没什么危害了。

所以，无须大惊小怪，这只是说明孩子在长大。

如果孩子患上强迫症

妈妈：维尼老师，孩子五周岁了，不知道为什么很任性，我和他讲道理，一点儿也不管用。比如有次已经坐上公交车了，看到又来了一辆他喜欢的颜色的公交车，车已经开了，他非要下车去坐那辆，大哭大喊。他心里认定一个东西，想让他改变，他就会很痛苦，所以他会很坚持。另外，如果有很多气球，他一定要某一个颜色的，如果拿不到那个让他满意的，他不会选择其他的。

维尼：这可能不是任性，而是有强迫倾向，所以，就会非要某种颜色的气球，非要坐某种颜色的汽车，这样才安心，不然会心里很不舒服或者难受。这需要顺着孩子的想法来，先让他放松下来，不能强行纠正，那样会让孩子很紧张。

妈妈：谢谢您的提醒。近几天一直对他使用冷处理和威吓的方式，看来又走弯路了。

维尼：建议多用淡化的方式去改变他的习惯性思维，比如常渗透，这个颜色的公交车不错，别的颜色也挺好的。

妈妈：是啊，以前这种现象更为突出。看了您的博文之后，我总和他说无所谓，差不多，哪种颜色的气球都好看，他也逐渐会接受其他颜色的了。看来还是要用这种因势利导的方法啊！

两类强迫倾向的行为

第一类：床单一定要整整齐齐，不能有一点儿折痕；所有的纸，必须平平整整的，如果折了，就会大哭，并要求换一张；一定要某一种颜色的东西，不给就会哭闹；去熟悉的商场超市必须走固定的入口，走了别的入口哭闹不止，要求倒回来重新走；电梯按钮必须自己按，别人按了就大发脾气。

第二类：下车后总要反复确认门是否锁上；总觉得手脏，会反复洗很多次；拉大便必须全部脱下裤子；反复数路边的树、楼房上的窗口、路过的车辆和行人。

很多父母认为孩子这是任性、无理取闹，觉得不能娇惯孩子，会去强行纠正、制止这些行为，结果孩子大哭大闹，行为却一点儿也没有消退。

这两类行为有两个特点：第一，不由自主地去做；第二，如果不能得到满足，就会感觉难受、紧张、焦虑。这与强迫行为的特点是相似的。

所谓强迫行为就是指明明知道持续存在毫无意义且不合理，却不能克制，从而反复出现的行为。强迫行为有不由自主的特性，自己也控制不了，如果不去完成，会感觉很不舒服，或很难受。

不过，这种行为只是别人看起来毫无意义且不合理，自己还是觉得有必要如此的。比如，反复洗手是因为他觉得手不干净，而手的确不可能很干净，所以他需要反复去洗。

第一类行为在四岁之前可以称为"秩序敏感期"行为，如果上学之后还是如此，就称为刻板行为或仪式化行为，也属于强迫倾向的行为。

女儿有些秩序敏感期的行为，有时不小心把她的东西弄乱了或她忘了拿东西，她会很不高兴。看了维尼老师的文章以后，我在安抚好她的情绪后会在事后改变她的认知："爸爸妈妈是不小心的，弄乱了我们也可以再弄好，没有关系的。"刚开始一段时间她不接受，后来慢慢有所改变。比如，前几天和她一起出门，她的几本书忘在家了，刚开始她紧张了一下，不过又说："算了吧，忘了就忘了吧。"

第二类行为属于典型的强迫倾向行为。

不过，父母也不必太担心，因为大部分孩子这样的行为不应该被诊断为强迫症。强迫症有一个要素是"反强迫"，就是一边有着仪式化、刻板的行为，一边极力想摆脱，为之而痛苦。如果孩子没有意识到这种行为是不应该的，没有摆脱的想法，也不为之苦恼，就没有"反强迫"，所以严格来说不是强迫症，只是可以定性为有强迫性质的行为。

如何预防和应对

网络上，强迫症有被妖魔化的倾向，其实并没有说的那样严重，如果能够接纳它，没有反强迫，也不会对生活构成太大的障碍。可能很多人都曾经有过类似的经历或体验。我二十多岁时就有一些强迫症状，比如反复检查钥匙在不在兜里，门有没有锁好，煤气是否关上。不过我能够接纳这种行为，虽然稍感困扰，但也没有什么大的影响。最后，通过认知行为疗法，我逐渐克服了这些行为习惯。

如果父母强行纠正这种行为，孩子会认为自己不能有这种行为，极力摆脱，但又不由自主，这就形成了反强迫，变成了真正的强迫症了。

我儿子每天早上会花十几分钟来整理床铺，铺的被子有一点儿褶皱就会觉得难受，我强行纠正，结果导致孩子觉得这样总去做无意义的事情很不好，又开始因此而焦虑，压力增大，后来逐渐发展

为台灯必须在桌子正中，椅子也必须在桌子的正中间，强迫症状更
严重了。

从性格特点来看，追求完美、对事情有较高标准、谨慎小心、
事事要求正确的人容易出现强迫行为。所以，如果我们对孩子少些
高标准、严要求，多渗透三种思维等淡化的思维模式，对于预防强
迫症有帮助。

如果孩子较小的时候出现了仪式化或刻板行为，父母需要及早
注意。有些行为可能会自行消退，但有些会真的变成强迫行为。如
果已经有了这一类的行为，父母首先要做的不是禁止而是淡化，顺
其自然，告诉他想做就做，没什么大不了的。这样会减少压力、焦
虑，没有反强迫，有助于强迫行为的消退。

比如孩子明知道多次洗手没有必要，但还是无法摆脱洗手的愿
望，反复去洗手。如果孩子因为自己的行为而痛苦，非常想摆脱，
这是比较糟糕的，但是如果他能接纳自己的行为，心情平静，只是
多次反复洗手而已，影响则不是很大。

在接纳之后，如果想改变这种行为，较有效的做法是反复渗透
淡化的思维，让孩子不再执着于某种方式，不过需要较长的时间，
不能着急。

维尼育儿经

　　我女儿曾经有一段时间扎辫子时会反复扎好多次，因为她追求扎得完美。我和她说已经不错了，她觉得不满意还要再去扎。这其实也是一种强迫倾向的行为。后来，我一边允许她反复扎多次，一边抓住机会渗透：扎得差不多就可以了，没什么关系，其实别人不大注意。慢慢地，过了三四个月，这种行为不知不觉就消退了。

　　我儿子五岁，爱发脾气，容易紧张，爱追求完美，东西要摆整齐、对准，画得不好就大哭大闹，摆得不好也大哭。现在发展到总是觉得手上有水，不停地搓手指，觉得有水就要擦，而且擦很久，同时大哭，很难受的样子。如果让他洗手什么的也会大哭。我向维尼老师请教，老师判断这是一种强迫倾向的行为。老师说孩子想擦手是不由自主的，不要制止，而是顺着他，想擦就擦，以很平静放松的态度对待这件事，让他感到这没什么。所以，有一次，他说手湿了，开始哭，我马上说湿了我帮你擦擦。他还不太高兴，我就一直擦，边擦边喂他吃饭边玩，他心情逐渐好点儿了，问我："擦好了吗？"我说："再擦擦吧。"一会儿他又说："擦到大拇指了。"我马上笑着说："原来擦错了。"一会儿，他又问："擦好了吗？"我说："再擦擦吧。"又过一会儿，估计他自己也够了，就跑去玩别的了，我拉着他说别走，再擦擦。他也哈哈大笑起来，我们就逗着玩似的一会儿玩一会儿擦。这样慢慢地，过了几周，他说手湿的次数越来越少，擦的时间也越来越短，也不大因为这个而哭了。

实例：孩子抑郁了怎么办？

抑郁状态是一种情绪和认知交互作用的恶性循环。在抑郁状态下，大脑只对灰色的、负面的方面敏感，放大其影响，而对乐观、积极的方面感觉迟钝，所以认知是消极的。人受此影响，会悲观、难过，走出来较困难。如果孩子暂时陷入抑郁状态，首先要给予支持，帮助其调节情绪。然后，在状态较好的时候，逐渐改变孩子的认知，让孩子看到积极乐观的方面，改变对于事情负面影响的夸大看法。

女儿读高二，去年 8 月下旬，她晚上回到家，说："妈妈，你开导我一下吧，我好烦的，不想读书了。"我这才意识到女儿情绪不对劲。她情绪低落，没聊一会儿就哭了，哭得很伤心和无助，她说："你每天这么辛苦，我花那么多钱，成绩不好怎么办？看到别人开开心心都学得这么好，我觉得好孤单，就想哭。我想换班，回原来的普通班，我不想在这个班里垫底，待在这个班我特别烦。"我才发觉自己太粗心。最近几天，女儿一直都有话想和我说，但我不是累了就是自己睡了，没和她好好聊过，觉得自己给了她吃的、用的就很好了，还觉得和我小时候比她多幸福啊，怎么会有这些莫名的烦恼呢？

　　看到女儿的状况，我很惶恐，我用最大的耐心、所有的招数来宽解女儿的心，可过了十来天女儿还是情绪低迷、痛苦和烦躁，所以我向维尼老师咨询。老师判断孩子是抑郁状态，建议主要通过改变认知来减轻孩子的压力，同时慢慢调节情绪。有了维尼老师的指点，我也明朗和坦然了很多。但这真是一个反复折腾的过程，有时早上上学还好好的，中午就会突然发信息给我："妈妈，我坐在教室里很烦。"我心疼女儿无法排解的郁闷，我内心也有崩溃的感觉，这样的情绪什么时候才能好起来呢？维尼老师建议我多陪她，我只能在午饭时间打电话跟她聊，晚自习前偶尔给她送吃的，陪陪她。女儿见到我常常抹眼泪。这段时间为了陪伴女儿，我身心俱疲，女儿也问我："妈妈，我怎么还没好啊？要多久才好啊？"

　　维尼老师用三种思维来帮助她分析。一是坏事会变好事，这场风波早晚都会到来，高二出现比高三出现好，这种经历对她心理成长的作用比学习多少知识更重要。二是很正常，没什么。现在不想学就不学，多大的事呢？我们学的是文科，看书自学容易得多。从普通班突然进入重点班，不适应也很正常。三是学习努力就好，至于能学成什么样，顺其自然。只要正常发挥，还是能考上大学的，至于是一本还是二本，没有太大区别，将来关键还要看个人的综合素质。

　　9月，女儿有无数次想休学的念头，维尼老师说先看看。后来看女儿在学校那么难熬，我也想让她休学算了。老师说，再坚持几天。后来女儿状况好多了，情绪好的时间越来越长。有时我不理解孩子，忍不住在维尼老师那里抱怨，"孩子怎么想那么多没用的呢？什么都不想不就行了？""晚上回家要玩一小时的电脑，12点才睡。"维尼老师说，"相信孩子是想好的，她是克制不住自己的情绪才会这样。""玩电脑就玩电脑吧，也是在宣泄情绪。"这样想，我也没那么焦虑了。

值得庆幸的是，过了一个多月，女儿安然地走过来了，相信经历了一些状况的女儿会更坚强。这学期，女儿回家也不玩电脑了，脸上笑容也越来越多，人也快乐起来了。我原来对女儿寄予厚望，盼她各方面都优秀，出人头地，但是没有注意帮她减压，反而是在加压。我现在将孩子的学习彻底放下了，孩子心灵的健康和快乐比什么都重要。

今年这学期，女儿的同桌休学了。听女儿说，这学期她同桌常绝食、割腕，最终休学。其实如果能像我女儿一样得到及时疏导，同桌也能顺利地读书上大学，这一休学，有的孩子就再也没有勇气踏入校门了。

这位女孩当时陷入了抑的状态，在这种情况下，低落的情绪对认知的影响很大，对于事情积极的一面感觉迟钝，对于消极的一面则感觉敏感，陷入恶性循环。要想走出来，只能慢慢改变认知，家人多给孩子以支持，多陪孩子聊天，以调节情绪，这样慢慢形成良性循环。这个周期至少需要一个月以上。

小心孩子"被"精神病

精神分裂症（简称精分）听起来可怕，但更可怕的是，本来不是，却被诊断为精神分裂症。虽然精神分裂症有严格的诊断标准，但是目前精神科医生水平参差不齐，部分可能根据出现幻听、幻觉、妄想等症状，就马上诊断为精神分裂症。

其实，单纯的幻听可能是一种正常的心理现象。比如我们很多人会有这样的经历：手机铃声没响，却好像听到铃声响了。一个正常人，在极端情绪之下，也会出现幻听、幻觉、妄想。

一个高中的孩子，很叛逆，有段时间情绪波动激烈，也表现出有幻觉的症状，妈妈很担心，把她送到精神病院门诊，医生只根据幻觉这个症状就马上诊断为精分，住院两周。但是后来医院专家查房，明确说明孩子不是精分，只是有情绪障碍，所以让出院了。但是这两周的住院经历却给孩子留下了难以磨灭的伤痛。

现在这个孩子的心理健康情况让人忧心，有时会在压力很大的情况下出现一些精神疾病的症状，此时应当谨慎，不要轻易定性为精分。

一个沉重的话题说出来是为了避免不必要的悲剧的发生！

孩子貌似有多动症怎么办？

有些孩子貌似多动的症状其实并不是注意力缺陷障碍，而是因为没有规则意识、太自我随性，或者对学习没有兴趣。因此，采取相应的措施去改善多动的行为，不需要治疗就能改善。

孩子上课不认真听讲，下课追跑打闹，经常打伤别的同学；站队推别人；不会回答的问题还举手；控制能力差，做操不好好做……老师和我们说了很多次都不管用，这可怎么办？

这是所谓的多动症吗？先看看多动症的定义：智力正常或基本正常，但学习、行为及情绪方面有缺陷，主要表现为注意力不集中，注意力短暂，活动过多，情绪易冲动，在家庭及学校均难与人相处，日常生活中常常使家长和教师感到没有办法。

在我看来，不少所谓的多动症其实是"伪"多动症。多动症是注意力缺陷多动障碍的俗称，而这些貌似多动的孩子，做喜欢的事情时，比如看动画片、玩玩具时，注意力却很好。

小孩子，尤其男孩，本身就好动，容易坐不住、走神，这是自然表现，并不是什么"症"，大部分随着成长自然会逐渐改善。孩子多动是有原因的，比如不知道要遵守规则，不怕老师，对学习、上课没兴趣，习惯还没有培养好等。

老师和学生的游戏，对于预防多动有帮助，可以从三四岁开始玩。

前段时间，五岁的女儿在上英语课外班时，老是在凳子上动来动去，用手一会儿摸摸挨着的同学，一会儿摸摸挨着的桌子凳子；在舞蹈课上纪律也不好。维尼老师建议多玩老师和学生的游戏来让孩子懂得上课的规则。所以，我会经常和孩子玩这样的游戏，具体做法是让孩子扮演老师的角色，我和动物玩具扮演学生的角色。在课堂上，我时而摸摸左边兔子的耳朵，跟她说悄悄话，时而拍拍右边乌龟的背，女儿一开始只是有点儿严厉地叫我的名字，然后就叫我起来讲故事。故事讲完后，我认真地听她讲了一会儿，然后又装着坐不住的样子，女儿又严厉地点我的名，最后忍无可忍地抱着我说："妈妈，能不能听我说？气死我啦！"语气带有无奈和撒娇的意味。见时机已到，我说："看，同学们都在说话，不听老师讲课，老师是不是很难过呢？"女儿点点头。"那从今天起，我们做一个不一样的自己，相信自己好吗？"我看着女儿的眼睛说。女儿使劲地点头回应我。在之后的几节英语课上，我真的看到了不一样的孩子，那个上课老摸东摸西的女儿不见了。

实例：自我、随性是多动的一个原因

孩子貌似多动，首先要分析内在的原因。

维尼老师，这阵子我很苦恼，昨天老师又请我去学校了，而且所有任课的老师都跟我反映，说孩子上课玩东西，不注意听讲，有时还自己哼着歌，全然不顾是在上课。排队的时候他和别的同学闹着玩，拉着同学满操场跑。以前说他还听，现在不仅不听还跟老师顶嘴，老师罚他站，他跟老师说凭什么罚我？课堂上老师让他写拼音，他直接说我不写。这其实是因为我们家比较开明，凡事都尊重孩子的意见，他是那种比较西化的孩子，有些太过自我，随性。

他也能明白什么是对的，什么是错的，但是上小学都一个月了，不仅没改还变得更厉害。这是多动症吗？

第一次咨询

维尼：孩子的"伪多动"表现与西化的教育有关系，尊重孩子的意见本身是没错，但没有注意让他尊重别人的想法，学会守规则。这需要慢慢改变孩子的习惯性思维。

妈妈：您说得对，可能就是因为没有遵守规则的概念。跟他讲道理，他能听进去，但是做的时候又忘了。

维尼：以前他认为有做自己想做的事情的权利和自由，这已经成为习惯性思维了，现在要让他意识到还要守规则，这需要一个过程。不过，只讲大道理不行，可以每天问问他在学校的表现，结合这些具体的事情来探讨，比如排队打闹为什么不好，上课唱歌老师是什么感觉？

两周后

妈妈：您好，最近孩子表现还行。有些老问题，不过老师反映他不再顶撞老师了，也能遵守纪律，还得了几朵小红花，但是有几天作业没记住。

维尼：在他表现好的时候多鼓励，有问题的地方不必训斥。可以和孩子探讨一下，他自己对此事是怎么看的？

妈妈：他也觉得上课不听讲不好，可是管不住自己。还有他觉得没记住作业不是大事，也不承认打扰了别人，他觉得自己的行为不是打扰别人。

维尼：这就需要继续改变他对这些具体事情的认知，比如为什么需要记住作业？为什么打扰了别人？和他心平气和地探讨。

妈妈：好的，我们会找机会跟他讲。我也不奢望他一下子就能改好，毕竟男孩子好动是天性。

两个月后

维尼：孩子最近如何？那些表现还有吗？

妈妈：挺好的，老师说他现在特懂礼貌，作业也记得住，有时上课走神，排队时跟同学说话，不过老师拍他一下就改过来了。男孩子难免小动作多了些，我们也不说他。

实例：有效沟通有助于改变多动

儿子四岁多了，不知道害怕老师。在幼儿园上课时，注意力集中时间不长，一节课的最后几分钟很难坚持。他有时会跑到凳子上站着，有时做出搞笑的行为吸引同学的注意力，还会拒绝老师的要求。我曾怀疑孩子是否有多动症，但是他看动画片、亲子阅读、玩沙时都很专注，看了维尼老师的文章，我没给他贴上多动症的标签。

很多孩子的所谓"多动"行为仔细分析都是有原因的。

比如在幼儿园吃蛋糕，孩子吃了很多。老师问大家：蛋糕好吃吗？其他小朋友都说好吃，只有他说："好难吃呀！"原来是因为他吃多了，吃得都想吐了。妈妈提醒，上课时要认真听老师讲课，眼睛要看着老师，孩子不屑地说："那都是傻子，一句话都不说。"

孩子如果有这样的认知，自然不会去认真听讲。这就需要去沟通，以改变他的认知。

我想了一些办法。一是及时了解儿子在幼儿园的情况。儿子开始不愿意说，我就先说出我们学校发生的事，儿子听起来很有趣，之后他也激动地说出他在幼儿园的事情。沟通时注意态度要温和，这样孩子觉得你尊重他，也不怕被训斥、批评，才愿意和你说，也愿意听你的。

二是和老师沟通，了解孩子的情况，这样才能有针对性地改变他的行为。比如孩子跟我说玩丢手绢游戏，他一次也没有玩到，因此哭得很伤心。后来从老师那里了解到这是孩子没有遵守游戏规则导致的。我就给孩子分析不遵守游戏规则的弊端，然后拜托老师在玩游戏时提醒孩子遵守规则，这种情况就逐渐少多了。

当孩子不知道遵守规则的时候，一定要让孩子懂得为什么这样不好，态度要坚定一些，让他知道这是需要遵守的，不可以随心所欲，同时也要注意方法。

老师教小朋友玩蒙台梭利教具二项式，儿子总是拒绝，说："我不要你教！"然后跑了。我想这是因为他不懂得不应该拒绝老师。我和孩子玩"老师和学生"的游戏，让孩子当小老师，体会被拒绝的感觉，再和他说道理："宝宝，你是不是很喜欢玩小老师的游戏呀？如果小朋友都不听你招呼，你难过吗？"儿子点点头。我又说："所以今天老师也很难过，为了不让老师难过，我们不再拒绝老师好吗？"在这之后，他就好多了。

讲道理，要用这个年龄段孩子能理解的方式，他才能明白。比如孩子被老师批评了，他会跑。我就将班上同学对老师批评时的态度，用讲故事的形式讲给了儿子听，他听得津津有味，听进去之后这个问题就好多了。这样，过了几个月，孩子这些貌似多动的行为越来越少了。

实例：鼓励和帮助能减少多动

自从读了维尼老师的文章，我坚定了教育孩子的方式，他明显比原来进步了。儿子处于多动症的边缘，小学一年级上学期开学时，他上课不听讲，不写课堂作业，不遵守学校纪律。老师找我，我就回家狠批了他一通，效果不佳；快到期末时他被爸爸打了一次，当时效果不错，有进步，但寒假开学后又恢复了老样子。我一直在思考用哪种方式来对待他，最终我说服了他爸爸，顺应孩子的心理，去鼓励帮助他。有天，老师打来电话，说了孩子一堆不好，只说了一点好。儿子问我老师说什么了，我说老师说你今天的表现有进步，地扫得很好，有礼貌，如果你能上课不随便起立发言，少玩会儿东西，再快点儿写作业，那就更好了，加油！结果儿子说自己表现得不够好，明天会好好表现的。课堂作业没完成，我们也不批评他了，陪他一起尽快写完，这样儿子就有了玩的时间，他也很开心。我告诉他，如果能在学校完成，那样玩的时间就会更多些。孩子明显有了进步，大家都很开心。

另外，越是批评孩子，孩子越可能表现得多动，有时请老师私下多鼓励孩子进步的地方，孩子反而会认真听讲。

我孩子在班上成绩是倒数，老师把他一个人放到讲台旁边坐，他经常趴在那里头都不抬。后来维尼老师建议我请老师私下鼓励他有进步的地方，过了几周，孩子不再趴着，抬起头来听课了。

第五节　当孩子出现抽动症症状

　　抽动症的本质是对内心紧张焦虑的一种习惯性宣泄。要改善抽动症，我们需要改变自己的教育方式，不要去压抑孩子；可能还需要改变孩子过于追求完美、争强好胜的性格，减少孩子自身的紧张焦虑。我的家庭教育的理念和方法会让孩子放松快乐，恰好适用于缓解抽动症。

实例：为了拯救你，我的宝贝，妈妈甘愿付出一切

　　人们常说，妈妈是最伟大的，为了孩子可以牺牲一切，只要孩子健康、快乐。可是为什么，我们这样爱孩子，孩子还会得抽动症呢？现在才明白。虽然我们爱孩子，但是爱的方式不对。

　　我的孩子从小胆小，脾气也不好，爱大声喊着说话。有段时间我和他爸爸对于教育孩子的意见不统一，再加上工作上的不顺和生活的琐事，我经常把火发在他和爸爸身上。孩子深受折磨，他不知所措，惶恐不安。在那段时间里，我发现孩子不快乐了。他和我们之间的玩耍少了，脾气更糟了，而且会大声和我说话。

　　孩子的小学老师非常严格，我的儿子又很调皮，爱搞小动作，爱说话，上课注意力不集中，有时甚至会离开座位。老师几乎天天

把他留下，天天说他、批评他，回来后我们也批评他，但他总改不了，还是天天被留下。一天我发现孩子的头和脖子像打冷战似地抖动，原来是被老师关入了小黑屋。后来经过检查，确诊为"抽动症"，自此以后我们到处寻医问药，但是都没有效果，时好时坏，症状也由眨眼、吸鼻到抖肩，交叉出现。我和老公陷入了苦苦的挣扎之中。我们开始反省，是自己给孩子压力大了。刺激到了孩子，当然这也与老师太严厉也有关系。

孩子本身就比较胆小敏感，加上老师、家长轮番施加压力，还有小黑屋的刺激，于是有了抽动症。

后来看了维尼老师的文章，才知道抽动症并不是什么大问题，可以通过改变教育方式逐步改善。读了之后我感悟颇深：本来自己是爱孩子的，却因为教育方法、方式不对，爱孩子的方式不对，造成了这些问题。

孩子上一年级时数学不好，连十以内的加减法都不会做。在辅导他做作业时，我经常发脾气，甚至说他"你咋这么笨"。我有种恨铁不成钢的感觉，因为我从小到大都很优秀，孩子咋不像我？我性格急躁，会训斥孩子，甚至是打。孩子在学校被老师说，回家被父母说，小小年纪如何承受得了？承受不了当然要以某种方式发泄出来，所以也就如维尼老师说的，有的孩子害怕、受委屈会哭出来；有些就没事，大大咧咧；有些（像我们的孩子）是情感细腻型的，就会以抽动症的方式表现出来。我一度深深责怪自己，有时候会泪流满面。

我把维尼老师的文章打印装订成册，每天早、中、晚都要看一小时。每次看都有新感悟，我开始改变教育方式，用维尼老师的认知疗法，先改变我自己，然后去理解孩子。我和老公一同看维尼老师的文章，因为我觉得家庭教育要同步，氛围要一致。经过我和老公的努力，过了二十多天，孩子的状况非常好，身体基本不抖动了。他的眼神首先发生了变化，变得有灵光了；他爱笑了，也不大声喊着说话了，他愿意和我们亲昵了。有次孩子突然问我："妈妈你咋不和我发火了？"我问儿子："是现在的妈妈好还是原来的妈妈好呀？"儿子贴着我，接着我的脖子说："现在的。"我们在床上打起滚，嘻嘻哈哈地玩闹起来。

不光孩子好了，我们的夫妻感情也好了，家庭氛围更好了。孩子并没有病，他只是心理受到了压抑。让孩子把内心的压抑释放出来吧，让他痛快地玩耍，不要总对孩子说"不行"，说"这个不能做，那个不能做"，让孩子放心大胆地去做吧，我们需要做的就是陪伴、理解、宽容、接纳。

半年之后，我和老公的教育理念同步了，我们常带孩子一起玩。他很快乐，在学校也有进步，上课不乱说话了。我们和老师沟通后，老师的批评少了，鼓励多了。

现在孩子也变得豁达了，一般的小事情他不会动怒。他经常说的一句话是："天上飘着五个字——啥都不是事。"他会很容易原谅别人的错误，并乐于帮助别人。他变得越来越自立，越来越不怕黑了，爸爸出差时他会跟我说："妈妈不用怕，晚上我保护你，我是家里的小男子汉。"我很欣慰，看到孩子能够健康成长是我最大的幸福。至于抽动症，已经没有了。

抽动症到底是怎么回事？

目前患抽动症的儿童越来越多，较常见的抽动症状有频繁地眨眼、挑眉、伸舌、舔唇、摇头、耸肩、发声、清嗓子等。偶尔有这些表现不代表是抽动症，但如果经常出现，就需要考虑抽动症的可能性了。

抽动症的本质是什么？

我在二十多岁时，四肢、腹部、头皮、脖子、下巴等部位都不由自主地抽动过，持续了几年时间。这段经历，让我对抽动症有了切身的体会。

我认为，抽动是对于内心紧张、焦虑，身体不舒服、头脑疲劳的一种习惯性宣泄动作。

我们可以观察到，孩子放松、舒服、平静时，这些动作很少，相反，紧张、焦虑、兴奋、疲劳、困倦、生病时，这些动作就较多。

抽动其实是一种无意识的放松，它和心理咨询中用到的肌肉放松法（用于减轻焦虑恐惧）是相似的，都是先紧张一下，再松开。比如腹部肌肉放松法就是尽量收紧腹部，好像别人向你腹部打来一拳，你收腹躲避，保持收腹十秒钟，然后放松。它和抽动症的区别在于它紧张的时间较长，而且是主动紧张；而抽动症是下意识地短暂（一两秒）紧张。相似之处在于都是通过肌肉紧张获得放松。所以，抽动有好的一面，孩子通过下意识地抽动来缓解、宣泄紧张焦虑或不适感，这是人的一种自然的生存本能。

看到孩子抽动，父母可能感觉难受，但是孩子自己并不难受，因为这缓解了他的紧张焦虑。当然，如果太频繁，肌肉疲劳之后会有些不舒服。抽动是不由自主的，孩子无法自控，所以，要求孩子不要动是没有用处的。如果提醒太多，会增加孩子的压力和紧张，反而加重抽动症症状。

抽动症是最简单的心理问题，抽动动作只不过是一种习惯性动作，本身没什么，最多看起来奇怪。它是一种信号，提醒我们关注孩子的心理状态。放松快乐就是一剂最好的良药，不紧张焦虑，抽动自然减轻了。

抽动症的成因是什么？

抽动动作最初出现的原因有多种，比如眼睛不舒服引发眨眼，嗓子不舒服而清嗓子，或者经历带来强烈心理刺激的突发事件。如果孩子原来就经常紧张焦虑，那么这些偶然出现的动作就可能成为习惯，形成抽动症。

　　抽动症的形成有一定偶然性，不是必然的。孩子的紧张焦虑总要以某种形式表现出来，有的发火，有的强迫、抑郁、焦虑，有的会抽动，抽动是其中比较轻微的一种。

　　孩子的紧张焦虑有的来自外界，包括家长压抑的教育方式、老师的严厉、学习压力大等；有的来自孩子过于追求完美、争强好胜、敏感脆弱、急躁的性格（追求完美的孩子可能同时有抽动、强迫症状）。

　　另外，确诊为抽动症之后，家长压力可能很大，如果把自己的紧张焦虑传递给孩子，也会加剧孩子的紧张焦虑。

如何逐渐改善抽动症状

　　什么情况下抽动症会越来越严重呢？这是父母最担心的。通常有三种情况：一是父母不改变教育方式，孩子开始逆反，矛盾增多，导致孩子更加紧张焦虑；二是孩子的性格问题越来越严重，学习压力越来越大，紧张焦虑增多；三是孩子看到别人异样的眼光，导致过分在意抽动，压力增大。反之，如果父母注意从这三个方面改进，孩子的症状不但不会严重，还会逐渐缓解。

　　应用我的家庭教育理念和方法，会让孩子放松快乐。孩子有了抽动症之后，很多人都知道要对孩子宽松一些，但是不知道如何把握好度，有的什么也不敢管了。而我的家庭教育方式能够体现严格和宽松的平衡，顺应孩子的心理，他会放松快乐，变得凡事好商量，也会乐于合作，愿意接受我们的帮助和指导，有利于学习等实际问题的解决。

孩子的性格问题，可以通过渗透合理的思维模式得到改进。

对于抽动症，为了减少孩子的压力，建议父母少带着孩子到处求医问药，那样孩子会被贴上有病的标签。另外，父母可以向孩子渗透淡化的思维。比如告诉孩子。这只是一个不好的习惯，就如有人爱放屁，有人爱吐痰一样，这些动作只是不大好的习惯而已。

三种思维缓解心理焦虑

孩子被诊断为抽动症之后，父母可以用三种思维说服自己。

坏事变好事。孩子的抽动症状出现得早也是好事，它能暴露出我们教育的问题或孩子性格的问题（这些问题本来就是存在的），促使我们及早解决这些问题，这也是我们和孩子成长的机遇。越晚出现，那么这些问题会越来越根深蒂固。

很正常，没什么。抽动是最简单的心理问题，本身只是对紧张焦虑的习惯性宣泄，不是什么大问题，只是看起来奇怪而已，需要关注的是孩子的心理状态。

顺其自然。已经如此，就接受现实。孩子的抽动动作会持续一段时间，出现就出现吧，那样会缓解他的紧张焦虑，让他感觉舒服。

这样父母的焦虑会慢慢减少，心态变得平和，对孩子症状的缓解有好处。

实例：顺应心理，孩子的抽动症好了

在儿子出现抽动症症状以前，我一直认为自己是一位非常用心、非常讲道理、非常合格的妈妈。我读了很多育儿书，早教也做得不错，儿子显得聪慧。但我对他期待太高，要求他每门功课尽量要考到一百分，考不到就去追问他原因。不会的题目我讲两遍就很不耐烦了，总埋怨这么简单的题目他怎么就不会呢？我也常常为一点儿小事就暴跳如雷，大喊大叫。

小时候我的父亲对我要求很严格，导致我也会下意识地要求孩子事事做到完美，有一点儿没做好的地方就会批评他。而更可悲的是，我还一直认为自己是一个讲道理的妈妈，现在想想，那只不过是以讲道理的名义强迫孩子接受我的想法。他爸爸和我观点相同，认为孩子要从小管教，不能养成坏习惯，否则长大后就会一事无成。好好的孩子在我们夫妻的苛求下终于得了抽动症。上小学三年级的时候孩子突然出现频繁点头、摇头的症状，我一开始不以为然，当时我们不清楚，还一味地要求孩子控制，认为是一种坏习惯。

很多人不懂得抽动症是不由自主的，要求孩子控制，反而加大了孩子的心理压力。

后来医生诊断为多发性抽动症，吃了很多药都基本无效，孩子还受了不少罪。后来看到维尼老师的文章，我如饥似渴地看下去了。我看到了自己身上的很多问题和不足，下定决心要从自身做起，改变态度和教育方式。

我儿子抽动症厉害时，头几乎一两秒摇一次，有时哭着说头摇得疼，吃了一两年中药都没明显好转，孩子上课注意力无法集中，学习成绩直线下降。上五年级时，孩子跟我谈心，说他现在是班上的差生。学习不好，老师也不喜欢他。

面对这个苦果，我不断反思，顶住全家的压力果断停药，按维尼老师的方法改变自己，用心理学的方法来帮助孩子。我以前对待父母和公婆总是不耐烦，说话很大声，让老人很不高兴，现在我经常抽时间陪父母和公婆说话，和他们谈心，注意自己的语气和态度，让他们觉得高兴。在对孩子的一些问题上我也不再着急，遇到孩子因为题目不会而烦躁时我会安慰他，不用急，慢慢来。等他心情平静下来再给他讲解，一步步引导他自己说出答案，让孩子的自信心逐步地恢复。孩子不想学习的时候也同意让他先放一放，玩一会儿，心情好了再去学。有什么事情尽量和孩子商量着办，多听取和尊重孩子的意见，让他自己做主。在他下了决心但有时却没做到的时候不去责怪他，因为大人有时也会有坚持不下去的时候。我会提醒他，再鼓励他下一次接着做到自己定好的事。我学会了理解和尊重孩子，孩子有些什么想法都会告诉我，和我一起讨论，说各自的想法。

我的理念不是专门治疗抽动症的，但这恰好是一种让孩子平和、愉快、放松的方法和理念，孩子放松了，自然就没有抽动症症状了。

孩子的抽动症症状也终于慢慢好转，现在不注意都看不出来了，不过那真是一个考验家长耐心和毅力的过程啊！更让我高兴的是，他和家里老人的关系也比以前更亲密了，跟老人说话的态度大有改观，老人都很高兴。

有一次，他不想洗澡，我生气了。他说，其实我自己觉得舒服就可以了，一天不洗也没什么关系的，这有什么大不了的呢？我仔细一想，对呀，孩子什么时候已经不知不觉地接受了这种平和的理念了，我为什么还要那么执着呢？

9月开学以来，他的各方面表现都有很大进步。不过如果孩子没有生病，我就不会去学习，不会去成长，那么今后可能会带给他更大的伤害。

实例：改变教育方式，改变孩子敏感的性格

一个四岁多的男孩得了抽动症，妈妈在我这里咨询了一个月，改变了教育方式之后，孩子的症状基本消失。过了一年多，孩子因为过于追求完美、争强好胜的性格而再次出现抽动症症状，妈妈采用三种思维的方式，孩子的症状慢慢减轻。在这个案例里，包含了导致孩子抽动的两大因素——父母不合理的教育方式以及孩子容易

紧张焦虑的性格，很有典型意义。

2012 年 4 月

四岁的儿子春节后一直有干咳等症状，被诊断为抽动症。我一听就开始着急了，上网查资料，结果越查越紧张，越紧张就越焦虑。所以，我向维尼老师咨询。维尼老师告诉我："抽动症是一个最轻微的心理问题，不大影响生活，孩子也不大难受。而且，在四岁就暴露出家庭教育的问题，及时解决，这是你和孩子共同成长的机遇。"这让我放松了很多，不那么担心了。遇到孩子干咳的时候，我就想，咳就咳吧，能舒缓压力也不错，慢慢来。

在后面的咨询中，维尼老师没有针对抽动症进行治疗，只是结合具体的小事发现、解决我教育方面的问题，给孩子放松快乐的环境，少一些紧张焦虑。

比如让我纠结的吃饭问题，我学着不去管他，玩着吃就玩着吃吧，像维尼老师说的"先理顺关系，再寻求改变"。

爸爸总觉得儿子哭不好，说这样软弱，维尼老师建议我鼓励孩子宣泄，想哭就哭，不要压抑孩子。后来他遇到不顺心的时候会大哭，之后情绪很快就好多了。

以前从来不给他买膨化食品，现在想吃就买点儿吧，不再像以前限制那么严格；对于孩子玩游戏、看电视，我原来限制得很严格，后来我改变了认知，不再觉得"电视、游戏猛于虎"，对时间约定之后执行时有弹性，我发现得到满足后孩子很乖、很自觉，也讲道理。限制少了，有些事情慢慢让他自己做决定，他不像以前那样干什么总要请示我，放松多了。

我纠正孩子问题的态度也好多了。有一次他吃了一会儿手，因为手上有蜡笔，所以我说了他，不过不像以前那样气急败坏地说，而是温和地告诉他手上有蜡笔，不能放到嘴巴里。我对孩子的要求越来越宽松，而以前老是给孩子提要求，不去想想这些要求其实自己都未必能做到。

维尼老师建议我多和幼儿园老师沟通，减轻孩子在幼儿园的压力，这是我以前没有注意的，沟通之后对纠正孩子行为问题很有帮助；以前孩子对和小朋友玩不大感兴趣，也不会玩，他经常去推、拍、打其他小朋友。维尼老师建议我带着孩子一起多去和小朋友玩游戏，慢慢地，他也开始惦记着和小朋友玩了。他在玩中学会了处理矛盾，开始学会用语言交流，而不是直接去抢玩具。

最近我感觉自己越来越放松，对很多细节不再关注。孩子也跟着越来越放松；我自己能感觉到焦虑在慢慢离我而去，孩子干咳等症状慢慢减轻，基本快好了。虽然后来偶尔也还会咳几声，我也不再那么关注了。改变需要一个过程，我自己的心态有时候还会有所反复，何况是孩子呢！

2013 年 8 月

在咨询维尼老师之后，孩子情况一直不错。过去一年多。孩子突然又出现了干咳、摇头等症状，而且有不断加重的趋势，所以我再次找到维尼老师。

维尼老师和我一起寻找孩子压力的来源，我突然想起来，孩子总是争强好胜，事事都要赢，如果他输了，还会哭鼻子抹眼泪的。孩子还有追求完美的倾向，写作业的时候每个字都要写得板板正正，有一点儿出格的地方他都要擦掉重写。维尼老师判断孩子这次出现抽动的症状就是过于追求完美的性格造成的，自己给自己施加的压力太大，于是最近学钢琴的事情诱发了抽动症状。维尼老师让我平常多给孩子渗透三种思维、"输了也没什么"等淡化的观念，用孩子能听懂、能明白的方式告诉他为什么输了也没什么，平常多说，碰到什么事情都向他渗透，慢慢把这个观念变成他自己的口头禅。

老师给我指明了方向，我回家就开始一点点执行。和他玩"剪刀石头布"的游戏，我先跟他爸爸玩，然后输了就说："输了也没什么呀，并不能说明我不行。"如果赢了就说："赢了也没什么了不起的，也不是因为我有多厉害。"然后示意他爸爸也这么说，他爸就跟着我这么说，后来他也加入进来一起玩，慢慢他也跟着学会了，他输了自己也说："输了也没什么大不了的。"

学钢琴不顺利时，我就说"刚开始不会很正常，没什么呀。我刚开始的时候也不会的，多练就好了"。压力小了，弹琴时他摇头的频率就少多了。

看到动画片里的阿迪做错了事，差点儿把蚂蚁们淹死，我就说："你看，阿迪不小心做错事情了，做错事情很正常，改了就好了。"以前他从来不会承认自己做错了事情。

作业他不满意了就去擦，我就在他旁边说："写得不错啊，不用擦。稍微出来一点儿没事的，很正常啊。"我也写字，故意把其中几个写得七扭八歪的，他让我擦了重新写，我说："不用擦，我好久不写字了，刚开始写不好很正常，没关系的，不是我不行，我多练练就好了。"后来睡觉讲故事，在故事里他也总是要求做游戏他赢，我在里面也加上这些话，逐渐渗透。

孩子喜欢玩飞行棋，他总是千方百计地赢我。我就跟他说："这种棋运气很重要，运气好了就能赢，运气不好会输，输了也没什么，并不是谁输了谁不行。"

我自己也想明白了，事情既然发生了，也是好事，现在出现比将来出现再纠正要容易得多。后来，孩子摇头的频率在慢慢减少，一个月左右，摇头的情况就没有了，变成了轻微的眨眼睛。现在孩子能主动让我们赢，不再像以前一定要他赢了。

2014 年 4 月

孩子的症状一直没有彻底消失，但现在基本很少出现了。我一直在坚持给他渗透输了也没什么的观念，现在他输了有时已经能坦然接受了，虽然有时候还会有点儿不高兴，但不会像以前那样反应激烈了。现在每天晚上我跟孩子谈心，他会跟我谈谈一天的心情，或生气、开心、遗憾的事。我就趁机向他渗透一些淡化的思维，效果还不错，对情绪有帮助，他更放松了，症状也越来越轻了。

实例：反省自己，改变认知

　　我曾经以为教育孩子的唯一手段就是压制，只要我的态度强硬，孩子自然就听话。殊不知，这样的教育手段后患无穷，主要的后果就是孩子的性格变得胆小敏感，遇到事情从来都只会哭泣，没有一点儿男孩子的魄力。那时的我几乎抓狂了，孩子也出现了抽动的症状。在维尼老师这里咨询之后，我认识到，虽然孩子的性格有天生的成分，但是和我的教育方法肯定也是息息相关的。

　　认识到问题的严重性以后，我决定改变自己，从而改变孩子。首先应用认知疗法，每当遇到问题时，我先从孩子的角度考虑问题，这样多数事情其实就好理解了，理解之后就能接纳。就不会靠发脾气和惩罚的手段来教育孩子了，之后就能做到和孩子商量，或者平和地告诉他应该怎么处理问题。但是，就像维尼老师说的，不合理的思维方式已经形成惯性，遇到一些事情还会发火。所以在我每一次发完火以后，都要及时地反省自己在认知上犯的错误是什么，这样就能让自己逐渐形成新的合理的认知、习惯性思维。

　　有几件事情我还记得。有一次孩子洗澡的时候，手臂被喷头软管缠了一下。我帮助他把胳膊拿出来，孩子突然大发脾气，气急败坏地说我推他了。当时我觉得相当委屈，禁不住也向他发脾气。我后来总结了一下，一般我大发脾气都是因为觉得自己好心帮助他，可他不领情还乱发脾气，所以我觉得委屈。这种时候很难控制自己的情绪，以后面对此类问题，我要想明白，其实孩子发火肯定是因为他误会了，或者觉得事情没如他所愿。如果是他误会了，我要及时告诉他我这么做的原因，消除误会，我就等他火气消下去以后告诉他有事说事，发脾气解决不了问题，要动脑子找出解决问题的办法，主要考虑以后如何改进，而不是纠结于自己是否受委屈了。当然，等孩子心情平复了以后，我还要告诉他我心里的感受，让他知道这样做会让别人难受，所以要尽快改正。

还有一次，中午孩子不睡觉，缠着我陪他玩，我教育了他一顿，但是口气和措辞不大好。我反省，以后遇到此类问题，我要心平气和地告诉孩子，你已经长大了，做事情要考虑别人的感受。比如，别人睡觉的时候，要轻手轻脚地开门，不能把别人吵醒；别人休息的时候，要自己玩或者看书，不能缠着大人。我要改变自己的认知，不是孩子做得不好，不是他不懂事，而是我没用恰当的方式告诉他应该怎么做。因此我不能乱发脾气，而是要对孩子进行有效批评。发脾气批评他就是进行无效批评，这种批评只能让孩子和我产生对立，并且他说出的话比我说的还难听，容易激化矛盾，还解决不了问题。

经过反复反省，慢慢地，遇到同样的问题，我就会习惯于用新的认知来考虑问题了，而不会重复自己以前的坏脾气。

这位妈妈总结得很好，可以说深刻地掌握了用认知疗法调节自己情绪的精髓。父母不良情绪的改变，需要反复反省、思考每一个自己发火的情境，找到自己不合理的习惯性思维。和自己辩论，说服自己，多次之后会在这个具体的事情上形成新的合理的习惯性思维，自然不发火了。积累起来，在很多情形下都能控制，那么父母也就算得上能够调节好自己的情绪了。

过了一段时间，我发现孩子的性格有了很大的变化，抽动症症状几乎消失了。其中主要的变化就是遇到问题他能够自己解决，哭的次数明显减少了。比如以前，他骑自行车摔跤，会卧在地上哭个没完，这是因为以前遇到这类事情的时候，我看到他哭就会带着情绪骂他："真没用，哭什么哭，爬起来不就行了！"现在，有时候他骑自行车偶尔摔倒了，我只是轻描淡写地说一句，让他自己爬起来，不带任何情绪，这样他也能够做到像个男子汉一样爬起来继续骑，摔得再疼也不哭了。其实，有时候孩子的敏感胆小都是家长逼出来的，是因为家长的情绪吓到了孩子，所以孩子在遇到问题的时候，首先想到的是家长会不会生气、会不会骂他，自然就会越想越怕而哭泣不止。想想我们大人不也是这样吗，如果你做错了事情，别人从理解你的角度告诉你："没关系，下次注意。"那你肯定会心怀感恩，也有信心。但是如果别人看到你犯错误了，就火冒三丈，言语和口气都很凶，那你的心里会是什么感受？孩子也是人，他们的感受其实和大人没有太大分别。只要我们大人能够种下尊重、理解孩子的种子，那么他们回馈给我们的就是美好的果实。

　　今年孩子上小学了。前几天开学，不哭了，也不磨叽了，一切表现良好。老师对他的印象非常好。想想半年之前的他，和现在真是判若两人。

第五章

学习篇：如何帮助孩子学习

第一节　为什么孩子的学习需要帮助？

如果孩子学习的能力、兴趣、信心、习惯有了问题，那么就需要我们去帮助他，有了进步后再逐渐放手。进步和成就感是兴趣最好的老师，信心来自成功或进步的体验。

《樱桃小丸子》中，妈妈说："小丸子，连写作业都需要帮忙的孩子是没有出息的。"但是，如果学习任务的难度和数量超出了孩子的能力，或者孩子已经陷入了学习的困境，兴趣、信心和习惯都不好，父母还想让孩子独自面对，那么结果往往会比较糟糕。

我辅导孩子做数学题，一般只给孩子点一下，不肯多讲，让孩子自己想去，结果有时他想破脑袋也不知道如何做，灰心、气馁、烦躁，觉得自己笨，最后讨厌写作业。

教育需要因材施教。如果孩子的兴趣、信心和能力已经基本具备，就可以放手让他去挑战困难，独立思考。问题解决了对孩子是一种锻炼和激励，他的兴趣和信心也会增长。

但如果孩子能力一般，学习遇到了困难自己就难以解决，作业做得困难，测验成绩不好，被老师批评，经常受挫，兴趣、信心受到打击，就会不爱学习。进一步发展的话，听课效果不好，作业更不会做，不爱做，厌学……进入恶性循环。

有的父母疑惑：为什么 20 世纪 80 年代父母都不大管孩子学习，现在我们就需要帮助孩子呢？

时代不同了，以前父母都不管，现在则都在管，如果我们不帮助孩子，就是"逆水行舟，不进则退"，孩子在起点就落后了。而且现在学习的难度、强度大且超前，如果孩子的能力、基础一般，兴趣信心还脆弱，家长就过早放手，孩子无能为力，挫败多了，就会挫伤兴趣和信心，导致不爱学习。

※ 现在作业的难度比我们小时候大多了。我小时候，小学一年级的语文作业就是抄拼音和汉字，数学就是口算题。现在女儿上一年级，试卷还有反义词、成语，数学还有类似应用题的题型，没有一定的识字量怎么做？

※ 我女儿刚上小学一年级的时候，做作业除了慢一点儿，其他都不错，也会一直坐在那里比较认真地做。后来我不陪、不管，让她独立做作业，她却变得磨蹭，不爱写作业。她看不懂题目，经常遇到不认识的字，基础也一般，理解方面有一些问题，我却一直没有去帮助她，她总是遇到困难，就不大喜欢写作业了。

孩子学习遇到困难的时候，及时的帮助会帮孩子摆脱困境，进入良性循环。

女儿上了初一，刚开始还积极主动地学习，后来成绩一路下滑。我又急又气，说她不听，帮她不要，叛逆！到了初一下学期，她从班里的前二十名掉到了四十名之后！

我反复读了维尼老师的文章，先调整好自己的心态。女儿发现我不那么着急、暴躁，交流就多了起来，也不大逆反了。

关系好了，她就不再反对我的帮助。我开始帮她整理错题集，订正错题之后让她找老师请教。但女儿不愿问老师，以前就因此积累了很多不会的知识点，结果上课听不懂，就不爱听，作业也成问题，进入恶性循环。

孩子特点如此，也只能顺应。我数理化还行，就开始指导她做题，才坚持了两周，她对我的信任和崇拜呈指数级上升。她说："妈妈，我发现和你一起做数学、物理作业是一件很愉快的事情！"我太开心了！她很高兴地接受我的帮助，同学也会打电话来寻求她的帮助，可以看出来她很兴奋、很自豪。

孩子上课能听懂就爱听了，慢慢就跟上了老师的步伐，作业的出错率也很快降低了，进入了良性循环。不到一个月的时间，期中考试成绩一下子提升了二百四十多分。我刚开始陪着她做每一道数学题，过了一个月，她有疑问时只需要点拨一下就可以了，她找回了自信。

我好欣慰，孩子也很高兴。她现在的学习状态一直不错。我们的关系也很好，这是我梦寐以求的理想状态啊！

　　原来我一直被灌输的思想是早日培养孩子的独立性，学习是孩子自己的事情，让她学会担当，结果越着急越适得其反。其实有的孩子真的不那么强大，她是需要帮助的。我想对孩子说："我是你的妈妈，是这个世界上最希望你好的人，我想帮助你。"孩子分得清好坏，态度也是向上的。当孩子遇到困难时，如果家长给予的不是指责而是帮助、温暖和爱，那我们的孩子一定会顺利渡过难关，朝着理想目标前进！

第二节　学习和快乐，不是对立的选择

学习是孩子十几年内的一项主要任务，如果学得不好，他们也难以真正地快乐。是学习重要还是快乐重要，本来就不是对立的选择。鱼和熊掌，最好兼得。

以前我觉得学习成绩不重要，因为现在工作与上什么大学关系不是那么大。我只希望孩子多读点儿书，有比较强的学习能力，有比较好的承受能力，成绩好坏无所谓。看了维尼老师的文章，我改变了认知，看来还得重视学习成绩，不为好工作，为的是孩子当下的自信和快乐。

当然，每个孩子学习的悟性是不同的，所以，能够取得的成绩也是有所不同的。所以，最好制定适合孩子的目标，孩子经过努力能够达到，也会收获进步和成就感。另外，我们也需要注重孩子兴趣信心的培养，争取培养不错的学习习惯，那么孩子的成绩即使一般，也会比较快乐的。

所谓学得好，不是只看成绩，而是看成绩与孩子的能力是否匹配，孩子学习的兴趣、信心、习惯是否好。

我们先调节好情绪和心态，处理好亲子关系，等孩子合作了，愿意接受我们的帮助了，然后或者直接辅导孩子提高成绩，或者传授方法，帮孩子学得轻松些，帮他取得进步，体验到成就感；再及时、实事求是地鼓励、肯定孩子，让他的自信建立在成功体验之上。进步和成就感是兴趣最好的老师，有了兴趣和信心，孩子的学习就逐渐进入良性循环了。等孩子能力提高了，好习惯慢慢养成了，之后父母再逐步放手，那么孩子的成绩无论是高还是一般，都会比较快乐。之后父母再逐渐提高要求、标准，孩子也愿意接受。

我已经经历了维尼老师说的先处理亲子关系，再培养学习兴趣，之后逐渐严格要求学习的全过程，实践证明这是正确的。

先加以辅助，逐渐放手

教育有一个重要的原则就是"循序渐进"。如果孩子兴趣、信心、能力还不足，我们要先帮助孩子，少让孩子经受困难的打击，学得轻松、愉快，等他的兴趣、信心、能力加强了，再逐步放手，孩子就喜欢挑战困难了，这样就稳步进入良性循环了。所谓"教是为了不教，管是为了不管"，开始不放手是为了以后更稳健地放手。

对于兴趣、信心、能力都不错的孩子，父母一开始就可以放手；但是对于一般的孩子，一开始就放手，不管孩子，不对孩子学习的兴趣、信心、习惯加以适当引导，结果则不可预料。

※ 别人告诉我，学习是孩子自己的事情，一上学就不要管孩子的学习了，让孩子自己学去。我听信了，结果孩子现在上小学三年级了，还是反感写作业，对写作业没兴趣。

※ 孩子做作业磨蹭，经常开小差，厌学，每天作业都要到晚上11点左右甚至更晚才完成。他上小学三年级时，我接受一位心理老师的建议，不再催促孩子做作业，由她自己安排时间，我们只给予鼓励。结果，孩子放学后随意玩耍，经常到晚上9点后才开始做作业，到12点多甚至1点才完成作业，有时早上还要提早起床做作业。我们多次表示担心他的睡眠太少，影响健康，但他不以为然。几个月不管，他不但没有进步，反而更差了。

所以，我提倡先加以辅助，再逐渐放手。

※ 我开始也是试图放手，可孩子刚上学其实还不能管住自己，他需要我，并且特别反感我说"你自己定"。后来我决定认真陪他，一边肯定他的进步，一边后撤，就这样一个山头一个山头让他占领，没过一个月，他就很乐意我离开，有需要再叫我，也能专心写作业了。

※ 孩子这学期比上学期表现好太多了。上学期我对他的学习几乎不管不问，到考试时，和他一起抱佛脚。我这做家长的都乱了阵脚，更何况是孩子呢？考试成绩可想而知。这学期一开始我就帮助

他打好基础，所以他学习起来很轻松，作业很认真地完成，考试进步了很多，学习有信心啦！维尼老师说得很对，适时帮助孩子很有必要。

维尼育儿经

　　我女儿上小学一年级时初写作文，老大不情愿，磨磨蹭蹭，就是不愿动笔，写起来也容易烦躁。一百多字，经常要两个多小时才写完。很简单的一段话，怎么就这么难呢？不过想想也能理解，没写过作文，很多字都不会，自己写确实困难啊。所以，我先全程参与，和她讨论如何写，有些句子也和她斟酌，不会的字就写给她看，这样她就轻松多了。之后我再逐渐放手，她独立完成的句子越来越多，也越来越多地提出自己的意见，有时候还会否定我的建议。这样她对写作文就不打怵了，每次都是主动叫我和她一起写。写出好作文时，就让她读给妈妈、姥姥听，得到赞扬，就有了成就感。她渴望作文得"优"，我帮她润色，自然作文经常得到好评，她兴趣和信心大增。之后，我逐渐减少参与，大致和她讨论一个提纲，就让她自己去写，有问题时再讨论。能自己写出来，她挺高兴。到了三年级，她大部分作文都能独立写了，没思路时我才指点一下。这样，经过循序渐进的帮助，她的兴趣、信心、能力都培养出来了，作文越写越生动。

儿子指着作文题说："妈妈，你来帮帮我吧。"要是以前，我会说，你先写吧，如果不会写的话再叫妈妈，自己的事情要自己做啊。然后他就会气呼呼地乱写一通或干脆不写，跑开去玩了。接着，我就开始生气、上火、吼他等，一个不愉快的夜晚就开始了。看了维尼老师的文章之后，这次我说："好啊，我来看看。"就走过来看了下题目，说你原先写的开头挺好啊，可以接着往下写。他问，后面怎么接啊，我就指点了几句。可不等我说完，儿子已经急不可耐地说"我会写了"，就开始奋笔疾书了。结果写得很认真，很通顺。

即使孩子开始学习顺利，家长已经放手了，还是要保持关注，及时发现孩子的问题。

※ 我儿子以前完成作业很自觉，进入小学三年级之后，我们完全放手让他自己完成作业，再加上工作很忙，没有时间管他，结果就养成了他一直看故事书，不想做作业的习惯。

※ 在这点上，我反省过无数次。我上小学时学习挺好，让父母很省心；初二时缺乏自制，父母还是不多过问，于是成绩下滑；高中自己应付了事，高三才明白要抓紧学习，最后用了一年的时间学了三年的课程，勉强考了一所二流大学。

有家长问，父母多去辅助，孩子是否会产生依赖性呢？

这与辅助的方法有关。比如辅导数学题，如果直接给他讲如何做，孩子不动脑，就可能会有依赖性。如果把难题分解为几步，每一步都是孩子可以自己思考完成的，引导孩子自己想出来，这样孩子会有成就感，从而激发兴趣和信心，有了挑战难题的动力，自然不会依赖。

孩子写作业，管还是不管

孩子上小学，如果学习能力强而且比较自觉，写作业比较专心，那么父母自然不大用管。如果孩子学习磨蹭、不专心，那么自然需要管了。

但是，为什么有的专家说"不管是最好的管"呢？这其实是有一定条件的。如果父母不会管，在孩子写作业时批评、训斥、打骂太多，那么这种管会破坏孩子学习的兴趣和信心，还不如不管。另外，不管是帮助孩子学习的最高境界，只是要达到这个程度需要一个过程，在一段时期之内还是需要适当管的。

"管"只是一种通常的说法，我更喜欢用"帮助"这个词。孩子如果感到你在管着他，可能不太情愿；但是如果感到你是在"帮助"他，那么就可能欣然接受了。

帮助的形式是多样的，或是辅导作业，或是传授方法、分析问题、指点思路，从内涵上来讲，除了知识的学习，兴趣、信心、习惯的培养是重点。

很多父母管的方式就是做监工，坐在那里监督孩子完成作业。

如果结果不令人满意，还会批评训斥。这种管的方式就有问题了。不过，适度的陪伴也是需要的。比如孩子上小学，如果习惯还没有培养好，做作业就需要适度陪伴和督促，比如安静地坐在附近，看自己的书，创造一个好的学习气场、氛围。这样可以随时温和地提醒一下孩子，也方便回答孩子的问题，帮助孩子解决困难；还可以去发现写得认真的字加以鼓励，发现做得好的题目加以表扬，对专心写作业的他及时肯定，等等。这种陪伴孩子不会排斥的。以后父母逐渐坐得远些，或到另外一个房间，只是偶尔过来督促一下就可以了。

实例：作业从"不管"走向"适当地管"

我女儿上小学四年级，写作业磨蹭，经常开小差，每天作业都要到晚上 11 点左右才完成。学习成绩由一年级时的第四名，下降到班级排名中下水平。三年级下学期，她更是有了厌学的情绪，经常说作业太多了，没有时间看书和玩耍，心情烦躁，只要我们一催促，她就哇哇叫，闹情绪。我尝试完全放手让她自己来安排作业，结果却越来越糟。

后来我开始学习维尼老师的文章，意识到放手不管必须有个过程，女儿还未具备相应的自我管理能力，这样放手下去，不良习惯会越来越顽固。

女儿做事拖拉、写作业慢，根本原因是她还不具备时间意识、管理能力和学习能力，并非故意搞乱。我要想办法提高她的能力，增强兴趣和信心，同时要平息自己的烦躁，耐心帮助、鼓励她。

针对她写作业不专注、中间随意开小差、做事施拉等问题，我和她协商，采用代币法给予精神鼓励，再结合适当的物质鼓励。同时在她做作业时，尽量陪伴在旁边，一起看看书，创造学习氛围。同时向孩子强调"需要爸爸帮助的话，请告诉爸爸"，以帮助她而非监督她的姿态参与她的学习。同时让她在做作业中间没有机会随意玩耍，等她体会到专注完成作业的好处并逐渐形成习惯后，再慢慢放手。

另外，学会适当满足孩子的要求，学会灵活变通有弹性，孩子的情绪越来越好。学习中间休息时，她会要求玩一会儿电脑游戏；周五放学后，会要求去同学家玩和吃晚饭，我们都和她约好时间，时间超过了会提醒她，可以略为延长时间，而不是强制结束。

这样实行了三周，女儿做作业不开小差了，比以前专心、有效率了，和我们的沟通也顺畅了，提到作业不再烦躁，有时还开心地对我们说："爸爸妈妈，我的作业已经完成了，很快吧？"

第三节　辅导孩子学习时，如何保持情绪平和

帮助孩子学习，首先要调整好我们的心态。学会放下对孩子成绩优秀的过度执着，努力去做，对结果顺其自然。

其次，在辅导孩子学习时，学会理解孩子，改变认知，从而情绪平和。其中，最重要的是接纳孩子。

接纳孩子学习的现状

孩子有些作业不会写，所以会经常问我。我想："你也和别的孩子一样每天背着书包上学，那么就应该自己学会知识，应该能掌握好，为什么会有这么多问题？怎么别的孩子没有这么多不会的？你怎么连这个都不会？"有时辅导孩子，启发了一下，孩子没有想明白，我就想：这么简单的问题，我点到了，你应该明白啊！这样，我经常没有辅导几分钟就会发脾气，训孩子，结果孩子在训斥之下茫然不知所措，好像更笨了！面对孩子茫然、可怜的样子，我也觉得自己过分了，但总是控制不住自己。后来，我都不敢辅导孩子了，那只会让她对学习更没信心、没兴趣。

辅导作业时，给孩子讲了他听不懂，做过的题又错了，讲过的

知识记不住，有的父母很生气，问："你为什么听不懂？为什么又错了？为什么记不住？"其实，有的孩子可能真的是悟性有限，他就是这样的能力，所以，不要问为什么，而是需要接纳孩子悟性的现状，在此基础上考虑怎么讲他才能懂，怎么才能帮他记住，怎么才能让他不再错，这样比一味地责怪孩子要好得多。比如，孩子对于背课文不擅长，这是他的现状，那么我们可以想想办法，比如经常给孩子播放课文的录音，听熟了，他就记得住了。孩子的理解力不是太好，那么我们就需要适应孩子的特点，讲得更形象、细致一些。

有时孩子听不懂、记不住不是因为他不聪明，而是不专心、不主动、不爱思考，或者没有兴趣和信心。这些是需要想办法改进的，但是改变需要一个过程，至少在一段时间内孩子就是如此。那么，先接纳孩子，心静下来，再想办法帮助孩子取得进步，慢慢改变。如果总觉得孩子不该如此，认为应该马上改变，那么自然容易急躁、发火，与孩子发生冲突，导致孩子不合作，反而不利于问题的解决。

每个孩子学习的悟性是不同的。有些悟性一般的孩子，即使很努力，虽然能有所提高，但能够达到的高度也是有限的。所以，家长需要接纳孩子能力的现状，不给孩子制定过高的目标，不然对孩子、对自己都是一种折磨。

孩子学习时有些习惯不好，比如坐姿不端正，写字不认真，不太专心等，这些都是需要改变的，但是改变需要一个过程，这些问题都不是马上就能解决的。所以，与其看到孩子没有改变就生气发火，导致他紧张焦虑、拒绝我们的帮助，还不如先接纳孩子的这些不太好的习惯，心情平静地慢慢提醒、督促，这样孩子容易接受，改变得反而会快一些。

"难者不会，会者不难"，我们觉得简单，对孩子来说可能挺难。

这段时间，我参加了一场专业考试。考试前，参加过考试的同事都说不难，很好考，看看书就行了。可是，当我捧着书时，却觉得很难。这时候，我才充分地体会到了老话说的"难者不会，会者不难"。我也深深体会到，当孩子面对难题时，我们说："这么简单的题，你怎么就不会？"这是对孩子的伤害！

接受孩子学习上的特点

每个孩子都是不同的，在学习方面的能力特点也各不相同：有的语言能力强，有的记忆力好，有的则擅长理解分析。如果方法得当，孩子的短板经过努力是可以有所提高的，但是可能在很长一段时间之内还是短板，所以家长要先接纳，再慢慢改变。家长着急了，会打击孩子的信心。

孩子写字有时会写错，我给她指出来了，有时要重复五六遍她才会写对。我急坏了，干脆说她："你太有主意了，人家怎么说你也不改！"并且大声要求她说出到底为什么这样，她一般都说不出来。

几经痛苦后，我意识到可能在文字记忆力方面暂时是她的短板，应该先接纳她，以后再慢慢鼓励。我的急躁只会让她讨厌写字，更没信心。

有的孩子理解能力较弱，可能别的孩子很快能搞懂的知识点，他费了很大的劲也想不明白，而且容易忘记，即使想尽办法，提高也不大。孩子就是有如此的特点，那么家长也只好接纳，这样就不会给孩子太多的压力，反而容易学得快乐些。

记住六字箴言：很正常，没什么

如果我们能理解孩子，会发现他的很多表现很正常，没什么，不过是人之常情，心情就容易平静了。

吃完饭孩子不马上写作业，这其实是正常的，因为此时头脑往往不太清醒，休息一会儿再写也不错。

孩子想按照自己喜欢的顺序写作业，这也是正常的，不必非要让他按照我们的想法来。

孩子学习了一段时间，想玩一会儿也是正常的，孩子需要些放松和休息。

孩子学习时突然想起了其他事情，很想去做，这也是正常的。换作我们，想忍住可能也不容易。

孩子有不会的题目、做错了、忘记了，其实也是正常的。

考试成绩有波动，也很正常，没什么，不必大惊小怪。

看到孩子的优点和进步

每个人的基础、悟性不同，总和别的孩子比会徒增烦恼，不如多看孩子的进步。

昨晚上初三的女儿提及考试成绩，然后看着我，我抱了抱她，祝贺她的进步。受维尼老师的影响，我开悟了。以前我眼睛总看着那些学霸孩子，看到的就是孩子之间的差距。我现在突然发现和她自己相比，她又何尝不是在进步呢？她望着我的眼神让我羞愧，我曾经有那么多的抱怨和不满意，其实是多么伤孩子的心呢！家长不接受孩子的现状就是自寻烦恼，看到孩子的长处对谁都好！

孩子和同学之间难免会有比较，那么不妨多和与孩子差不多的孩子比较，这样大家的心态都会好一些。

每个孩子的能力是不同的，只要孩子达到了他力所能及的成绩，那么就是一种成功。

孩子可能在某方面弱，但是他可能在某些学科比较强，我们多看到孩子的优势，并加以鼓励，那么孩子自信些，我们的心态也会更平和些。

虽然学习是学生时代的一个主要任务，但是我们评价孩子，不必只看学习。孩子在学习方面也许不理想，但是其他方面可能还是不错的，有时也不要太贪心，期望孩子什么都好。孩子未来的竞争其实是综合素质的竞争，学校的学习能力只是其中的一个方面而已。顺应孩子的特点，发挥孩子的优势，孩子也会有幸福的人生。

实例：孩子获得了最快进步奖

儿子没上学之前，我们母子的关系挺融洽的，但是上学之后一切都变了。他没有上过幼小衔接班，所以刚入一年级那会儿，不适应小学生活，学习起来特别困难。儿子的拼音学得不太扎实，所以每次写作业都有畏难心理，我当时不理解孩子，总是想：这么简单都不会，真是太笨了！那时因为写作业的事，我没少发脾气，老是冲儿子发火。有一次因为写作业的事还把儿子关在了门外，直到儿子哭着说错了，我还不依不饶。我非常想让孩子早点儿上床休息，担心睡觉太晚会影响身体发育，可作业完不成又不能早睡，所以每天都在焦虑中艰难地度过。曾经有一段时间因为儿子学习的事情，我有过焦虑、胸闷、失眠的情况，夜里会突然醒来……我付出了那么多，孩子期中考试语文却不及格，这真让我崩溃。

所幸此时发现了维尼老师的文章，我才发现我情绪糟糕原来是不合理的认知在作怪，我学着去接纳自己和孩子的现状。维尼老师说孩子睡觉可以顺其自然，我也就放下了，就这样焦虑状况逐渐减轻了。我去理解孩子，改变了认知，渐渐不怎么发脾气了。静下来，内心也仿佛强大起来，也有精力反省自己了。

　　儿子刚开始写作业速度特别慢，维尼老师说要找原因想办法。我分析是因为原来对他写字要求有些严格，看到写得不好的字，总是马上指出来，所以他看到写得不好的字就马上擦掉，这影响了答题的速度，以致期中考试语文试卷都没有答完。我知道这是我的问题，所以改为写完作业再纠正，这样答题速度就提高了。

　　我也去发现孩子值得肯定的地方，经常进行鼓励。母子之间很少因为做作业的事再起争端，即使偶尔有一次，我也能坦然地接受，事后再和孩子及时地交流沟通，自我反省。这样对孩子来说学习就不再是一件痛苦的事情了，他学习的兴趣和信心在增长。语文期末考试孩子取得了满意的成绩，过年时儿子还捧回了一张"进步最快"的奖状。

　　当我发现儿子的学习习惯有需要改进的地方，我会考虑孩子的感受，在他情绪比较好的时候适时提出建议，这时儿子多半会答应；如果儿子正在生气、发脾气，那么我就暂时把想说的话放一放。有次关于钟表的数学测试，儿子居然交了白卷。晚饭时，我没有批评他，只是告诉他，老师夸他是个聪明的孩子，如果认真听讲，肯定能做得非常好，如果只是聪明，不学习，那肯定也不会。然后问他，你愿意考试得零分还是得一百分呢？儿子笑笑，没有回答我的问题，我相信儿子已经知道答案了。"过一会儿睡觉时咱们再学习一下，好不好？""好！"儿子爽快地答应了，就这样我们把这一落下的知识点给补上了。

后来从班主任那里了解到，儿子跟以前相比像换了个人似的，完不成作业的事不再发生了，上课回答问题也很积极，总之老师感到很满意。这都是因为我改变了认知，改变了自己，才取得了现在的进步。

第四节　如何培养孩子的学习兴趣和信心

　　一位妈妈的回忆："小时候，语文、英语学得很好，老师总夸我，越夸劲头越足。学习真是一件很愉快的事，当你沉浸在知识的世界里，那是一种享受。有句话是徜徉在知识的海洋中，那种惬意和收获的满足感是很美好的。"

　　学习知识原本是有趣味的，做题也是一种智力游戏，当解出一道难题或写了一篇好文章时，也颇有成就感，所以学习本来是有趣的。学习兴趣的重要性不言而喻，那么我们怎样培养孩子的兴趣呢？

哪些做法会破坏孩子的学习兴趣

训斥、发火、惩罚

　　条件反射原理：如果学习经常与不愉快的事情联系在一起，比如被打骂、强迫、惩罚、指责，那么时间久了，就会形成条件反射。孩子一学习就会想起这些不愉快的体验，逐渐就厌恶学习了。

急于高标准、严要求

　　有些人恨不得让孩子马上优秀，在兴趣、信心、能力、习惯还没有培养好的时候，就对孩子高标准、严要求，孩子勉强为之，容易破坏兴趣。

比如，孩子写字不认真或不美观，家长就要求擦掉重写或惩罚写几遍，本意是为了让孩子认真，但是增加了作业量，又让孩子厌烦，从而讨厌写字。

背诵课文，家长要求没有瑕疵。这就需要多背几遍，而且总背不好孩子也会烦躁，从而讨厌背诵。实事求是地讲，背得一字不差对提高阅读和写作水平都没多大作用。

默写，错一个罚写十遍；口算，错一道，罚写十道，这就是让孩子反感的节奏啊！其实学习是一个反复巩固的过程，当时全对，以后也会遗忘；当时有些瑕疵，以后也有机会巩固，并不需要每次都全对。

孩子写作业已经烦躁了，不想写了，家长还让孩子善始善终、坚持到底。这会使孩子越来越烦躁，讨厌写作业。而停下来，让孩子看一集《蜡笔小新》，七分钟后哈哈一笑，烦躁烟消云散，再平静地写作业不是更好吗？或者让孩子早些睡觉，第二天早起写也可以啊。

有的孩子基础和能力一般，父母就急着培养孩子独立完成作业的能力，不去帮助孩子，生怕形成依赖性。写作文，字不会写，让孩子自己查字典，查十几次，既花时间又烦躁；作文怎么写自己想去，导致孩子畏难，不喜欢写作文；题目不会做，让孩子自己思考，结果孩子想来想去都不会做，就不爱做题了。

有一次，孩子数学有三道题自己不会做，爸爸让他自己思考怎么做，过了好长时间，他自己还是不得法，爸爸才给他讲解，直到晚上 10 点整，才做完作业。孩子本来成绩就差，这样对数学越来越没信心、兴趣。后来维尼老师建议我们及时讲解，把题目的解答分成几步，每一步都引导孩子能够自己想出来，这样一来，孩子不那么畏难了，自己想出来也很高兴。

如果学习总与不愉快的感觉相伴，那么兴趣自然碎了一地。

我儿子就是这样的情况。特别是写作文，他有困难，我们又不想每次都帮他从而导致依赖，所以让他自己完成，结果他丧失了兴趣和信心。

学习是不得不做的事情吗？

孩子有时不想写作业，父母会和孩子说：我也不想去上班，但是能不去吗？言下之意，学习虽然你不喜欢，但是不得不去做。如果孩子认为学习是一件苦差事，只能坚持、忍耐，那么自然无法产生兴趣。

有人用"鸡蛋里挑骨头"的精神去找孩子的不足。做题，总有做得不好的地方，达不到要求就批评孩子；讲解题目，总觉得这么简单，讲了几遍还不懂，就火了——怎么这么笨啊；分数考得不低，但如果成绩达不到要求，在父母看来也是失败；学得好的学科视而不见，学得差的总盯着……问题只要找就总是有的，但这会给孩子带来源源不断的挫败体验，兴趣还能在吗？

父母期望过高，总给孩子施加压力，过多地关注学习，会把学习变成沉重的事情。不是每个孩子都能把压力变成动力的，有的会厌学，甚至被压垮。

维尼老师，我真的觉得自己快有神经病了。我是一个高三的学生，家人总是认为我能够考一所好大学，但事实真的是与愿相违，我跟家里人说过了复读的事，开始他们还有些商量的余地，但就在前不久他们说给我算过命了，我复读考不上。我现在是真的绝望了，一边是自己在学校承受的各种压力，一边是家人给的压力，我真的快崩溃了，我不想读书了，我想放弃……

家长可以先关注孩子的快乐，再关注学习。

上学之前我都是一句话："在学校要认真听课。"现在我不说这话了，改成了："宝贝，在学校一定要高高兴兴的哦！"以前下班我第一件事就是问她作业做完没，现在问："宝贝今天在学校里有些什么开心的事，给妈妈讲讲。"让她觉得妈妈更多关心的是她快不快乐，而不是只关心学习。当然学习也要过问，只是放在后面。关注点不同，效果就不一样了，宝贝现在开心多了，学习也有了兴趣，喜欢和我分享，不大和我顶嘴，我能和孩子轻松地沟通了。

进步和成就感是兴趣最好的老师

我与一位高中女生曾有如下对话。

维尼：为什么你能从不想学习，变得对学习这么执着？

女生：是进步的快乐，还有升学的压力。我自己也能从学习中找到快乐。

维尼：是啊，学习有进步，本身就是很爽的事情！

学习看起来枯燥，好像是件苦差事，但是只要能不断有进步和成就感，兴趣就会增长。正如王金战老师所说的，差生是反复遭遇失败的打击后才产生的，让一个差生变好，就是让他反复享受到成功的喜悦，他就会慢慢地变好了。

所以，如果我们想帮助孩子培养兴趣，就要多去帮助孩子获得进步和成就感，让他们去反复体验成功的喜悦。不过前提是重视孩子的感受，即使有良好的亲子关系，帮助孩子也要有一个好的态度，不然，用心再良苦、方法再好也无效，甚至热脸贴上冷屁股。那么我们应该怎么做呢？

1. 传授方法

维尼育儿经

英语辅导班刚开始要求背单词的时候，我女儿感觉有些困难。想想也能理解，那些字母组合靠死记硬背既枯燥又不容易。

开始我没大管，结果她单词测验经常错得较多，有时因此被留下。所以，她比较烦背单词，有时会闹情绪想罢工；而且"恨屋及乌"，说不想去学英语了。此时就需要老爸的帮助了，我给她讲解"自然拼读法"的单词记忆法，和她一起分析单词发音和字母（组合）之间的联系、规律，这样背单词就轻松顺利多了；再帮助她养成反复读写等背单词的好习惯，单词听写成绩很快就提高了。等有了进步和成就感，女儿逐渐对背单词这样枯燥的事情也有了些兴趣，我就甩手不管了。

有的孩子不爱背课文，可能是因为觉得困难吧。建议在平常多播放课文的录音，孩子听熟了，自然背得轻松，这样就不那么讨厌背课文了。

学习是讲究方法的。比如，做数学应用题要学会画图；考试完要学会分析试卷；做英语阅读需要先读题目再看文章；做选择题要学会排除法……父母可以帮助孩子插上方法的翅膀，这样孩子更容易取得进步，兴趣自然得到增长。

2. 重视细小的进步

人人渴望成功，但成功本无大小，微小的进步、一点儿做得好的地方也可以看作成功。从小事入手，去帮助孩子取得点滴的进步体验，这是每个家长都可以做到的。

在家里多给孩子练习听写，课堂听写就会有好成绩；作业错误较多，可以帮助孩子检查，老师就会评优；督促孩子预习，会让孩子听课消化得好，作业完成得轻松；作文写好后帮助润色一下，会让孩子得到更好的评价……虽然事情不大，但孩子因此会经常获得进步和成就感。

3. 鼓励，鼓励，再鼓励

用"鸡蛋里挑骨头"的精神去发现孩子的进步，实事求是地去鼓励，从而让孩子体验到成就感，这是每个人都能做到的。进步或者不足，想找都可以找到，是想培养兴趣还是破坏兴趣，就看你盯着什么了。

有一个字写得认真，就可以鼓励；一个小题目做得不错，也值得肯定；有五分钟学习专心，也可以表扬一下……进步和成就感一点点在增长、积累，兴趣自然就浓厚了。

即使在孩子做得不够好的方面，也可以找到好的地方。比如考得不好，也能找到一些做得不错的题目；字不算漂亮，但总能找到有进步的字。

妈妈：女儿昨晚是8点半背好课文的，她按照我们约定的时间完成了，虽然背得不太熟，但我还是表扬了她，说她按时完成作业了，她很高兴。

维尼：是啊，有进步就可以鼓励。

妈妈：以前我几乎没有鼓励过她，看到的都是她的不足，看不到优点。换位思考之后，发现可以鼓励孩子的地方还是不少的。

不要幻想有什么妙招能让孩子一下子就有兴趣和信心，不要小看这些点滴的积累，润物细无声的滋养，才是兴趣培养之正途。

4. 辅导孩子渡过难关

如果孩子够不到果子，就给他一个合适高度的桌子，让孩子跳一跳或者踮起脚就能摘到果子，这样总能有收获果实的成就感，自然能激发兴趣和信心。如果你在旁边看着，孩子自己怎么跳都摘不到果子，那他会丧失兴趣和信心的。

当孩子遇到困难，自己难以克服时，我们辅导孩子突破难关，会帮助他收获进步和成就感。

女儿上小学时学习很好，不大用我们操心。但初一的数学难度突然增大，而且进度还很快，几次小测试班级的平均分都不及格，女儿的作业、测试成绩当然也一塌糊涂，这令女儿很灰心、很焦虑。

国庆最后两天，爸爸和女儿闭门学习数学。之后，女儿的几次数学测试都考了第一。她不但克服了对数学的畏惧，重新有了兴趣，还带动了对其他学科的信心和兴趣。

维尼育儿经

我女儿上学后遇到的最大困难就是数学应用题，由于对题目的理解有问题，她对于加减乘除该用哪个经常搞错。她对数学有些畏难情绪，再加上数学老师年轻没经验，有时会打击她，所以，那时她不大爱学数学。我花了很大力法辅导她突破这个难关。有人说突破应用题要通过阅读，虽然有些道理，但这毕竟不是直接的提高，而且数学的语言和文学语言不一样，所以还需要专门的训练。我和她一起做了不少应用题，不过，一般只让她列出式子，专门训练对题目的理解能力，这样她也轻松些；我循循善诱，教给她画图的方法，在我的引导下，她往往能自己做出来，自然有成就感，觉得有趣味。逐渐地，她解答应用题的水平在进步，她也喜欢这种训练。另外，我也注重阅读能力的培养，再通过结合生活实际给她提些问题，让她更好地理解数学语言在实际生活中的含义。经过了一两年，她的应用题答题水平有了不少提高，现在应用题成了她数学中最擅长的题目类型。有了进步和成就感，她对数学，包括其他学科的兴趣和信心都在增长。

5. 让孩子去捅破窗户纸

辅导作业有一个小技巧，就是引导孩子做题，但尽量让孩子自己说出答案，这样他会有成就感。

二十年前，侄子到我家来度寒假，他本来不爱写数学作业，我引导他，启发思路，让他自己说出答案，他感觉这是自己做出来的，所以很有成就感。过了几天，他主动提出要写数学作业。

如果遇到难题，可以分解成多个步骤，每一个步骤都是孩子自己可以想明白的，就像一张窗户纸，由孩子自己去戳破。

我辅导一位初中生做一道电学的物理题，据说班上只有四个孩子做出来了。我把这道题分成四步，引导他一步步做，稍加提醒，尽量让他自己完成每一步，最后他做出来了，很高兴说："原来这个题目不难，物理挺有意思的啊！"

6. 示弱而不是做权威

我们辅导时也会出错，此时大大方方地承认，不去树立什么权威的形象，孩子没有束缚，会更敢于探索。家长还可以学会在孩子面前示弱。

我用示弱的方法提升五岁多的儿子的学习能力很奏效，弱得我连十以内的加减法都要儿子教了。儿子还挺美的，说晚上回来我再教教你。

孩子上初中，有一次，一道数学题不会做，拿来让我做。我看了一下，这是一道比较简单的几何题，我分析孩子之所以说不会做，是因为没有认真思考，心里很浮躁，嚷着作业多想逃避。我想起维尼老师说过，要学会在孩子面前示弱，便假装在思考，过了几分钟，说妈妈不会，虚心向孩子请教。结果到了晚上，他拿着题目来找我，说："妈妈你别再说你初中学得有多好了，这么简单的题目都做不出，看我的。"看他认真地给我讲解题目的样子，我心里偷着乐开花了。简单的一句话：学会在孩子面前示弱。我和老公反复讲，一定要随时随地记住这句话，要让孩子自己学会表达，让他找到学习的成就感，而万万不要说这么简单的题你都不会（以前老公经常这样讲），那样会直接打击到孩子，让他看不到希望。

7. 考试成绩的提高

我们平常去辅导孩子，考试之前再帮助孩子复习，成绩提高是最直接的成功体验。提高考试成绩是有技巧的。比如孩子基础不错，但是某些题型不得要领，有的分数丢得很可惜，这就需要针对这些题型专门练习。我女儿语文以前照样子写句子这类题总做错，我专门陪她练习了几次，就很少错了。

如果自己控制不好情绪，请老师辅导（比如大学生家教）也是可以的。这也算是孟子所说的"易子而教"吧。

我儿子上小学六年级的时候，门门功课倒数，数学竟然只考了二十多分。维尼老师建议我找老师先集中精力辅导数学，几个月过去了，数学考了八十多分。这给了孩子信心，也让他体会到学习的乐趣。升入初中后又是崭新的开始，他发奋努力，学习成绩逐渐步入中游的行列。

8. 灵活变通，让孩子对做辅导材料有兴趣

要想加深对知识的理解，提高学习成绩，就需要做题练习，但是做多了不就成了令人厌烦的题海战术吗？所以，不妨变通一下。

比如有时我会和孩子一起做，不用搞得那么严肃，欢乐一点儿，孩子会感兴趣一些。另外，可以灵活一些，比如数学应用题，只要求女儿列出式子，不做计算，不写答案；练习语文阅读题，有时只是说说应该如何做。这样抓住核心，既减轻了负担，又达到了训练的目的。女儿对这样的训练很有兴趣，说就像玩智力游戏。

※ 要期中考试了，老师发了很多复习题到邮箱，我为了不给儿子增加负担，也是采用了这种办法，儿子很配合，还要和我比赛谁想的答案更好。这和维尼老师的方法不谋而合呀。

※ 我让孩子做题时，先让他口述作答，把答错的标注出来，再让他单独做标注的题，这样既有针对性，又节约时间，直到全会、搞懂为止。每一科目都这个办法，孩子有兴趣做。

又如错题本原来是孩子自己整理的，但是耗费时间较多，而且不系统。如果孩子在家时间比较多，家长可以灵活变通一下，帮助把选择题或大题录入文档，制成试卷，让孩子反复练习。这样减轻负担，提高效率，孩子进步快，体验到成就感，兴趣会更浓。

引导孩子体会学习的乐趣

我们可以抱怨学习枯燥，也可以引导孩子体验学习的乐趣。

维尼育儿经

有一次，我和女儿预习数学，她第一次学字母代替数字的加减乘除，开始摸不着头脑，后来搞清楚了，解题顺利，她就觉得挺有意思。后来学了运算的结合律、交换律，以前计算起来很麻烦的题目，用这些定律就简便多了，她觉得挺奇妙的。这就是数学之美吧。

朋友家的孩子上初中，他原来觉得地理很枯燥。但地理其实不是靠记忆的，需要动脑分析思考，就像玩智力游戏一样。我和他一起分析了几道题目，他说："原来地理也挺有意思的啊！"

抓住孩子学习兴趣的敏感点

孩子偶尔会有兴趣做一些看似打乱学习计划的事情，此时顺应他的兴趣可能更好。比如说好要写作业，但是孩子想看会儿书，这也是一种学习啊，喜欢看，就看一会儿，总比以后劝他看书要好得多；有时本来计划写作文，孩子突然想练口算，这也不错啊，做有兴趣的事情效率最高；有时我女儿想去试试电脑的一些功能，即使作业还没做完，我也不去扫兴，计算机知识也是需要学习的。

与之相反，要避开孩子的厌恶点。谁都有不想做事的时候，此时硬逼着孩子去做，会让孩子厌恶学习。不如顺应心理，让他自己安排。比如我女儿周日的英语辅导班作业，我一般要求当天写完，但有时她说今天不想写，我也不勉强，反正那是她自己的作业。

兴趣培养，不要指望"毕其功于一役"，需要每一天、每一件事都用心，一点点地积累进步和成就感，少去做侵蚀兴趣的事情，这样用一两年的时间，兴趣就能培养出来。

我女儿今年上小学六年级。一到三年级时作业特别多，每天孩子都是哭着写作业，她写字很慢，又贪玩，常常三四小时才能写完别人一个多小时就能写完的作业。那时我的心情很糟糕，常常想不明白为什么自己的孩子会是这个样子，总不能控制我自己的情绪，"狮吼功"也是在那时练成的。

女儿有时其实也挺努力的，但也许她就是属于悟性稍差或思想晚熟的孩子，因此她的成绩一直不太好。几年下来，女儿对学习似乎真的提不起兴趣来了，这也和我错误的辅导方式有着很大的关系吧。

以前我常自责，也常因为孩子的问题而失眠。半年前看到维尼老师的文章，我先原谅和接纳自己，不再总是去懊悔。近几个月，对于孩子，我常常顺着她的意愿，让她先玩一会儿，再写作业，写完后帮她检查，错的地方耐心地讲解。当然我也有情绪失控的时候，但是比以前少多了，孩子也比以前懂事多了，上学期期末成绩也有了明显的提高，我和孩子都很高兴。现在，我对她也常使用商量的口吻，所以我的建议她更愿意接受了。这学期女儿学习的积极性和兴趣明显比以前高，每天起床快了，上学也早了，有些预习作业老师还没留自己就先做了。看到女儿的进步，我和老公都很开心，朋友都说我气色比以前好多了。

辅导孩子学习的五大主张

我们想帮助孩子，培养孩子的兴趣和信心，就要学会辅导。

轻松的气氛让孩子变聪明

如果辅导时总是发火，孩子紧张沮丧，头脑可能一片空白，好像真的变笨了；相反，如果有友好、亲昵、鼓励的气氛，孩子仿佛也变聪明了。

探讨比"讲"更有效

讲题时最好别一口气讲下来，那样孩子缺乏互动和参与，会听得打瞌睡的。最好采用启发式辅导，把题目分解成孩子能轻松完成的几个步骤，每一步先引导他自己去解决问题，让他自己捅破窗户纸，实在想不出来，再提醒一下。遇到理解不清的知识点，再回头看书、探讨，力争搞清楚、透彻。

错了也要鼓励

辅导时，用发现的眼睛找到孩子好的方面毫不客气地鼓励，而不是找问题后批评、打击。错题也是发现问题的机会，如果都做对了，怎么能发现问题，解决问题，从而提高呢？

孩子真的需要鼓励。原来我不相信辅导，前一段时间女儿化学很差，结果找个老师只辅导了三节课，就有了飞跃式的进步。直到现在，女儿对化学还保持极高的热情，分数自然就高。问其原因，女儿说老师的鼓励让她知道自己能行。

兴趣比知识更重要

现在的辅导是为了以后可以放手，所以，培养孩子的兴趣和信心，使其有学习的动力，比教了多少知识更重要。

以前我总是盯着孩子作业的数量和质量，所以看到孩子达不到要求，就很烦，忍不住会发火，结果孩子不喜欢做作业，形成恶性循环。现在，听了维尼老师的建议，我更加注重孩子的兴趣培养，更多地鼓励孩子，孩子对做作业逐渐喜欢了，数量和质量也都上去了。

帮助孩子学得轻松

如果孩子能力可以，就让他去挑战困难；如果能力不足，就帮助孩子，把学习变得容易轻松些。这就是"因材施教"吧。

如何帮助孩子树立学习的信心

大家都知道学习的信心很重要，所以父母会告诉孩子："你要自信，要对自己有信心，相信自己能行。"但是这样有时收效甚微。信心不是靠说出来的，也不是想有信心就会有信心的。

信心来自成功、进步的体验

我们可以帮助孩子获得实际的进步和成功的体验，培养兴趣的方法其实也适用于树立信心。

对于上小学的孩子，比较容易做到。比如，帮孩子听写生字、单词，使其经常体验到好的听写成绩；帮助孩子检查作业，使其常常得到老师好的评价；期末考试帮助孩子复习，使其取得较好成绩；作文帮助孩子修改润色一下，使其得到老师的鼓励；适当辅导，帮助孩子顺利理解知识点；传授方法，让孩子学得轻松。

孩子亲身体验到进步和成功，信心就一点一滴地树立起来了。

当然，最开始有些"人造"成功的意味，不过，这正是所谓"送上马，扶一程"，这有助于培养孩子的兴趣，树立信心，激发动力，形成习惯。再逐渐放手，孩子慢慢能自觉、独立地学习，有稳定、持续的进步，信心就稳固了。

对于上中学的孩子，父母如果有能力的话，也可以辅导孩子，帮助理解知识难点，传授好的学习方法，培养预习、复习等好习惯，这样孩子上课听得轻松些，作业完成得顺利些，信心自然会增长。

认知变，信心来

事情在那里摆着，但是如何看，就有讲究了。

比如孩子考得不理想，你可以批评他："怎么这样简单的题目也做错了？为什么这样马虎？"这样孩子的信心会受到打击。但是如果换个角度，改变一下认知："孩子，这些题目你本来可能做对，如果这些分数加上去，那样你的成绩也会不错的啊！咱们来分析一下原因吧。"这样孩子的信心就能树立起来了。

孩子总体成绩不佳，你可以盯着那些发挥不理想的科目大做文章；也可以去找到孩子发挥得相对好的科目加以鼓励，对其他的进行淡化。

如果孩子上学后成绩不好，你可以批评打击他，但也可以安慰鼓励他："孩子，你上学前没有学东西，别人学了很多，开始你的成绩自然不如别人。这很正常，咱们慢慢会赶上去的。"这样，孩子的信心就得到了保护。

孩子不擅长某门功课，你可以怪他笨；但是换个角度看，每个人都有擅长和不擅长的方面，这很正常，咱们承认现实去努力就可以了。

孩子字写得不好看，你可以罚他重写，让他讨厌写字；也可以天天找十个他有进步的字（虽然还是不好看），加以鼓励，这样他也就有信心和兴趣了。

有时，是打击还是增强信心就在家长的一念之间。想帮助孩子增强信心，总能找到可以鼓励的地方，以"鸡蛋里挑骨头"的精神找出孩子的优点，实事求是地鼓励、鼓励、再鼓励，孩子的信心自然增长。

※晚上女儿写口算作业时，做了几道题就开始发脾气，说为什么这些题都那么难。我平静地走到她身边，问："怎么了，需要我帮忙吗？"女儿靠到我身上说："现在还有很多作业没做完，又要写好久。"我陪她聊了会儿天，她平静下来了，我才知道原来今天的口算是多个数字的加减混合运算，以前只有两个数字，女儿看到后就觉得很难，有点儿畏难心理，担心做不完，所以才发脾气。于是我温柔地告诉她，不要怕，我们可以先算两个数字，把前面的两个数字的得数算出来，就成了一个数字，再跟后面的数字加减，最后还是两个数字的加减法。女儿边听边点头，说："妈妈，我知道怎么做了。"这就是维尼老师说的，先接纳孩子的情绪，帮助她把看上去很复杂的问题细化、简单化，让她有信心去做。女儿听完了我的讲解，开心地写完了口算作业，两页口算题全对。

※我儿子上小学二年级，平时成绩一般，有一次做数学培优题（比基础知识要深的题型），靠他自己就解答出来了，我及时给予了鼓励。之后遇到培优题，如果解不出，我就用维尼老师的分步引导让他自己说出答案的方法，让他体验到成就感，就算解不出也不责怪他。坚持了一个学期，我总会肯定儿子在难题前敢于分析的勇气，肯定儿子有数学方面的才能。这样儿子遇到这类难题时就会静心思考解答，正确率非常高，孩子也越来越有信心。而我以前总认为他该懂，该会做，结果会在他做错题的情况下责骂太多，导致他信心和兴趣都不高。

维尼小语

　　检查作业的一个小技巧：检查出错误，也不要打一个红红的大"×"，不妨把错误圈出来或打个问号。这样对孩子的刺激会少些。

　　女儿上小学时我用红笔批作业，错的打个大"×"，斥责孩子学习上的错误。这实在是很伤孩子的自信和自尊，导致我和女儿的关系一度紧张。后来我反省了自己，改用浅绿色的笔批作业，多打对号，错的画圈，不去刺激孩子。再后来接触到维尼老师的理念，我先接纳不完美的自己，再理解成长中的孩子。有一天一堂课外课上（母亲节前），老师让孩子们用简单的词汇描述一下母亲，有的说妈妈有耐心，有的说妈妈会做好吃的饭菜，我的女儿说妈妈是她的精神支柱。那一刻，我的眼睛湿润了，原来孩子都懂得，一切都值了。

先考虑兴趣，再考虑习惯

　　大家都知道培养孩子习惯的重要性，阅读、学习、思考的好习惯对人的一生都是有益的。假如做作业、弹钢琴养成了好习惯，不用我们多说什么，孩子就顺利地去做了，这自然是我们希望看到的。孩子有了良好的习惯，我们也就可以从"管"转变为"不管"了。

　　很多人都听说过"二十一天习惯养成法"。我认为对此合理的解释是，坚持一段时间，孩子可能会养成某些比较简单的习惯。但那些复杂的习惯可不是坚持二十一天就能养成的，比如写作业专心的习惯。如果孩子没有学习的动力和兴趣，没有主动培养习惯的意识，父母单方面勉强去坚持、去逼迫，却不考虑孩子的感受，不讲究方法，结果会引起孩子的抗拒，那么不要说二十一天了，几年也养不成好的习惯。比如有的孩子在父母的逼迫之下，越来越不爱练琴了。

正如维尼老师所说的，我用了整整三年的时间坚持去要求孩子，但没有注意方法，孩子非但没有养成好的学习习惯，还有了一身的坏毛病，而且变得叛逆。

当我第一次看到二十一天习惯养成法时，奉为真理，会刻意去培养习惯，无论是对自己，还是去帮助孩子。最终发现，很多习惯是无法通过这种方式刻意养成的。痛苦纠结之后我决定，还是顺其自然吧！

培养孩子的学习习惯首先需要关注孩子的兴趣和信心，有时需要去找原因、想办法，注意处理好亲子关系，让孩子愿意合作。如果仅仅是坚持，只是去逼迫孩子、要求孩子，常常会失败。

我的儿子非常调皮，但有着超强的语言表达能力，酷爱读书。美中不足的是他厌恶学校教育，对写作业深恶痛绝，缺乏自制力，从上小学一年级起就是先玩耍再写作业。更为糟糕的是，他在课堂上也拖拉，经常把课堂作业带回家来补，而且最讨厌的是书写。

我觉得学习的习惯最重要，所以我用过许多的方法，比如"作业换粮食计划"：如果做不完作业，就没有饭吃。开始有点儿效果，但后来孩子反感、抗拒，结果不但破坏了亲子关系，他还更不爱学习了。

后来，维尼老师告诉我，孩子不爱学习的时候，要把兴趣培养放在第一位来考虑，不要用惩罚的方法，以破坏兴趣为代价去培养习惯。

我这才恍然大悟，现在想想，自己的认知的确不合理啊。作为家长，我被"习惯"二字绑架了，正因为知道学习习惯的重要性，才过度重视。为了培养习惯，忽略了孩子的感受，破坏了孩子的兴趣，这样的做法本末倒置，不仅习惯培养不好，还竹篮打水一场空。兴趣是我们家长首先要考虑的，而习惯的养成应该建立在学习的愉悦体验之上。

我以前知道与孩子交朋友的重要性，但从来没有上升到建立良好亲子关系这个高度。向维尼老师咨询后，我意识到亲子关系是家庭教育的核心和基础，这个做不好，其他的无从谈起。只有改善了亲子关系，教育才能润物细无声，否则都是雷声大，雨点小。

我以前在孩子面前表现得很强势，让他以为妈妈就是老师的翻版。通过维尼老师，我了解到，在学习压力面前，孩子起初是很不爽的，家长的作用在于帮助他适应，帮助他克服困难，而不是一味地催促、胁迫。

于是，我学着不去强迫孩子写作业，让孩子自己体验行为的结果。比如，他愿意玩就玩，最后总要回家的，也知道要写作业。做不完作业，我不给签字，没有签字他自己会着急的，第二天一定会适当调整一下。

另外，我以前对孩子的鼓励还是吝啬了些，不利于激发孩子的学习兴趣和动力。于是，我学着拿"放大镜"找孩子的优点、亮点，分明是乱糟糟的书写，我还要说："哎呀，还是这个漂亮的字吸引我的眼球！"

经过几个月的努力，我和孩子的关系比以前更近了，在交流上没有障碍，孩子再不用担心他说了实话会有什么严重后果了。他在学习上虽然还有些拖拉，但是书写比以前有了很大的进步，他对写作业的反感也在减少。在学习习惯的养成上，我的体会是，不能为了习惯而培养习惯，要"引诱"孩子的学习兴趣，只要有了兴趣，习惯的培养就会容易得多。

努力培养好习惯，但要慢慢来

与生活习惯不同，学习习惯不能太顺其自然、太随性，最好还是养成一定的好习惯，比如写字认真、验算清楚、及时完成作业、知识学习透彻、预习复习等。这些习惯有利于孩子学习成绩的提高。

但是，习惯的培养需要一个过程，要慢慢来，刚开始提出的要求不要太高太急。另外，和规则相似，习惯也可以灵活、变通、有弹性，考虑孩子当时的感受、状态。比如，孩子实在不想写作业，想先玩会儿，也未尝不可。

孩子上小学一年级，可是课业非常重，语文数学老师轮流占用美术、音乐课来做练习，有时连活动课也要用来上课。布置的家庭作业也不少，我非常理解她，所以宽松对待她的作业问题。回家来不愿意写作业，我也不逼她，有时也允许她写了一半就跟我去逛逛超市，回来再写。她现在能自觉写作业，有时稍微提醒一下就行了，不再像刚开学时那样为了写作业的事弄得我烦躁、她抵触了。这就是灵活和变通吧！

今晚我又忍不住凶了女儿，就因为她没有及时写作业。事后我向她道歉，她说没关系，还对我说她以后不会这样了，放学回来会先完成作业。看着她哭得很可怜，顿时觉得自己真是不应该。她今天没及时写作业，可能是因为小伙伴在家里一起玩，还不到六岁的小孩自制力肯定没那么好啊，我又被那每天要按时完成作业的习惯给禁锢了，偶尔晚一点儿写又有什么关系呢？

孩子学习态度不好的真正原因

我女儿上小学三年级，写作业磨蹭，很烦写字，字写得潦草，写作业时经常烦躁。我也知道需要控制自己的情绪，但是有时一想到：你怎么就不能端正学习的态度，认真一些呢？就会忍不住生气。

很多父母把孩子的学习问题归罪于懒惰或学习态度不好，其实这只是表面现象，因为孩子做喜欢做的、擅长做的事情并不懒惰，态度也好啊。

孩子学习出了问题，一般不要归罪于学习态度不好或懒惰，那样没有用处，要从孩子的兴趣、信心、动力、能力、习惯、认知等方面找原因。

维尼育儿经

我女儿学钢琴，有几天坐在那里磨磨蹭蹭，不大想弹，看起来学琴态度不认真或懒惰。我和她交流了一下，原来是她觉得难，而且现在不大喜欢弹。找到原因，我就想办法去帮助她。我对钢琴一窍不通，就找了一个钢琴网客户端软件，可以播放"小汤"的曲子，还能形象地标示出五线谱对应的钢琴键盘和时值。有了这个软件，相当于请了一位绝对耐心的老师，有它的帮助，她慢慢琢磨着就会弹了。另外，我还想了一些激发她兴趣的办法，调动她弹琴的积极性。等她不觉得困难，也有了兴趣，学琴的态度自然好了。

严格要求要像"热水泡脚"般循序渐进

先宽松些，再慢慢提高要求和标准。

孩子，在上学之初，我总想着要让你养成好的学习习惯。或许是我太紧张了，所以事事对你严格要求，要你按时弹琴，按时做作业，你做得不好，还要忍受我严厉的斥责，你总是在我大声的呵斥中，睁大眼睛看着我，流下无辜的泪水……

生活习惯可以随性一些，但是学习习惯最终还是需要标准高一些，要求严格一些，这样有利于提升成绩，所谓"严师出高徒"是有一定道理的。不过我提倡严格要求要像"热水泡脚"——先宽松些，再慢慢提高要求和标准。

给孩子用热水泡脚，如果开始的温度就很高，他会抗拒；如果先用温热的水，等脚适应了，再逐渐提高温度，孩子会舒舒服服、不知不觉地接受越来越高的温度。那么，对孩子学习的要求也可以如此。也就是先把要求放低，宽松一些，先注重培养孩子的兴趣和信心，注重处理好亲子关系；等孩子合作了，再逐渐提高要求。孩子会逐渐认同较高的要求，并逐步内化为自己的内在要求。等孩子的兴趣和信心已经培养好，能自觉学习，好习惯已经形成了，家长再逐渐放手，这是再从严格到宽松、从管到不管的过程。

比如孩子的独立思考能力是必须培养的，但是如果孩子能力还不够，就不要急于要求孩子独立思考，而是首先在他遇到困难时多去启发引导，帮助他解决难题，从而逐渐培养他的兴趣、信心和能力；然后再逐渐放手，慢慢引导孩子独立思考，最后鼓励孩子自己挑战难题。此时，因为能力已经具备，挑战难题会进一步激发他的兴趣和信心。

严格和宽松只是相对而言，与孩子的感受也有关系。只要亲子关系好，孩子肯合作，我们的要求能成为孩子的内在要求，并逐渐形成习惯，他就不觉得有多么严格、多么束缚，即使我们不断提高要求，孩子也愿意合作。

这种逐渐严格的方式符合教育的两个基本原则：量力性原则，循序渐进原则。所以，对于各种能力水平的孩子都适用。我们当下的要求总是孩子力所能及的，或者踮踮脚就能够着，然后再循序渐进地提高要求。

维尼育儿经

上学之初，女儿没有学习过数学，字也认识得不多，所以我对她的学习开始要求比较宽松，等她的兴趣、信心和上进心都培养得比较好了之后，再逐渐提高要求，比如写字要认真，时间要抓紧，作业要透彻清楚，期末考试前应该做一定量的模拟试卷等。由于我们亲子关系不错，有了各方面的基础，实施起来较顺利，她对这些越来越严格的要求也能欣然接受。

如果不考虑孩子的感受和能力，急躁、硬性地实施高标准、严要求，可能会让孩子感到压抑、烦躁、难受，这样一来，学习总与痛苦相伴，自然会破坏兴趣，甚至导致厌学，而且容易发生冲突，破坏亲子关系，导致孩子逆反，甚至故意不好好学习，结果事与愿违。

女儿今年上初三了，在女儿的成长过程中，我给了她太多的否定，对她的成绩永不满足，孩子感觉永远也达不到我的要求，我还自以为是地认为高标准的要求能让女儿成长得更快。现在看看女儿出现的问题，抑郁、厌学、逆反、说谎、早恋、敏感多疑等，都能从我不恰当的高标准、严要求上找到根源。沉痛的教训啊！

如何让孩子欣然接受严格的要求

1. 严格不等于生硬和死板，可以灵活、有弹性

维尼育儿经

马上就要进行期末考试了，所以，早晨和女儿商量做几套我买的数学试卷提高一下，她痛快地答应了。吃完饭，她说想先看会儿《查理九世》，这个可以适当满足：行，那就看十分钟吧，也顺便消消食。时间到了，我建议按顺序做，但女儿想先做应用题。嗯，可以灵活些嘛，按照孩子的方式来，心情愉快不是更好吗？做到一半，她觉得有些累，想休息一会儿，这也无妨啊，让她弹了一会儿钢琴换换脑筋。做完了，给她讲解，

我也嘻嘻哈哈的，在愉快的氛围中把卷子讲完了。

这样貌似不严格，但顺利地完成了额外的学习任务，没有厌烦，没有抗拒，甚至可以说是愉快的。因此，女儿对这样的"高要求"自然愿意合作。

不过，这种看似随意的严格要求主要用于习惯培养的初期。到了后来，我就逐渐让她按照模拟考试的完整要求来独立做试卷了。

2. 落实要求不靠指责和惩罚，而是用鼓励和督促

维尼育儿经

我女儿上小学二年级时字迹比较潦草，我担心以后考试她会因此吃不少亏，所以，我决定严格要求她认真书写。但是，要求上严格，执行起来却貌似宽松。我很少批评她的潦草，也不惩罚她重写，因为重写是一件烦人的事情，会破坏对写字的兴趣。我先好好和她谈了谈，说明了为什么写字要认真；然后，在她写作业时经常找到她写得相对好或者有进步的地方，给予真诚的赞美，一天有时会表扬十几次，她心里自然美滋滋的，体验到认真书写的愉悦，对我的要求也欣然接受。逐渐地，她字迹越来越工整，大约用了一个月的时间，字迹潦草的问题基本解决了。

3. 孩子需要一个过程才能做到

维尼育儿经

　　我希望女儿养成阅读的好习惯，但是因为上学前没有教她识字，根据量力性原则，我没有要求她马上做到，而是慢慢去激发她的兴趣，慢慢等待她的能力的提高。到了上小学三年级时，她才很喜欢自主阅读。

4. 是父母要求孩子，还是孩子的自我要求

　　对于学习，严格要求有时是苍白无力的，不如去培养孩子的兴趣和信心，去激发他们的内在动力，这样更有效果。孩子会对自己有要求，自觉地学习。

　　有时孩子的问题有内在原因，比如写作业磨蹭，只是严格要求专心可以说毫无用处。此时更需要找原因、想办法，去帮助孩子解决问题。

5. 亲子关系好了，要求会更有效果

　　一位妈妈和孩子的关系不错。孩子上学前学习的东西很少，基础一般，一二年级时妈妈采用放手的方式，注重阅读，不大去管孩子的作业，结果孩子的学习成绩越来越差，成了班级倒数了。妈妈寻求我的帮助，我建议她加强辅助，帮助孩子学习，对孩子提出较严格的要求，同时注意方式不要让孩子反感，以促使孩子学习进步。

这样孩子尝到了进步的甜头，就会激发兴趣，树立信心。因为亲子关系不错，妈妈管的态度也好，所以孩子对这样较严格的要求比较配合，学习计划顺利实施，不久，孩子的考试成绩就有了不小的进步。

第五节　学习中的常见问题

孩子粗心怎么办？

很多人为孩子学习粗心而苦恼，去提醒、批评、训斥、打骂、惩罚……方法用尽了，可孩子还是粗心！

所谓粗心，是指不应该出错的地方反而错了。但是如果同一类粗心经常出现，就是有原因的，是"应该错"，所以，不去找原因想办法，只是提醒、惩罚，自然不管用。孩子粗心要注意什么呢？

1. 形成合理的习惯

有时粗心是解题习惯不好造成的。

2. 别高估了自己的能力

我女儿有一次做三位数与位数的乘法，她以前运算都挺准确，这次却"粗心"地错了好几道，为什么？原来是她自信满满，不列竖式，直接口算就得出结果。即使是我，这样口算也容易出错啊。解决方法就是老实写明竖式计算。

儿子五道计算题错了两道，错的原因是"没有进位"，他总认为进位写小数字麻烦，认为自己记得住进位。

对中学生而言，循序渐进地写好解题步骤，避免跨越太大，也是避免无谓出错的一个好习惯。

3. 别给自己下绊子

我女儿写作业时列竖式计算很少出错，但在演算纸上列竖式错误却较多。这是因为演算时书写潦草，很容易看错，自己给自己下了绊子。后来她养成了演算书写清晰的习惯就好多了。

我给一位初中生辅导功课，他的代数运算常出问题。我发现有两个原因：一个是太节约纸张，这张纸已经写满了，还在狭小的空间里很憋屈地演算；另一个是书写潦草，自己都看不清楚，自然容易出问题。另外，初中的运算往往比较复杂，要注意随时化简算式。简单了，自然不容易出错。

4. 从容做题的习惯

考试做题太快，就容易快中出错。很多孩子很快地把题目做完了，最后留下时间来检查。这其实不大合理。因为你答题时的思路会先入为主，检查时就容易受思维定式的影响，即使花很多时间也可能查找不出几个错误来。应该从容地做题，不留过多时间检查，趁着感觉敏锐的时候想好怎么做，一次认真完成。检查主要是看看有无明显的错误就可以了。做得从容，不该犯的错误自然就少了。

5. 审题有问题

有的孩子不去仔细审题，就着急下笔去做。小孩子本身理解力还欠缺，这样就更容易出错了。

一个高中孩子做理科题目时总是粗心。我和他探讨后发现他审题时对于数字、字母、细节等总是没有耐心看，自然容易出问题。所以，我建议他在做模拟题时边读题边在重点信息下面画线，养成习惯后，对这些关键地方就能注意到了。

6. 还没固化成习惯

我女儿学四则运算时，经常忘记先算乘除，再算加减，习惯性地按照顺序计算。提醒过几次，还是会犯错误。后来我发现这需要养成习惯，所以专门找了一些类似的题目，让她有意识地在先计算的部分画线。多次训练，形成习惯，她就不犯这个错误了。如果只是提醒，而不是训练以形成习惯，就难免会犯错。

是的，认真有时需要形成习惯来固化。

针对这些问题，我们应该怎么做呢？

1. 改变心不静、没兴趣、不专注的现象

我的孩子上小学一年级，学习态度不错。但最近孩子做题经常出现漏题、抄错题、写拼音不加声调等现象，总之很马虎。说了她几次，一点儿效果也没有。问她，她说是自己着急，但也没有人催她。她平时是个认真的孩子，请问这样的情况我该怎么办呢？怎样能帮助孩子克服马虎的毛病呢？

安静、专心，自然不容易粗心；烦躁、着急，就容易出错。考试时淡定不容易出错；慌张、沮丧就容易出错。所以情绪是需要注意的。

为什么会急躁，会不专心、不安静呢？可能有多种原因：有的

孩子着急写完了好去玩；有的孩子对写作业没兴趣、没信心，只不过在应付老师；有的孩子片面追求做题速度；有的孩子考试时着急答题，想早交卷以显示自己水平高……这些都需要一一去改变。

2. 提高孩子的能力

我辅导一个初中生时，有一处错误，我开始以为是他粗心才做错的，到后来让他讲做题思路时，才发现不是粗心，而是原理掌握得不清楚。他作文写得还不错，只是错字太多，标点符号错误太多。细问他用法大都知道，但为什么总出错？还是因为掌握得不够熟练。

很多所谓粗心的错误其实是知识掌握得不扎实、不牢固造成的。

小学生更是如此。我们认为这么简单的题目孩子都搞错了，肯定是粗心造成的。其实未必如此，我们认为简单的，孩子未必觉得简单，可能还是不会。比如有几次女儿做应用题时把单位写错了，看似是粗心，实则是对题目理解得不好。

3. 多鼓励，少批评

很多人认为粗心是因为孩子不注意、不用心，所以会反复批评、训斥孩子，希望让孩子通过加深印象来记住，其实效果不好。

我们想解决孩子的粗心问题，需要先去找原因想办法，然后不断鼓励。这是一个长期的过程，要慢慢来。

我的孩子学习不错，但最简单的计算老出错。老师一直批评她粗心，她的信心受到打击。我心里好着急，有时也忍不住骂她，但是没有一点儿效果。后来受维尼老师观点的启发，我最近终于找到了她粗心的根源。原来考试时，孩子把等式计算的数字先记在心里，再进行口算，而不是看着题计算，所以在记忆的过程中很容易把数字记错，回头检查时就难以检查出来。我督促她改正这个习惯，并不断鼓励，之后她就很少出错了。

如何不惩罚就让孩子写字认真

孩子写字潦草，很多人的做法是惩罚孩子擦掉重写。但这会让孩子心烦，而且增加了作业量，让写字伴随不愉快的体验，结果孩子更不喜欢写字了。

维尼育儿经

我女儿上小学二年级时字迹潦草。为了改变这个习惯，我没有惩罚她重写，而是去找些相对认真的字加以鼓励，通过这种形式她愉快地接受了认真写字的要求，而且在写字时保持愉快的心情，体验到认真的乐趣，也有动力去认真写，逐渐对写字有些兴趣了，一个月后写字就认真多了。后来，在上三年级改用钢笔写字时，她觉得新鲜，她妈妈和她比赛写钢笔字，同时大加鼓励，她美滋滋的，每天把练钢笔字当成了享受，字自然写得漂亮了。

我家孩子练习写字，我刚开始要求写不好就擦掉重写，反复几次孩子就烦了。现在学习维尼老师的方法，不罚他重写，而是表扬他一行里面哪个最漂亮，哪个好，再问他要不要让其他几个也一样漂亮？如果他说要就擦，他不发表意见就拉倒，慢慢地孩子就越写越好了。

拿着放大镜，用"鸡蛋里挑骨头"的精神去找到孩子的优点，鼓励、鼓励、再鼓励，效果胜于惩罚。

第六节　考试的技巧及心理调节

学习的目的不是为了考试，但是成绩是重要的，考得好也会让孩子的学习更快乐些。要想提高成绩，对知识的扎实掌握是最重要的，但是考试也是有学问的，不会考试，学得好也可能考不好。

考试答题的策略

我当年擅长考试，这源于对试卷的反复总结分析。试卷分析，重点研究为什么该得的分数没得到。比如时间分配有问题、紧张慌乱、答题策略不合理、细节有问题等。找到合理的解决方案，在模拟考试中有针对性地训练，形成习惯，无谓失分就少了。

这是个很大的话题，我只是抛砖引玉，提几点自己的经验供参考，意在提醒注意考试的策略。

1. 注意时间分配

中学考试，时间紧张是常见矛盾，如果最后没有时间，会做的题目也来不及答就很吃亏。

数理化之外的学科，我建议预先做一个简单的时间表。比如英语，标注单项选择、阅读理解、综合填空、作文完成的时刻（也可以更细一些），最后预留十分钟左右的机动时间。考试时，做完某一项目时看看时间，如果提前完成某一项目，后面的就可以从容一些；否则就要加快答题速度。这样会心里有数，从容不迫，否则突然发现时间不够了，很容易慌张，答不完题，就更吃亏了。

对于数理化，策略不同，可以两轮答题。第一轮有些大题如果看了一两分钟没思路就先放下，先做有把握的题目。这样，应该得的分数基本得到后，再回头做那些大题。第二轮也不要在某一道题上纠结过多的时间，等最后有了剩余时间再研究。

2. 仔细做完，不检查

只要时间允许，就宁肯做得慢一些、仔细些，也不留过多的时间检查。因为第一印象是最敏锐的，后来再去检查，受第一印象左右，一般看不出来错误，而且还可能把本来做对的改错。最后检查时重点看有疑惑的地方。

3. 凭直觉

有些选择题，直觉是最准确的，如果你觉得拿不准，就凭直觉选择一个答案接着往下做，不要在一道题目上反复考虑，那是浪费时间。

如何避免考试紧张慌乱

考试适度紧张是正常的，但是过于紧张甚至慌乱就糟糕了，那么怎么预防和应对呢？

父母应该给孩子减压而不是加压。孩子都是想考好的，父母没有必要多说，否则会把过多的压力传递给孩子。父母可以告诉孩子，努力去做，对结果顺其自然。

面对考试，孩子要对自己有信心，但不要信心太过。因为考试成绩总会有波动，总会有一些意外的情况，要有心理准备：六七门考试中有两三门不理想是正常的，有部分题目做得不好也是正常的。有了心理准备，遇到意外情况就不那么慌张了。

在考试过程中，遇到不顺利，可以用合理的认知来说服自己。

感觉某一科目难，不好做，此时要告诉自己：我觉得难，别人可能也觉得难（和同一水平的同学比较）。考试比较的是同学之间分数的差异，虽然自己分数不高，别人也可能分数不高，所以没关系。这样一想，就不那么慌乱了。

有时某一科目发挥得不好，可以告诉自己：大家都有发挥不理想的科目，我在这一科目发挥得不理想，别人可能在另外一科目发挥得不好。这不是自欺欺人，而是客观的规律。这样想就容易镇静下来了。

遇到不会做的大题，告诉自己：别人也不见得会做，我争取得一些过程分，先做其他题目，有时间回头再研究。这样就不会一边崩溃，一边纠结于一道题目了。

还要有"0∶0"的心态。考试有好多科目，考完每一科目，都要告诉自己，现在是0∶0，就像运动员在比赛中常常想的那样。这样，自然会平静些。

这些训练需要在模拟考试时多次进行，从而形成习惯性思维，这样对考试保持相对放松的心情有帮助。

第七节　孩子写作业磨蹭、不专心怎么办

很多孩子写作业磨蹭、不专心，父母绞尽脑汁却难有什么改进，真是让人头痛啊！

维尼育儿经

我女儿刚上小学一年级时写作业也很磨蹭，而且不专心，一会儿说说话，一会儿想玩娃娃……经常拖到晚上9点多才写完，我们也跟着煎熬啊！怎么办？第一次经历这样的事情，还要摸索啊。想来想去，还是要先试着理解她，接纳现状，找原因，想办法去解决。女儿也希望作业得到老师的好评，也想学好，所以，磨蹭、不专心不是在捣乱，而是有原因的，她也不由自主。

经分析有以下几方面的原因：上学之前没有学过多少知识，刚开始写作业自然会感觉困难，有些畏难，不愿意写，所以我需要想办法帮她学得轻松些；写作业的兴趣、习惯还没有培养起来，自然会不专心，那么就要培养她的兴趣和习惯；她有时心情烦躁，这样就难以安静地写作业，所以要帮助她平静下来。另外，她还没有意识到作业是自己的事情，感觉好像是为了我们而写作业似的，她那时会说："我不给你写了。"这个

> 认知需要改变。
>
> 　知道了原因，我想了些办法来帮助她。

做父母的应该怎么做呢？

保持愉快平静的心情

我理解孩子。她不是故意捣乱，不是不懂事，而是有内在原因的。有了这样的认知，我们的心情自然平和多了。没有了父母的焦虑、急躁的骚扰，孩子也容易心情平静。

孩子有时自己也会烦躁，此时我尊重情绪的规律，不是勉强她继续写，而是让她停下来，看一两集《哆啦A梦》，逗得她哈哈大笑，烦躁烟消云散，这样再去写作业就会专心多了。

孩子有时会因为不会写而着急，此时我就常常渗透合理的思维，告诉她学习的进步是需要一个过程的，爸爸也不是一下子就懂得那么多东西的，有不会的题目很正常，没什么，她逐渐就淡定多了。

父母有时喜欢给孩子安排写作业的次序，以为这样更合理，但孩子可能不喜欢。其实按照孩子的想法来，差别也不大，她还会感觉舒服顺畅，心情愉快。

遇到困难，她也容易烦躁。此时我们会去适当地帮助她，而不是要求她自己解决。有人帮忙，她自然感觉好多了。

对于孩子的一些要求适当满足。我们的目标是孩子能够一直专心地写完，但是这需要一个过程。在此之前，孩子必然会有想干这个想干那个的愿望，此时可以适当满足。孩子心情愉快了，有利于专心写作业。

经常在愉快的心情中写作业，孩子感觉写作业也是愉快的；经常在烦躁的心情中写作业，孩子会感觉写作业也很烦人。这就是条件反射。

让孩子明白作业是自己的事情

如果父母着急地催孩子写作业，她自然可能认为是在为父母写作业：如果不是你们的事情，你们那么着急干什么？

因此，当女儿不想写作业的时候，我不去劝她写，而是说："反正这是你自己的事情，不写就不写吧！"因为担心老师的批评，孩子自然不敢不完成。这样，她就逐渐知道作业是自己的事了。

我们一般不会坐在她身边看着她写作业，而是坐在一边看自己的书，或者到别的房间干自己的事情，有时过来稍做提醒，或者鼓励一下她做得不错的地方，这是一种让孩子舒适的"管"。

适当辅助

教育要循序渐进，我建议先加辅助，再逐渐放手。当孩子觉得写作业困难时，急于培养孩子的独立性、自主思考的能力，会让孩子畏难、厌学。

因此，讲解数学难题时我会讲得比较细，让孩子容易理解，而不是让孩子自己想；不会写的字可以直接写出来给她看而不是让她查字典；困难的问题我会去辅导她；也会帮她好好检查作业等。

辅导的态度也要有耐心,如果急躁发火,会增加她对写作业的厌烦。

有了我的帮助,女儿写作业轻松些了。等她的兴趣习惯培养好了,我再逐渐放手,很多事情慢慢让她自己独立完成、独立思考。

要求先放低

我们开始不要求女儿学得有多好,只要把作业做好就可以了。有的妈妈把晚上的学习安排得太满,结果孩子只好在写作业的时候磨蹭着玩一会儿了。

背诵课文,我也不要求一字不差,毕竟背得那么完美也没有用处。而有的父母要求一点儿也不能错,这样就可能反复背多次,让孩子烦躁。

逐渐培养兴趣

用了这些办法,孩子写作业更顺畅,这种进步本身就会激发她的兴趣,也让她能够享受写作业的过程。字写得漂亮,口算熟练,只要有进步,我们就毫不客气地具体表扬。因为有我们的检查,作业自然会评优,她也会得到老师的鼓励。

进步和成就感是兴趣最好的老师,兴趣就是这样一点一滴培养的。

不惩罚,多鼓励

很多父母要求太高,口算错一道,罚几道;字写得不认真,擦掉重写。这种惩罚一方面会增加作业量,另一方面会让孩子厌烦写作业。同时父母又很吝啬鼓励，生怕孩子骄傲。

我正好相反，不惩罚，只鼓励。孩子有点儿小的进步，就给她记一颗星星；字只找写得好的去鼓励，不纠结那些不好的；哪怕她只专心了五分钟，也"毫不客气"地鼓励，学得不好的时候就淡化。

批评当然也会有，只是比较平和，这样她容易接受。

另外，可以在早些写完（或写完一门）作业时，答应陪她玩最喜欢的游戏，或者让她早写完早出去玩。这样，孩子会期待着写完作业。

养成习惯

不指望一口吃成胖子。习惯的养成不是一两周的事，所以有些反复很正常，要允许她有时表现得不好。只要坚持这些原则和方法，孩子逐渐就会养成好的习惯。

我女儿用了一两个月，专心的时间越来越长，我们的辅助越来越少，作业完成得越来越早。因为心情放松，没有干扰，所以，写作业也专心从容了。看着她专心的样子，真是享受啊！

体验早做完作业的好处

随着女儿自己写作业的能力越来越强，我鼓励她早些在托管班写完作业，如果她能做到这一点，回来就让她放开手脚玩。逐渐地，她体会到了早完成作业的好处，到后来，回家时作业已经基本完成了。

很多父母急于求成，一开始就想让孩子有个好成绩，于是会给孩子布置各种各样的学习任务，作业写完了还要加量。孩子一看，即使早写完了，也没有玩的时间，所以索性边写边玩，还可以放松一下。如果孩子还没有养成专心写作业的习惯，也不喜欢写作业，那么就需要先放低要求，作业写完了，不再布置额外的作业，让他痛痛快快去玩。这样，孩子就没有必要故意磨蹭，写作业的动力就足一些。等孩子体会到早早写完作业的妙处，好习惯养成了，对学习也有些兴趣了，再逐步布置一些额外的学习任务，孩子就相对容易接受了。这个方法在咨询中也取得了不错的效果。

走向自主学习

随着孩子的学习习惯越来越好，兴趣越来越浓厚，我开始逐步减少辅助和提醒。我让她自己多独立解决问题，自己把握完成作业的进度。如果在这方面做得好，我会奖励她星星，以促进她养成自主完成作业的习惯。

至此，大功告成！

第八节　如何不再为孩子写作业而抓狂

安安妈妈在我这里做了一个月的咨询，顺利地解决了安安写作业磨蹭的问题。

我的女儿现在上小学二年级，感觉孩子存在很多问题，不自信、爱烦躁等，特别是写作业方面有时很让我抓狂，经常要磨蹭到晚上10点钟。曾经有一段时间我特别无助和痛苦，经朋友介绍，在维尼老师这里咨询了一个月。现在过去两个月了，我和孩子的生活已经有了不少改善和进步，我对女儿和自己都有了信心。

我有一个深切的体会：永远不要抱怨自己的孩子学不好，只能怪自己不会教。

第一次向维尼老师咨询，我就像倒苦水似的，把小孩的诸多毛病全部讲出来。维尼老师告诉我，不要胡子、眉毛一把抓，要讲究策略，某些问题先放一放，多宽容，先去抓住重点，这样有助于有效解决问题。

这句话给我指明了方向。以前简直不能想孩子的事，一想就心痛：比如写作业磨蹭、做事不专心、对大人没礼貌、为人处世任性、做事没节制等，毛病太多太多。说起她，我就一肚子火。长此以往，对她对我都有很大影响，严重影响了亲子关系。现在我学会了把某些事情放下，学会理解和宽容，这样孩子好像没有那么多问题了。

经过沟通，我才发现自己身上的习惯性思维有多么可怕！

很多家长想当然地形成了很多不合理的习惯性思维，因为已经形成习惯，所以意识不到它们的存在，更不可能去反思它们是否合理。

1.“你应该会！”

辅导孩子的时候，我总想着：这么简单的题，你应该会！所以，如果孩子不会，我会大怒。这种习惯性思维一直伴随着我，但我不知道这是不合理的，导致上一年级时她的学习让我万分痛苦，却找不到解药。以前我经常因此对她大吼大叫，看着她那种不解的眼神，我的火就特别大，还狠狠地打过她，现在想起来非常懊悔、心痛。

因为频繁如此，形成条件反射，后来一说到学习（特别是做数学题），她就有点儿害怕。现在才知道这个习惯性思维是不合理的，才明白不懂得接受孩子的学习现状，是无形中造成孩子对学习恐惧的直接原因。

现在我懂得存在的就是合理的，孩子对题目不会、不懂、不明白都是有原因的，不是我想当然认为的“你应该会”。比如前些天，有一道题：30 的一半是多少。她看了几分钟都没有写出来，我当时又火大了，特别着急。可她越看我着急，就越是做不出来（这就是头脑一片空白的状态）。过了半天，她才支支吾吾地说："3 不是单数吗？怎么会有一半呢？"听到她这样说，我才忽然想到，这是因为她对单数、双数的理解还不够到位，所以才会出现这种状况。顿时，我的火气全消了。正如维尼老师所说的，我们都应该通过现象去冷静、理智地分析"孩子不会"的深层次原因，如果发脾气，只会把孩子越推越远。

2."很正常，没什么。"

我一直是一个比较追求完美的人，所以对待孩子，一直高标准、严要求，现在想来真是大错特错！

以前每当到晚上 9 点我就认为她应该睡觉了，不去睡，我会发火；看电视说看一集，为啥看完后你还耍赖，我又发火；说好只买一个礼物，看到好的又要买第二个，我也会发火，觉得她说话不算数。可每次一发完火，我又后悔得要命，但对孩子的伤害已经造成，这令我和孩子痛苦不堪。

现在我很用心地去领会"很正常，没什么"这六字箴言，发现它真的很有魔力，给了我很大的启发。孩子毕竟是孩子，就算调皮点儿、随性些，又怎样呢？为什么我一直把她当成人来要求，而不能把她当作孩子来看呢？而且我想当然地认为：你就应该服从我的安排，因为我所做的一切就是为了你好！这种不合理的习惯性思维给她造成了很多伤害。在我的硬性安排下，她渐渐烦躁，渐渐缺乏自信，这是我以前不敢面对和承认的。

　　维尼老师告诉我，读懂孩子的心很重要，你一定要站在孩子的立场理解她，孩子不是故意捣乱，孩子的表现都是有原因的，有些可能是正常的。这样家长的态度和心情肯定不会那么急了，情绪好了，孩子感受到你的温暖，会觉得你理解她而更加信任你。

　　过于勉强的高标准、严要求是容易伤人的，不合理的习惯性思维也会害死人啊！

3. 为什么我拼命控制自己的情绪，还是效果不好呢？

　　我向维尼老师咨询时问过这样的问题：为什么我拼命地去控制自己的情绪，但孩子的学习习惯还是不好呢？还是不听我的话，还是不能实现既定的目标，不能执行计划呢？

　　维尼老师告诉我，学习涉及很多细节问题，光靠控制情绪是不够的，家长的情绪控制只是必要的第一步。一定要有方法，要有解决思路，从一个个细节入手去改善，逐步培养孩子对学习的兴趣、信心、习惯，这样孩子才能逐渐进步。

　　比如学习的计划性，以前我总想让她自己来制订计划和控制时间，并按计划来实施，可她总达不到我的要求。遇到这种情况，以前我总会指责她怎么没有时间观念，总是拖沓，还经常为此与她发生冲突。经维尼老师指点后，我发现教育孩子绝不是孩子一方面的问题，需要双方长期的配合、理解。家长控制脾气是一方面，还要帮助孩子克服执行过程中的难点（而不是只让孩子自己去执行），让她享受到进步和成长的喜悦后，就会逐渐进入良性循环。

解决孩子写作业的问题，家长的情绪控制是必经的第一步。因为学习需要有一个快乐的心情，家长脾气不好，就会导致孩子学习时有一个糟糕的情绪。但是家长情绪控制好之后，还需要从很多细节入手，改变以前的错误做法，更好地去帮助孩子。做对了，孩子才能更好地进步。如果只是情绪好了，具体的措施没有跟上，孩子的进步可能也是不大的。

4. 从细节入手帮助孩子学习

维尼老师帮我找到了不少细节的问题。

过去我规定孩子晚上 8 点前必须完成作业，如果完不成就不签字。这个方法开始有些效果，但用了一段时间后，我发现一说 8 点，她就会特别慌张地写字，字写得相当潦草，我更火。而且她一听我说时间，就会特别紧张。

我以前经常会因为她字写得不好而把作业都擦掉，这样会破坏孩子的兴趣，她觉得烦，不愿做；现在维尼老师建议写不好不要擦，而是去经常鼓励孩子字写得相对不错的地方。实践证明效果不错，孩子的字写得比以前认真了。

以前为了培养她独立思考的能力，她有不会的题目，我也不去帮她。当她寻求我的帮助时，我的习惯性思维是，你怎么这么不愿意动脑筋！其实她真的不会，而不是故意不做，此时我应该去辅助她，而不是把她往外推。在孩子觉得困难的时候，还逼着她自己想，只会使她烦躁，感到困难而厌烦学习。所以，现在我会及时帮助她（启发引导式的帮助，在我的引导下她可以自己想出做法来），她遇到不会的题目时就不那么烦躁了，而且信心也增强了。

这位妈妈原来用于培养孩子独立性的方法不能说错误，只是时机不对。比如当我的女儿兴趣、习惯培养好了之后，我会更多地让她自己去想、去动脑。而这之前，我会较多地辅助她。

以前为了培养她的自主性，我往往等她来叫我检查作业。由于她目前还达不到这样的自觉性，导致无形中浪费了太多的时间。维尼老师建议写完作业后尽快检查，帮助她及早完成学习任务，做得好给予一定的小奖励，坚持两周（奖励在习惯形成的初期会有一定的推动作用）。所以现在她的作业一做完，我就会主动检查，帮助她体会"早做完作业早去玩"的乐趣。

初期家长帮助检查作业，有利于得到老师的好评，对于激发兴趣是有帮助的。等孩子完成作业的情况稳定了，再逐渐放手。

过去，我一直试图寻找一种简单、快速教育好孩子的方法，希望能够立竿见影，可是我越着急，情绪越控制不好，亲子关系就越糟，孩子就越不往我预想的方向发展。

通过两三个月的学习，我发现，教育孩子还真不是一件简单的事，有许多需要思考反省的地方。

整个过程中虽有反复，我偶尔也会忍不住发脾气，但事后很快就能想通，也不会像过去那样钻牛角尖了。

偶尔发脾气是难免的，对自己也要接纳。

举个写作业的例子吧。

放学回家，我对她的要求是休息一会儿就马上写作业。某天放学，女儿说："妈妈，今天我在学校里做了一半的作业，回家想先休息十分钟，看下央视第九频道，行吗？"过去，我肯定会说："不要了，快点儿做完再看，这样又轻松又有效率。"可女儿明显会不乐意，即便去写了作业，也是在心情不佳的状态下完成的。

那天，我想了一下，同意了，先看十分钟也不影响写作业啊，何况能使她有个好状态（写作业有个好心情很重要）。她看了十分钟，又要吃水果。过去，我肯定不同意，而且会大怒。那天，虽然我已经有点儿不高兴了，但还是同意给她剥个橘子吃。女儿可能已经感觉到了，吃完后，很主动地对我说："妈妈，我去写作业了，你过来陪我。"然后在我的脸上狠狠亲了下，说："妈妈，我爱你。"这时，所有的不悦烟消云散，女儿高兴地拿出作业本快乐地写起来。我为我刚才的不悦感到不好意思，能够理解和包容孩子多好啊！如果像以前那样，一个晚上估计又要在战争中度过了。

灵活一些，顺应孩子的心理，孩子会高兴，亲子关系会更好，孩子会更合作。

由于我态度上的改变，具体做法的改善，以及不断给予鼓励，孩子的自觉性明显有所提高，过去每天晚上作业要写到 10 点，现在基本上在 7 点前都能完成，等我检查完，也不过 8 点多。我高兴，她也轻松。